"十二五"职业教育国家规划教材

经全国职业教育教材审定委员会审定

高等职业教育园林园艺类规划教材

设施蔬菜生产技术

主　编　陈毛华

副主编　刘艳华

参　编　孙凤建　李东林

主　审　朱世东

机 械 工 业 出 版 社

本书是根据设施蔬菜产业的发展和生产实际，针对高等职业教育"培养一线岗位与岗位群能力为中心，理论教学与实践训练并重"的基本原则来组织和编排教材内容体系的。本书以蔬菜生产项目为主线，突出在完成任务中掌握生产技能。本书分为设施蔬菜生产基础知识、茄果类蔬菜设施生产、瓜类蔬菜设施生产、豆类蔬菜设施生产、白菜类蔬菜设施生产、绿叶菜类蔬菜设施生产、特色蔬菜设施生产和设施蔬菜产业发展，每个项目设有学习目标、工作任务、项目分析、任务训练、复习思考题等，可供项目化教学使用。

本书内容丰富，将理论与实践融为一体，实用性、针对性和操作性强，可作为高职高专院校园艺技术、设施农业技术等专业的教材，也可作为蔬菜生产技术自学考试、生产岗位培训用书，还可作为生产技术人员、管理人员与蔬菜种植专业户的参考用书。

图书在版编目（CIP）数据

设施蔬菜生产技术/陈毛华主编. —北京：机械工业出版社，2016.4
"十二五"职业教育国家规划教材　高等职业教育园林园艺类规划教材
ISBN 978 - 7 - 111 - 53377 - 1

Ⅰ.①设…　Ⅱ.①陈…　Ⅲ.①蔬菜园艺 - 设施农业 - 高等职业教育 - 教材　Ⅳ.①S626

中国版本图书馆 CIP 数据核字（2016）第 064825 号

机械工业出版社（北京市百万庄大街 22 号　邮政编码 100037）
策划编辑：王靖辉　责任编辑：王靖辉
责任印制：常天培　责任校对：陈秀丽
北京京丰印刷厂印刷
2017 年 1 月第 1 版·第 1 次印刷
184mm×260mm·13.5 印张·328 千字
0 001—1 900 册
标准书号：ISBN 978 - 7 - 111 - 53377 - 1
定价：32.00 元

前　　言

近几年来、高等职业院校以提高教育教学质量为目标，大力推进教学改革和人才培养模式改革。同时，高职教育的生源结构、质量和数量较以往发生了很大的变化。传统教育教学方法和模式需要进行更新和创新，其中教材的更新和创新也要与时俱进。本书依据教育部颁布的《高等职业学校专业教学标准（试行）》进行编写，能够适应新的教育教学改革和人才培养目标的要求。

本书的编写内容限定在当前蔬菜生产领域中大面积栽培的品种，剔除了蔬菜生产设施的章节，添加了蔬菜无公害化生产、标准化生产、产品质量检测和蔬菜流通等蔬菜产业发展当前热点的内容，体现了突出重点和产教结合的特点。本书在内容的组织上，采用了任务驱动的编写思路。每一个项目中，首先提出具体的学习任务，使学生明确目标，并在完成的过程中，学习所需要的相关知识；在任务实施环节，介绍完成任务的步骤和注意事项，使学生能够顺利完成任务。本书增加了实践内容的编写比例，学生可通过完成任务，进行真实生产，学习完整的蔬菜生产实践过程，同时掌握蔬菜设施生产的技术和理论。由于篇幅限制，本书只在项目 2 的子项目 1 中编写了完整的生产任务过程，其他项目则列述了重要任务，如有需要，可参考进行教学。

本书由阜阳职业技术学院陈毛华任主编，由黑龙江生物科技职业学院刘艳华任副主编，由安徽农业大学朱世东任主审，具体编写分工如下：陈毛华编写项目 1、项目 8；刘艳华编写项目 2、项目 5；淮安生物工程高等职业学校孙凤建编写项目 3；阜阳职业技术学院李东林编写项目 4、项目 6、项目 7。本书在编写过程中，参考了有关作者的教材、著作，在此一并表示感谢。

本书配有电子课件，凡使用本书作为教材的教师可登录机械工业出版社教育服务网www.cmpedu.com 下载。咨询邮箱：cmpgaozhi@sina.com。咨询电话：010-88379375。

由于编者的水平有限，本书难免存在不足之处，欢迎各院校师生和读者提出宝贵意见，以便修订时加以完善。

编者

目 录

设施蔬菜生产基础知识

项目 1

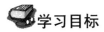学习目标

通过学习，掌握蔬菜的定义和蔬菜栽培的特点，掌握蔬菜作物的分类方法，了解设施蔬菜产业发展现状、地位、存在的问题及发展前景，掌握蔬菜主要生产设施的种类、结构、性能及建造特点。

工作任务

能熟练识别当地的各种蔬菜，并能按照蔬菜的分类方法进行分类；熟练识别蔬菜生产设施的结构，会正确完成大棚、温室小气候气象的观测及调控工作。

子项目1　设施蔬菜生产概况

知识点：蔬菜的定义，蔬菜生产的特点，蔬菜的分类，设施蔬菜生产概况。

能力点：认识当地常见的蔬菜，根据蔬菜的分类方法进行分类，了解设施蔬菜发展的状况，对当地设施蔬菜生产情况进行调研，发现存在的问题并就发展设施蔬菜生产提出可行性建议。

项目分析

该项目主要是掌握蔬菜的定义，学会按照不同的分类方法对蔬菜进行分类，对当地发展设施蔬菜生产提出可行性建议。要完成该任务必须具备蔬菜分类知识，具有调研当地设施蔬菜生产的能力，才能提出合理化建议。

项目实施的相关专业知识

一、蔬菜的定义及其特点

1. 蔬菜的定义

广义的蔬菜是指一切可供佐餐的植物和微生物的总称，包括一、二年生草本植物，多年生草本植物，少数木本植物以及食用菌、藻类、蕨类等，如香椿、蘑菇、海带、紫菜和某些调味品等，其中栽培较多的是一、二年生草本植物。

狭义的蔬菜是指具有柔嫩多汁的产品器官，可以用来作为副食品的一、二年生及多年生草本植物。

2. 蔬菜的特点

（1）蔬菜种类繁多　据统计，目前世界范围内的蔬菜种类有 50～60 科 229 种，其中高等植物有 32 科 201 种（包括变种）、低等植物食用菌有 14 科 18 种、藻类植物有 8 科 10 种。在我国，普遍栽培的蔬菜有 50～60 种，大部分属于半栽培种和野生种，可供开发利用的蔬菜资源丰富，开发潜力巨大。

（2）食用器官多样化　蔬菜的食用器官包括植物的根（如萝卜、胡萝卜等的肉质根）、茎（如莴笋、菜薹的嫩茎，马铃薯、山药的块茎，芋、荸荠的球茎，生姜、莲藕的根状茎）、叶（如菠菜、白菜的嫩叶，大白菜、结球甘蓝的叶球，大蒜、洋葱的鳞茎，芹菜的叶柄）、花（如金针菜的花、花椰菜的花球）、果实（如瓠果、浆果、荚果）和子实体（如食用菌）等。

（3）蔬菜营养丰富　蔬菜中含有丰富的维生素、矿质元素、膳食纤维和一些特殊成分，是维持人体生命所必需的维生素和矿物质的重要来源，对增强人体体质、强身祛病具有重要作用。

（4）蔬菜生产周期短、效益较好　蔬菜是高产高效的经济作物，一般产量为 37.5～75t/hm²，高产者达 300t/hm² 以上。蔬菜从栽植到收获的生产周期短，一般为 40～90 天，其见效快、生产效益较好。蔬菜产品除以鲜菜供应市场外，还可以进行保鲜储藏、加工，不仅可以增加蔬菜产后的附加值，而且可以延长蔬菜供应期，解决供需矛盾，扩大流通领域。蔬菜设施栽培已成为解决城乡就业，实现农业增效、农民增收的一条重要途径。

（5）产品不耐储藏　蔬菜产品含水量高，易萎蔫和腐烂变质，储藏和运输会受到一定程度限制。

二、蔬菜生产及其特点

蔬菜生产是指根据蔬菜市场供需关系和当地的生产条件，通过合理的茬口安排、品种选择、栽培管理等措施，获得适销对路、优质高产蔬菜产品的过程。蔬菜生产方式多种多样，概括起来分为露地生产和保护地生产两大类。露地生产是在当地适宜的生长季节里进行露地直播或育苗移栽，成本较低；保护地生产是在不适宜蔬菜生长的季节，利用设施进行蔬菜反季节生产的方式，主要解决淡季蔬菜供应难题，保护地生产又有无土栽培、软化栽培、早熟生产、延迟生产等形式。蔬菜栽培具有以下特点：

1. 蔬菜生产具有明显的市场性

蔬菜生产是以获得商品蔬菜为目的的生产。在城郊发展蔬菜，一般是以零售为主，蔬菜生产种类选择可以多样化，而在远郊或不发达地区发展蔬菜，同一种类蔬菜一定要形成一定规模，要不断提高生产技术，保证在重大节假日集中上市。通过规模生产和销售，达到提高市场竞争力的目的。全国各地现已形成很多蔬菜生产基地和国家级农产品批发市场，以地方性或区域性市场为补充的完整的市场销售体系，对于调节和供应全国各地的蔬菜供应起到了重要作用。

2. 蔬菜生产技术性强，专业化程度高

蔬菜产品的质量直接影响着蔬菜的价格和销量，对产品的大小、形状、色泽和风味等要求严格。因此，蔬菜生产从田间管理到采后处理，均要求按照一定的技术规范进行操作，技术性强。现代蔬菜生产集约化程度高，且大多需要进行育苗移栽，管理上要精耕细作。在生产设施、经营模式、栽培管理方面均围绕一类或一种蔬菜进行的蔬菜生产,对蔬菜生产技术和专业化程度要求高。

3. 蔬菜生产季节性强,生产水平受当地蔬菜生产条件的限制

蔬菜生产条件包括自然条件、人力资源、物资供应、设施条件、农业机械化水平等。不同的蔬菜产量和质量受到各种不良环境条件的影响,形成蔬菜供应的淡、旺季,尤其是露地蔬菜的供应季节性特别明显。因此,各地利用当地有利条件,发展设施蔬菜生产,可有效解决蔬菜供需之间的矛盾,达到周年均衡生产和供应。

4. 蔬菜产量高,效益较好

蔬菜亩产是粮食的5.5倍、棉花的3.9倍、油料的5倍,蔬菜生产的经济效益明显优于粮、棉、油的经济效益。蔬菜可以与大田作物、果树进行间作套种,充分利用光照、空间和地力条件,提高复种指数,增加单位面积的产量和效益。

5. 蔬菜生产必须符合国家颁布的有关标准和规定

蔬菜质量的好坏与人们的健康关系十分密切,蔬菜生产的各个环节和蔬菜产品的质量必须符合国家颁布的有关标准和规定。目前我国主要颁布的规定和标准有《无公害蔬菜安全要求》《绿色食品标准》《有机产品国家标准》与《有机食品认证管理办法》等。

三、我国设施蔬菜产业发展概况

1. 设施蔬菜产业发展现状

我国主要的蔬菜产区大多属于典型的大陆性季风气候。气候障碍因素对蔬菜的生产、供应影响较大,常常造成冬春和夏秋蔬菜严重短缺。20世纪80年代以来,随着塑料大棚的迅猛发展以及种植业结构调整步伐的加快,实现了早春和晚秋蔬菜供应的基本好转;20世纪90年代,随着节能日光温室和遮阳网覆盖栽培的迅速推广,攻克了冬春和夏秋两个淡季的蔬菜生产技术难题,蔬菜供应状况发生了根本性改变,缓解了冬春和夏秋两个淡季的供需矛盾;近年来,随着设施蔬菜产业的持续高速发展,基本保证了蔬菜的周年均衡生产和供应,满足了人们冬吃夏菜、夏吃冬菜、中吃西菜、北吃南菜的需求。我国蔬菜重点区域生产基地逐步向优势区域集中,形成华南与西南热区冬春蔬菜、长江流域冬春蔬菜、黄土高原夏秋蔬菜、云贵高原夏秋蔬菜、北部高纬度夏秋蔬菜、黄淮海与环渤海设施蔬菜六大优势区域,呈现栽培品种互补、上市档期不同、区域协调发展的格局,有效缓解了淡季蔬菜供求矛盾,为保障全国蔬菜均衡供应发挥了重要作用。

据调查分析,目前设施栽培的蔬菜作物包括茄果类、瓜类、豆类、甘蓝类、白菜类、葱蒜类、绿叶菜、多年生蔬菜、特菜、野生蔬菜等十几类上百种,冬春和夏秋两个淡季也能确保市场有十余类数十个品种的蔬菜供应。截至2010年底,我国设施蔬菜年种植面积约466.7万 hm^2,成为世界上设施面积最大的国家。目前,我国设施蔬菜产值已达7000亿元,设施蔬菜的人均占有量已达200kg以上,已成为我国许多区域的农业支柱产业。

我国的设施蔬菜经过近30年的发展,已基本形成了不同区域特色的设施类型、生产模式和技术体系。从设施类型上看,小拱棚占40%、大中棚约占40%、日光温室约占20%、连栋温室在0.5%以下。从产地分布看,环渤海湾及黄淮地区仍是我国设施蔬菜的最大产地,占全国面积的55%~60%,山东、河北和沈阳发展尤为迅速。在长江中下游地区,主要通过发展塑料大棚等设施,实现果菜、根菜、叶菜、水生蔬菜等多样化蔬菜的周年生产,面积占全国的 18% ~21% ；而在西北地区，近年来积极发展以平地和山地日光温室以及非耕地无土栽培为代表的设施蔬菜生产，并且发展迅速，约占全国的 8% ；其他地区则由于气候等原因（如华南地区），发展相对较为缓慢，约占 15% 。

2. 设施蔬菜产业发展特点

（1）规模和发展速度世界之最　我国设施园艺一直保持快速发展势头。据统计，近 30 年间我国设施园艺面积由 5333hm^2 剧增至 466.7 万 hm^2。设施园艺规模居世界首位。

（2）低碳节能技术国际领先　我国独创的日光温室高效节能栽培技术能在 $-20 \sim -10$℃ 的严寒条件下不加温生产喜温蔬菜。与传统加温温室相比，节能日光温室年节约标准煤 25t/667m^2；与现代化温室相比，其节能减排贡献额提高 3 ~5 倍。

（3）保护设施经济实用　由于我国设施蔬菜的价位偏低且波动大，发展设施蔬菜多采用造价低廉的简易设施。各级政府和企业投资建设的现代化农业园区，大都以发展现代化连栋温室、装配式热镀铸钢管大棚和永久性节能日光温室为主。

（4）区域布局不断优化　目前，农产品全国大市场、大流通格局基本形成，带动蔬菜产业布局进一步优化，初步形成了华南、长江上中游 2 个冬春蔬菜重点区，黄土高原、云贵高原 2 个夏秋蔬菜重点区域，黄淮海与环渤海设施蔬菜重点区域，东南沿海、西北内陆、东北沿边 3 个出口蔬菜重点区域。

（5）设施蔬菜茬口类型增多　我国按照设施的结构性能合理安排季节茬口。北方节能日光温室的采光保温性能优越，能够保证喜温果菜安全越冬生产，多采取长季节栽培，一年一茬。普通日光温室的光温性能不能满足喜温果菜冬季安全生产要求，多采取早春和秋冬两茬栽培。塑料大中棚除在华南和江南的部分地区通过实行内保温多层覆盖进行喜温果菜越冬长季节栽培外，其他多推行春提前和秋延后两茬栽培。

（6）设施蔬菜质量安全稳步提升　随着防虫网、诱虫板、棚室专用杀虫灯、棚室消毒灯、消雾膜、遮阳网、滴灌等设施配套器材及其应用技术的开发推广，为棚室增添了物理封闭阻隔、诱杀、遮阳、降温、避雨、降湿等绿色防控手段，能够有效地控制病虫害的发生和蔓延，实现不用或少用农药，显著提高了设施园艺产品的质量安全水平。如南方夏秋季节采用防虫网全封闭覆盖生产鸡毛菜，一般不用喷洒农药。采用防虫网全封闭覆盖或用防虫网封闭棚室放风口和门窗，配合播（植）前土壤、棚室消毒，张挂诱虫板，可基本不发生虫害。冬春设施栽培采用消雾膜扣棚，地膜下滴灌，配合适宜高温管理，可使棚室内的光照增加 20% ~30% 、灌溉用水节约 2/3 ~3/4，空气湿度大幅度降低，能够有效抑制病害的发生。

四、设施蔬菜在蔬菜产业中的地位

1. 设施蔬菜在蔬菜产业中的重要作用

（1）改善蔬菜供应状况，提高人们生活质量　随着节能日光温室和遮阳网覆盖栽培的迅速推广发展，形成了周年系列化设施生产体系，冬春和夏秋两个淡季设施可为市场提供十余类数十个品种的蔬菜供应。同时，随着交通运输状况的改善和全国鲜活农产品"绿色通道"的开通，华南、长江上中游冬春蔬菜基地和黄土高原、云贵高原夏秋蔬菜基地也为解决冬春和夏秋淡季蔬菜作出了重要贡献，我国蔬菜基本实现了周年均衡供应。

就人们的食物结构而言，"宁可三日无荤，不可一日无菜"。蔬菜不仅能为人们提供一定的碳水化合物、蛋白质和脂肪，更是维持人体健康所必需的维生素等生理活性物质、矿物营养和食用纤维不可替代的来源，优质、安全、多样的蔬菜供应，满足了城乡居民多层次的消费需求。城郊型现代化蔬菜观光采摘园的发展方兴未艾。设施蔬菜产业的发展，对提高农民收入、发展农村经济、保障市民的蔬菜安全供应以及农业的可持续发展，发挥着重要作用。

（2）提升蔬菜产业地位 设施蔬菜产业的技术装备水平高、集约化程度高、科技含量高、比较效益高。设施蔬菜生产每 $667m^2$ 综合平均产值为 13485.47 元，每 $667 m^2$ 净产值为 10456.12 元，比露地蔬菜生产高 3~5 倍，投入产出比达到 1:4.15。

（3）拓展蔬菜的产业功能 通过发展设施蔬菜，既提高了蔬菜的综合生产能力，又提高了农民的收入水平，提高了都市型农业的现代化水平。蔬菜作物的特性决定了蔬菜产业有助于促进大城市郊区观光农业的发展。设施蔬菜与农村观光休闲、采摘体验、旅游农业密切相关，为蔬菜产业的进一步发展提供了契机。

2. 设施蔬菜在蔬菜产业中的经济效益和社会效益

（1）提高资源利用效率 设施农业能够把温室工程、集水工程、节水工程，还有沼气工程等紧密结合起来，全方位地应用节能、节水、节肥、节地、节省劳动力和节省成本等一系列技术，来实现高产优质、低能耗、集约化的高效农业。温室、塑料大棚等设施能够使光、热、水、肥等农业资源富集与重组，创造有利于作物生长发育和产品形成的环境，实现终年生产和高效利用。利用大棚膜面集水和集水沟、集水场集水等，使水资源的利用率得到了明显提高。

（2）推进蔬菜科技创新 我国的温室节能技术跃居到世界领先地位，先后推出了 13 种优化棚室构型，15 种综合利用和立体种植模式，以及以嫁接育苗、设施环境调控为主的蔬菜病虫害综合防治等 9 项新技术。新型设施蔬菜资材的研发使我国的薄型耐候功能膜（流滴防老化膜、多功能复合膜、消雾膜）、遮阳网、防虫网、穴盘等研制技术达到了国际先进水平。现代化温室的引进、消化、吸收，催生了我国的温室制造业。设施蔬菜产业的迅速发展，还带动了支农工业、建材工业、温室制造业和商业物流的大发展。

（3）促进城乡居民就业和农民增收，维护社会稳定 设施蔬菜是典型的劳动密集型产业，为城乡居民提供了大量的就业岗位。据调查，全国设施蔬菜至少可解决 2500 多万人的就业，并可带动蔬菜储藏、加工、运输、销售相关产业发展，解决 1300 多万个就业岗位。设施蔬菜已成为缓解就业压力、保证农民持续增收的主导产业之一。

（4）带动相关产业同步发展 设施蔬菜产业是以农用塑料工业、建材工业、温室制造业和商业物流为依托的现代农业。据估算，全国设施园艺产业年消耗的资材大致为农膜 110 万 t、穴盘 3900 多万张、棚室骨架用各类木（竹）杆（片）29 亿根、承久性棚室用各类钢管（筋）1.5 亿根、钢架大棚桁架 1.7 亿副、草苫 1.6 亿副、水泥 140 多万吨、沙石 970 多万立方米和相当数量的其他建筑用材，带动了这些产业的规模扩张和技术进步。同时也拉动了商业、物流业的发展。

（5）开发非耕地，拓展蔬菜生产空间 全国约有荒漠化土地 4 亿 hm^2，工矿区废弃地 400 万 hm^2，滩涂 200 多万公倾，宜农储备土地 0.44 亿多公倾。近年来，一些地区利用设施蔬菜高投入、高产出的优势，在开发利用非耕地方面取得了可喜进展，不仅避免了与粮争地，而且经济效益显著。2007—2009 年，甘肃省肃州区采用节能日光温室无土栽培技术生产茄果类和瓜类蔬菜，发展非耕地日光温室蔬菜。海南省在沿海荒滩上建起 2000 hm^2 的塑料大棚基地，生产反季节优质西（甜）瓜。宁夏回族自治区中卫市，在腾格里沙漠腹地盖起草砖墙体沙漠日光温室 39 栋，生产有机果菜。

五、设施蔬菜发展存在的问题及发展前景

1. 设施蔬菜发展存在的问题

我国的设施蔬菜产业在"十一五"期间得到了飞速发展，设施栽培面积一直位于世界各国之首。但客观地分析，迄今为止我国的设施蔬菜产业只是一个栽培面积和生产量的扩展，而在科技含量、单位面积产量水平和产品品质上同发达国家存在很大的差距。从一定意义上讲，我国是一个设施蔬菜产业大国，但不是强国。我国设施蔬菜产业主要存在以下几个问题。

（1）缺乏科学规划引导　我国的设施蔬菜规模居首，但还缺乏科学规划引导，发展方向不明确，政策扶持和投资引导重点不突出，致使各地发展设施园艺随意性大，设施功能和市场定位不准，设施类型、栽培作物、季节茬口雷同，区域比较优势得不到充分发挥。一些设施园艺生产基地也缺乏科学规划设计，田间布局不合理，水电路不配套。生产盲目性、灾害性气候和病虫害爆发带来了蔬菜生产供应的不稳定性。设施的可靠性、产业的规模化、生产的专业化、操作的机械化、环境的可控性和控制的智能化水平有待提升。

（2）设施资源高效利用技术水平低　目前我国设施蔬菜资源利用率低，缺乏配套的资源高效利用和设施蔬菜低碳生产技术，主要表现在能源、水资源、土地资源及劳动力资源等方面。长期以来设施蔬菜生产多偏重于获得高产，不惜投入大量的资源，肥料、能源和水资源等浪费严重。我国设施农业单位面积水资源的利用率仅为以色列的 1/5 左右，而且肥料利用率更低，如氮素利用率只有 30% ~35%。与先进国家相比低 20 个百分点左右，不仅造成资源浪费，还会引起面源污染，严重影响我国设施农业的持续高效发展。

（3）冬春生产安全隐患大　一是盲目追求超大型棚室。有的地方出现了跨度 12m 以上、长度 100~150m、墙体底部厚度 4~7m 的"巨型温室"和跨度超过 30~50m、长度逾 100m 的"巨型大棚"。这类超长、超宽的"巨型"棚室，高跨比不合理，不仅采光性能不佳，而且抗风雪灾害的能力极差，用作冬春生产设施安全隐患很大。二是棚室修缮更新不及时。建材老化、保温结构残缺不全，抗灾、保温能力衰减严重，遇大雪极易行垮塌。三是采光保温设计建造不科学。目前已投入生产的节能日光温室采光角度偏小，后屋面投影偏窄或偏薄及材料结构不合理，墙体偏薄或建材选用和结构不合理，导致冷害、冻害时有发生。四是高指标和高额全覆盖补贴催生了一批低劣棚室。棚室环境的低温高湿状况致使霜霉病、灰霉病、叶霉病、早疫病等低温高湿病害在我国设施蔬菜生产上呈多发趋重态势。

（4）国外品种大量涌入对我国设施蔬菜种子产业产生冲击　蔬菜新品种推广面临"多、乱、杂"等问题，种性雷同现象严重，而且蔬菜品种权管理不严，侵权现象严重。蔬菜种子质量监管不严，假种子或种子本身的质量问题给农民带来损失的情况时有发生，需要加强监管。在科研领域重良种选育、轻配套技术研发。农业推广体系不健全，力量薄弱。

（5）设施蔬菜产品安全质量亟待提高　棚室环境中具有温差大、高湿和弱光等特点，造成病虫害大量发生，致使农药使用过量，防治的药剂不合理施用，会严重污染蔬菜的质量和生态环境。有些温室蔬菜生产为了单纯追求产量，盲目过量施用化肥，重茬连作，养分利用率仅为 10% ~20%。随着设施作物栽培年限的增加，引起土壤微生物种群的改变、土壤

结构的破坏和次生盐渍化以及养分障碍的发生，造成土壤质量退化。

（6）设施连作障碍日益加剧　过量施肥加剧设施蔬菜连作障碍的问题在我国日益严重。土壤连作障碍主要表现为土壤酸化、次生盐渍化、养分和生态失衡、病虫害严重。一些重点设施蔬菜生产地区，土壤pH已降至5以下，钙、镁、硫、硼、铝等中微量元素缺乏引起的脐腐、顶腐、缩果、茎裂、花而不实等生理病害呈多发态势；青枯病、枯萎病等土传病害越来越重；土壤盐分含量比露地菜田高数倍甚至10倍以上；植物营养失调，生长不良，诱发多种侵染性病害。

另外，我国设施蔬菜生产还存在单位面积产量与发达国家的差距日益明显、蔬菜产品采后处理能力与产品质量有待提高、经济效益不高、品牌意识不浓、设施蔬菜科技投入不足、科技推广体系有待完善、家庭经营组织化程度低等问题。

2. 设施蔬菜发展对策

（1）加强科学规划引导　把节能日光温室和塑料大棚作为我国的主要园艺设施，根据全国农业气候资源分布特点，按照各地的目标市场、交通运输状况、经济社会发展程度和发展设施园艺生产在全国园艺产品周年均衡供应中的地位和作用，研究制定全国节能日光温室和塑料大棚区划及设施蔬菜产业发展规划。北方重点研究节能日光温室的规划布局，冬春日照百分率≥50%、最低气温不低于−20℃的地区，以喜温园艺作物反季节栽培为主，其中黄土高原、青藏高原以反季节优质瓜果生产为主；冬春日照百分率≥50%、最低气温低于−20℃的地区，以发展果菜类提前、延后和越夏长季节栽培为主。长江流域以发展大棚防寒保温遮阳避雨栽培为主。华南地区，冬季以扩大昼夜温差为主要目的，发展冬季塑料大棚优质瓜果生产为主；夏季以遮阳避雨为主要目的，发展简易遮阳网覆盖栽培。

（2）强化冬春安全生产　根据已有的园艺设施标准，制定完善的设施园艺标准体系框架。认真做好科学规划工作，按照产地环境条件优良、目标市场明确、区位优势显著和气候适宜等进行统筹规划布局；按照构架坚固、性能优越、造价合理的要求和国家（行业）标准规划设计当地的设施园艺产业；规划设计完成后，应组织业内专家评审，并按照评审专家提出的意见修改完善后组织实施。通过实行有差别的财政补贴政策，鼓励发展优型棚室，减少"巨型"棚室和低劣棚室，促进设施园艺生产者按照安全使用限期进行棚室修缮更新，最大限度地消除设施园艺安全生产隐患。

（3）提高生产者的素质，实现设施无公害蔬菜标准化生产　将最新的科研成果转化为蔬菜生产者易接受、好掌握的技术和模式，更新蔬菜生产者观念、改变其传统习惯，推广设施蔬菜无公害、标准化生产技术。优化北方日光温室和南方塑料大棚结构，提高环境智能化控制水平，完善北方设施蔬菜长季节栽培技术及南方避雨栽培、遮阳网和防虫网栽培技术，发展环境友好型蔬菜安全生产模式，推广应用生物防治技术、肥水一体化供应技术、CO_2施肥技术和抗逆诱导技术等，提高单位面积产量和质量，减少肥料和农药投入，实现真正意义上的标准化生产。

（4）病虫害综合防治

1）综合治理连作障碍。一是推广测土配方施肥，按照推荐配方施肥，克服过度施肥，每667m^2基肥施入量畜禽粪要控制在5m^3以下，当土壤EC值达到栽培作物发生生理障碍临界点时停止施肥；二是坚持合理轮作，定期与玉米等大田作物轮作，有条件的定期实行水旱轮作；三是坚持施用生物有机肥或利用夏季休闲期种植苏丹草、甜玉米、豆科作物等，对土壤进行生物修复；四是利用夏季进行高温闷棚或采用热水灌注法进行土壤消毒；五是采用嫁接换根及其他健康栽培措施，增强蔬菜作物的抗性；六是增施禾本科秸秆肥，提升土壤有机质含量，增强土壤缓冲性能。

2）预防低温高湿病害。低温高湿病害，是由于棚室内夜温偏低，空气湿度达到过饱和，导致作物茎叶表面结露形成露珠或水膜，病菌孢子借助露珠和水膜萌发侵染。其防治的关键是要将棚室气温控制在露点温度以上。防治重点立足于提高棚室夜温，防止露点温度的出现或有效推迟其出现的时间。其主要措施有选用防（消、减）雾型多功能复合膜，尽早扣膜冬前蓄热，冬季白天适宜高温管理多蓄热，夜间加强保温覆盖，地面实行地膜或秸秆全覆盖，采用膜下滴灌或暗灌，必要时进行人工补温。

3）选育和利用抗病品种。选育一批抗病、优质、低能耗和高养分利用率的品种。在生产上尽量选用抗病品种。

（5）发展轻简增效设施蔬菜　一是加快推进节能日光温室现代化，包括按照简化建造工艺、便于机械化作业、提高土地利用率、应急补温等思路改善结构，研发推广中国特色温室环境调控技术装备等；二是加快适用于棚室农事作业机械的研制和选型配套，并纳入国家农机购置补贴范围；三是推进棚室少免耕及肥水一体化补给系统的开发推广；四是积极完善、大力推广集约化育苗装备与配套技术。

（6）提高农民组织化程度　积极引导扶持组建农民合作社，或专业协会或股份合作制经济组织，实现有组织、有计划地面向市场发展设施蔬菜生产。推进农村人力资源和耕地资源的市场化配置，促进土地使用权按其使用价值依法有偿流转，达到人尽其才、地尽其力，提高农民的组织化程度和参与市场竞争能力。

（7）加强技术推广服务　设立专项经费，支持科技人员深入一线开展设施蔬菜作物生产的技术集成创新、展示示范、进村入户指导培训等推广活动。适度发展专业化、集约化、规模化和机械化生产，提高经营规模和生产效益，通过园艺标准园和农业科技示范园等建设，带动科技成果的普及与推广，改变我国设施蔬菜生产的增长方式。

（8）强化技术设施投入，加大品牌宣传推广力度，防范市场风险　加强蔬菜产业基础设施投入，强化产业信息系统，提高抵御灾害与市场变化风险的能力；提高蔬菜采后处理与冷链流通技术，发展产品溯源技术，保障产品质量与安全。帮助企业和农户参加各种保险，建立多渠道、多层次、多元化的风险防范机制；同时，加快市场信息服务和专业合作经济组织建设，为企业和农民提供技术、资金、销售等方面的服务。

（9）加快新品种的筛选和推广　加强对品种特性的选择，注重优势区域主要茬口对品种适应性的特殊要求。如越冬长季节栽培的果菜类，要特别加强对耐低温、耐弱光性状的选择。优先示范推广对当地主要蔬菜病害具有高抗、多抗或定向免疫的新品种。

六、蔬菜的分类

蔬菜作物种类繁多。据统计，世界范围内的蔬菜共有200多种，在同一种类中，还有许多变种，每一变种中又有许多品种。常用蔬菜分类方法有三种，即植物学分类法、食用器官分类法和农业生物学分类法。

1. 植物学分类法

依照植物自然进化系统，按照科、属、种和变种进行分类的方法。采用植物学分类可以明确科、属、种间在形态、生理上的关系，以及遗传学、系统进化上的亲缘关系，对于蔬菜的轮作倒茬、病虫害防治、种子繁育和栽培管理等有较好的指导作用。常见蔬菜按科分类如下：

（1）单子叶植物

1）禾本科（Gramineae）：毛竹笋、麻竹、菜玉米、茭白。

2）百合科（Liliaceae）：黄花菜、芦笋、卷丹百合、洋葱、韭葱、大蒜、南欧葱（大头葱）、大葱、分葱、韭菜、薤。

3）天南星科（Araceae）：芋、魔芋。

4）薯蓣科（Dioscoreaceae）：普通山药、田薯（大薯）。

5）姜科（Zingiberaceae）：生姜。

（2）双子叶植物

1）藜科（Chenopodiaceae）：根甜菜（叶甜菜）、菠菜。

2）落葵科（Basellaceae）：红落葵、白落葵。

3）苋科（Amaranthaceae）：苋菜。

4）睡莲科（Nymphaeaceae）：莲藕、芡实。

5）十字花科（Cruciferae）：萝卜、芜菁、芜菁甘蓝、芥蓝、结球甘蓝、抱子甘蓝、羽衣甘蓝、花椰菜、青花菜、球茎甘蓝、小白菜、结球白菜、叶用芥菜、茎用芥菜、芽用芥菜、根用芥菜、辣根、豆瓣菜、荠菜。

6）豆科（Leguminosae）：豆薯、菜豆、豌豆、蚕豆、豇豆、菜用大豆、扁豆、刀豆、矮刀豆、苜蓿。

7）伞形科（Umbelliferae）：芹菜、根芹、水芹、芫荽、胡萝卜、小茴香、美国防风。

8）旋花科（Convolvulaceae）：蕹菜。

9）唇形科（Labiatae）：薄荷、荆芥、罗勒、草石蚕。

10）茄科（Solanaceae）：马铃薯、茄子、番茄、辣椒、香艳茄、酸浆。

11）葫芦科（Cucurbitaceae）：黄瓜、甜瓜、南瓜（中国南瓜）、笋瓜（印度南瓜）、西葫芦（美洲南瓜）、西瓜、冬瓜、瓠瓜（葫芦）、普通丝瓜（有棱丝瓜）、苦瓜、佛手瓜、蛇瓜。

12）菊科（Compositae）：莴苣（莴笋、长叶莴苣、皱叶莴苣、结球莴苣）、茼蒿、菊芋、苦苣、紫背天葵、牛蒡、朝鲜蓟。

13）锦葵科（Malvaceae）：黄秋葵、冬寒菜。

14）楝科（Meliaceae）：香椿。

2. 食用器官分类法

按照食用部分的器官形态，可将蔬菜作物分为根、茎、叶、花、果五类。这种分类方法的特点是同一类蔬菜的食用器官相同，可以了解彼此在形态上及生理上的关系。凡食用器官相同的，其栽培方法及生物学特性大体相同，但也存在差别。

（1）根菜类

1）肉质根类：以肥大的肉质直根为产品，如萝卜、芜菁、胡萝卜、根甜菜、根芥菜等。

2）块根类：以肥大的不定根或侧根为产品，如豆薯。

（2）茎菜类

1）肉质茎类（肥茎类）：以肥大的地上茎为产品，如莴笋、茭白、茎用芥菜、球茎甘蓝等。

2）嫩茎类：以萌发的嫩茎为产品，如芦笋、竹笋。

3）块茎类：以肥大的地下块茎为产品，如马铃薯、菊芋、草石蚕等。

4）根茎类：以肥大的地下根茎为产品，如生姜、莲藕等。

5）球茎类：以地下的球茎为产品，如慈姑、芋等。

6）鳞茎类：以肥大的鳞茎为产品，如洋葱、大蒜、薤等。

（3）叶菜类

1）普通散叶菜类：以鲜嫩翠绿的叶或叶丛为产品，如小白菜、乌塌菜、茼蒿、菠菜等。

2）香辛叶菜类：有香辛味的叶菜，如大葱、分葱、韭菜、芹菜、芫荽、茴香。

3）结球叶菜类：以肥大的叶球为产品，如大白菜、结球甘蓝、结球莴苣、抱子甘蓝等。

（4）花菜类

1）花器类：如黄花菜、朝鲜蓟等。

2）花枝类：如花椰菜、青花菜、菜薹等。

（5）果菜类

1）瓠果类：以下位子房和花托发育而成的果实为产品，如黄瓜、南瓜、西瓜等瓜类蔬菜。

2）浆果类：以胎座发达而充满汁液的果实为产品，如茄子、番茄、辣椒等。

3）荚果类：以脆嫩荚果或其豆粒为产品的豆类蔬菜，如菜豆、豇豆、蚕豆等。

4）杂果类：主要指菜玉米、菱角等上述三种以外的果菜类蔬菜。

3. 农业生物学分类法

这个方法是以蔬菜的农业生物学特性作为分类的根据，综合了上面两种方法的优点，比较适合于生产上的要求。具体分类如下：

（1）根菜类 包括萝卜、胡萝卜、根用芥菜、芜菁甘蓝、芜菁、根用甜菜等。以其膨大的直根为食用部分，生长期间喜冷凉气候。在生长的第一年形成肉质根，储藏大量的水分和糖分，到第二年开花结实。在低温下通过春化阶段，长日照下通过光照阶段。均用种子繁殖。要求疏松而深厚的土壤。

（2）白菜类 包括白菜、芥菜及甘蓝等，以柔嫩的叶丛或叶球为食，喜冷凉、湿润气候，对水肥要求高，高温干旱条件下生长不良。多为二年生植物，均用种子繁殖，第一年形成叶丛或叶球，第二年才抽薹开花。栽培上，除采收花球及菜薹（花茎）者以外，要避免先期抽薹。

（3）绿叶菜类 包括莴苣、芹菜、菠菜、茼蒿、苋菜、蕹菜等，以幼嫩的绿叶或嫩茎为食用器官。其中的蕹菜、落葵等，能耐炎热，而莴苣、芹菜则好冷凉。由于它们大多植株矮小，生长迅速，要求土壤水分及氮肥不断的供应，常与高秆作物进行间、套作。

（4）葱蒜类 包括洋葱、大蒜、大葱、韭菜等，叶鞘基部能形成鳞茎，因此又叫"鳞茎类"。其中的洋葱及大蒜的叶鞘基部可以发育成为膨大的鳞茎；而韭菜、大葱、分葱等则不特别膨大。性耐寒，在春、秋两季为其主要栽培季节。在长日照下形成鳞茎，而要求低温通过春化。可用种子繁殖（如洋葱、大葱等），也可用营养繁殖（如大蒜、分葱及韭菜等）。

（5）茄果类　包括茄子、番茄及辣椒。这三种蔬菜在生物学特性和栽培技术上都很相似。要求肥沃的土壤及较高的温度，不耐寒冷，对日照长短要求不严格。

（6）瓜类　包括南瓜、黄瓜、西瓜、甜瓜、瓠瓜、冬瓜、丝瓜、苦瓜等。茎蔓性，雌雄异花同株，要求较高的温度及充足的阳光。尤其是西瓜和甜瓜，适于昼热夜凉的大陆性气候及排水好的土壤。

（7）豆类　包括菜豆、豇豆、毛豆、刀豆、扁豆、豌豆及蚕豆，多以新鲜的种子及豆荚为食。除豌豆及蚕豆要求冷凉气候以外，其他豆类都要求温暖的环境。具根瘤，在根瘤菌的作用下可以固定空气中的氮素。

（8）薯芋类　包括马铃薯、山药、芋、姜等，以地下块根或地下块茎为食用器官的蔬菜。产品内富含淀粉，较耐储藏。均用营养繁殖。除马铃薯生长期较短，不耐过高的温度外，其他的薯芋类，都能耐热，生长期亦较长。

（9）水生蔬菜　包括藕、茭白、慈姑、荸荠、菱和水芹等生长在沼泽地区的蔬菜。在植物学分类上分属于不同的科，但均喜较高的温度及肥沃的土壤，要求在浅水中生长。除菱和芡实以外，都用营养繁殖。多分布在长江以南湖沼多的地区。

（10）多年生蔬菜和杂类蔬菜　多年生蔬菜包括竹笋、黄花菜、芦笋、香椿、百合等，一次繁殖以后，可以连续采收数年。杂类蔬菜包括菜玉米、黄秋葵、芽苗类和野生蔬菜。

子项目2　合理运用蔬菜生产保护设施

知识点：大棚和日光温室的定义、结构和类型，设施内光照、温度、湿度和气体的变化特点和调节。

能力点：会进行常见设施的光照、温度、湿度和气体的调节。

项目分析

该任务主要是掌握常见设施的结构，学会对设施的光照、温度、湿度和气体的调节。完成该任务要具备设施的结构知识，设施光照、温度、湿度和气体变化特点和调节的知识。

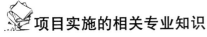

项目实施的相关专业知识

设施栽培和露地栽培是蔬菜作物生产中的两种方式。设施栽培是指在不适宜蔬菜作物生长发育的寒冷或炎热季节，利用专门的保温防寒或降温防雨设施、设备，人为地创造适宜蔬菜作物生长发育的小气候条件进行生产。其栽培的目的是能在冬春严寒季节或盛夏高温多雨季节提供新鲜蔬菜产品上市，以季节差价来获得较高的经济效益。因此，设施栽培又称为反季节栽培或保护地栽培。

设施蔬菜生产从根本上解决了南北各地蔬菜生产淡季鲜菜供应紧张的局面，真正做到了"周年生产、均衡供应"，对增进人民身体健康，提高人民生活水平具有重要意义。同时，蔬菜设施栽培，提高了土地的利用率和产出率，安置了农闲期间的闲散劳动力，增加了农民收入，是实现农业增效、农民增收的一条重要途径。

栽培设施有风障畦、阳畦等简易设施，最常见的塑料拱棚和温室，塑料拱棚又分为小拱棚、中拱棚和塑料大棚，温室又分为日光温室和现代化温室。各种设施通过架设遮阳网、遮雨棚、防虫网、覆盖地膜等方式达到降温、防雨、防虫、提高地温、抑制杂草等不同目的。现代化温室的建造投资大、运营费用高，在国外将其用于蔬菜、花卉的工厂化生产，在国内多将其用于农业高科技园区的示范性栽培。

一、塑料薄膜大棚

塑料薄膜大棚简称为大棚，常指不用砖石结构围护，只以竹木、水泥或钢材等杆材作骨架，在其表面覆盖透明塑料薄膜、跨度在6m以上的大型栽培设施。大棚一般占地300m² 以上。与温室相比，大棚具有结构简单、建造和拆装方便、寿命长、空间大、作业方便、便于环境调控和利于作物生长的优点；与露地蔬菜生产相比，大棚具有较大的抗灾能力，可提早或延迟栽培，增产增收效果明显。大棚的栽培生产风险小，产品上市与日光温室错开，效益显著。

1. 塑料薄膜大棚结构

塑料薄膜大棚的结构是由立柱、拱杆、拉杆（纵梁、横拉）、压杆（压膜线）等组成的（图1-1），俗称"三杆一柱"，还有薄膜和门窗共同组成，其他形式都是在此基础上演化而来的。大棚的棚高一般在2～2.5m，连栋大棚高可超过3m，跨度8～14m，长50～100m，是生产上广泛应用的一种保护设施形式。

2. 塑料薄膜大棚的类型

按棚顶形状可以分为拱圆形和屋脊形两类，我国多数为拱圆形。按骨架材料则可分为竹木结构、钢架混凝土柱结构、钢架结构、钢竹混合结构等。按连接方式又可分为单栋大棚、双连栋大棚及多连栋大棚。我国连栋大棚棚顶多为半拱圆形，少量为屋脊形。

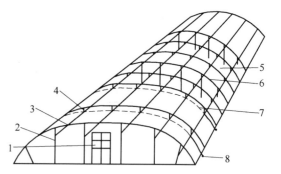

图1-1 悬梁吊柱式竹木结构大棚

1—门 2—立柱 3—拉杆（纵向拉梁）
4—吊柱 5—棚膜 6—拱杆 7—压杆
（或压膜线） 8—地锚

随着现代农业的发展，竹木结构大棚逐渐被淘汰，钢架结构单栋大棚用钢筋或钢管焊接而成，其特点是坚固耐用、无支柱、空间大、透光性好、作业方便、有利于设置内保温、抗风载雪能力强、一次性投资较大（图1-2）。目前，新建的大棚主要以钢管装配式大棚为主，一般跨度6～8m，高度2.5～3.0m，长30～60m，拱架是用两根薄壁镀锌管对接弯曲而成，拱架间距50～60cm，纵向用薄壁镀锌钢管连接。用卡具、套管连接棚杆组装成棚体，覆盖薄膜用卡膜槽。还可外加压膜线，作辅助固定薄膜之用；该棚两侧还附有手动式卷膜器，以取代人工扒缝放风。这种大棚除具有重量轻、强度好、耐锈蚀、中间无柱、采光好和作业方便等优点外，还可根据需要自由拆装，移动位置，改善土壤环境，同时其结构规范标准，可大批量工厂化生产（图1-3）。还有一种是钢竹混合结构大棚。无论哪种形式的结构，一般出入门均留在南侧，薄膜之间连接牢固，接地四周用土压紧，以保持棚内温度，免遭风害。天热时可揭开薄膜通风换气。大棚拆除后，土地仍可继续栽培。对于温度、湿度要求较高的播种、扦插，还可在大棚内设置塑料小拱棚，以起到增温保湿的效果。

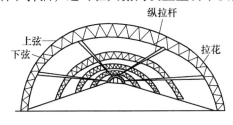

图 1-2 钢架无柱大棚

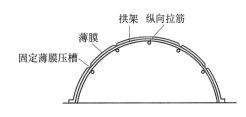

图 1-3 装配式镀锌薄壁钢管大棚

3. 塑料薄膜大棚的建造

（1）建造场地的选择 棚址宜选在背风、向阳、土质肥沃、便于排灌、交通方便的地方。棚内最好有自来水设备。

（2）大棚的面积概算 从光、温、水、肥、气等因素综合考虑，单栋式大棚面积一般以 300m² 左右较为有利，大棚的长、宽、高、面积可酌情变动。连栋式大棚较少用，因为其不利于各种栽培环境因素的调节。

（3）大棚的方向设置 从光照强度及受光均匀性方面考虑，大棚一般多按南北长、东西宽的方向设置。

（4）棚间距离的确定 集中连片建造大棚，又是单栋式结构时，一般两棚之间要保持 2m 以上的距离，前后两排距离要保持 4m 以上。当然，也可依棚高等因素酌情确定。总之，以利于通风、作业和设排水沟渠，防止前排对后排遮阴为原则。

4. 塑料薄膜大棚的应用

大棚的温度变化是随外界日温及季节气温变化而变化的；大棚内上部光强而下部光弱；由于棚膜不透气，棚内易产生高温高湿，造成病害发生。大棚内适宜进行早春育苗、春茬早熟栽培、秋季延后栽培、春到秋长季节栽培等。

二、日光温室

1. 结构

日光温室是由围护墙体、后屋面和前屋面三部分组成的。前屋面采用透明覆盖材料，以太阳辐射能为热源，具有蓄热及保温功能，可在冬春寒冷季节无须人工加温或极少量人工加温的条件下进行蔬菜生产的栽培设施。其具有结构简单、造价较低、节省能源等特点，是我国特有的蔬菜栽培设施。日光温室结构如图 1-4 所示。

2. 类型

生产上常用钢架无柱日光温室（图 1-5），它取消了立柱，建材截面小，减少了

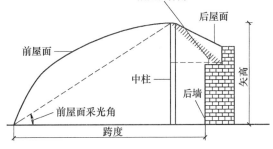

图 1-4 日光温室结构

遮阴部分，室内光照充足，作业方便，又便于利用二层幕或小拱棚进行保温覆盖。其缺点是一次性投资大。

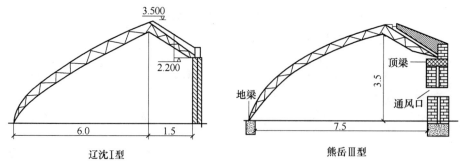

图1-5　钢架无柱日光温室（单位：m）

3. 性能与应用

日光温室的透光率一般为60%～80%，室内外气温差可保持在21～25℃。例如，在北京（北纬40°）地区冬季气候条件下，晴天时室内作物冠层上方的光照强度一般可达20000～30000lx，12月上旬至第二年2月下旬各旬的平均气温维持在12～21℃，5～10cm地温的平均值一般保持在12～15℃。通过选用耐低温抗病品种，适宜的播种期，膜下暗灌、渗灌，大量施用有机肥，大温差管理和增施CO_2气、肥等措施，就能使喜温果菜获得较高的产量。

三、现代化温室

1. 类型和结构

（1）屋脊形连栋温室　一类是温室骨架均用矩形钢材、槽钢等制成，经过热浸镀锌防锈蚀处理，具有很好的防锈能力；另一类是门窗、屋顶等为铝合金轻型材料，经抗氧化处理，轻便美观、不生锈、密封性好，且推拉开启省力。覆盖材料主要为平板玻璃和塑料板材。

（2）拱圆形连栋温室　温室的透明覆盖材料采用塑料薄膜，因其自重较轻，所以在降雪较少或不降雪的地区，可大量减少结构安装件的数量。由于框架结构比玻璃温室简单，用材量少，建造成本低，通常采用双层充气薄膜进行保温，但双层充气膜的透光率较低，因此在光照弱的地区和季节生产喜光作物时不宜使用。

2. 生产系统

现代化温室的生产系统包括自然通风系统、湿帘降温系统、加温系统、帘幕系统、补光系统、CO_2发生系统、灌溉施肥系统和计算机控制系统等。自动控制是现代化温室环境控制的核心技术，可自动测量温室的气候和土壤参数，并对温室内配置的所有设备都能实现优化运行和实行自动控制，如开窗、加温、降温、加湿、调节光照、灌溉施肥和补充CO_2等，以创造适合作物生长发育的环境条件。

3. 性能和应用

现代化温室的生产面积大，设施内环境实现了计算机自动控制，基本不受自然气候的影响，能周年全天候进行园艺作物生产，是园艺设施的最高级类型。现代化温室建造投资大、运营费用高，在国外将其用于蔬菜、花卉的工厂化生产，在国内多将其用于农业高科技园区的示范性栽培。

四、设施的环境特点及调节控制

蔬菜栽培设施是在人工控制下的半封闭状态的小环境，其环境条件主要包括光照、温度、湿度、土壤、气体和肥料等。蔬菜作物生长发育的好坏，产品产量和质量的高低，关键在于环境条件对作物生长发育的适宜程度。

1. 光照

光照条件对设施蔬菜生产起主导作用。一方面光照是设施主要的热源，光照条件好，透入温室内的阳光多，室内的温度就高，对作物的光合作用也越有利。另一方面，光照是蔬菜作物光合作用的能源，光照条件的好坏直接影响到作物光合作用的强弱，从而明显影响到产量的高低。

（1）设施光照环境特点

1）光照强度。设施内的光照强度只有自然光照强度的70%～80%，如果采光设计不科学，透入的光量会更少，而薄膜用过一段时间后透光率降低，室内的光照强度将进一步减弱。设施内光照强度的日变化和季节变化都与自然光照强度的变化具有同步性。晴天的上午设施内光照强度随太阳高度角的增加而增强，中午光照强度最高，下午随太阳高度角的减少而降低，其曲线是对称的。但设施内的光照强度变化较室外平缓。

设施内光照强度在空间上分布不均匀。在垂直方向上，越靠近薄膜光照强度越强，向下递减，靠薄膜处相对光强为80%，距地面0.5～1.0m处为60%，距地面20cm处只有55%。在水平方向上，南北延长的塑料大棚，上午东侧光照强度高，西侧低，下午相反，从全天来看，两侧差异不大。东西延长的大棚，平均光照强度比南北延长的大棚高，升温快，但南部光照强度明显高于北部，南北最大可相差20%。日光温室从后屋面水平投影以南是光照强度最高部位，在0.5m以下的空间里，各点的相对光强都在60%左右，在南北方向上差异很小。在东西方向上，由于山墙的遮阴作用，东西山墙内各有2m左右的弱光区。

2）光照时间。设施内的光照时间主要受纬度、季节、天气情况及防寒保温等管理技术的影响。塑料拱棚全透明设施，无草苫等外保温设备的，见光时间与露地相同，没有调节光照时间长短的功能。而日光温室由于冬春季覆盖草苫保温防寒，人为地缩短了日照时数。

3）光质。即光谱组成。露地栽培时阳光直接照在作物上，光的成分一致，不存在光质差异。而设施栽培中由于透明覆盖材料的光学特性，使进入设施内的光质发生变化。例如玻璃能阻隔紫外线，对5000nm和9000nm的长波辐射透过率也较低。

（2）设施光照环境的调节控制

1）优化设计，合理布局。选择四周无遮阴的场地建造温室大棚，并计算好棚室前后左右间距，避免相互遮光。建造日光温室前进行科学的采光设计，确定最优的方位、前屋面采光角、后屋面仰角等与采光有关的设计参数。

2）选择适宜的建造材料。太阳光投射到骨架等不透明物体上，会在地面上形成阴影。阳光不停地移动，阴影也随着移动和变化。竹木结构日光温室骨架材料的遮阴面积占覆盖面积的15%～20%，钢架无柱日光温室建材强度高、截面小，是最理想的骨架材料。另外，生产中选用透光率高、防老化的多功能长寿无滴膜是提高设施透光率的重要措施之一。

3）加强管理。保持薄膜清洁，每年更换新膜；日光温室在室内温度不受影响的情况下，早揭晚盖草苫，尽量延长光照时间，遇阴天只要室内温度不低于蔬菜适应温度下限，就应揭开草苫，争取见散射光；温室后墙涂成白色或张挂反光幕，地面铺地膜，利用反射光改善温室后部和植株下部的光照条件；采用扩大行距，缩小株距的配置形式，改善行间的透光条件；及时整枝打杈，改插架为吊蔓，减少遮阴；必要时可利用高压水银灯、白炽灯、荧光灯、阳光灯等进行人工补光。

4）遮光。炎夏季节设施内光照过强、温度过高，可通过覆盖遮阳网、无纺布、竹帘等进行遮光降温。

2. 温度

（1）设施气温环境特点

1）与外界温度的相关性。园艺设施内的气温远远高于外界温度，而且与外界温度有一定相关性：光照充足的白天，当外界温度较高时，室内气温升高快，温度也高；当外界温度低时，室内温度也低。但室内外温度并不呈正相关，因为设施内的温度主要取决于光照强度，严寒的冬季只要晴天光照充足，即使外界温度很低，室内气温也能很快升高，并且保持较高的温度；遇到阴天，虽然室外温度并不低，室内温度上升量也很少。

2）气温的日变化。太阳辐射的日变化对设施的气温有极大的影响，晴天时气温变化显著，阴天时不明显。塑料大棚在日出之后气温上升，最高气温出现在13时，14时以后气温开始下降，日落前下降最快，昼夜温差较大。日光温室内最低气温往往出现在揭开草苫前的短时间内，揭苫后随着太阳辐射增强，气温很快上升，11时前上升最快，在密闭条件下每小时最多上升6~10℃，12时以后上升趋于缓慢，13时气温达到最高。以后开始下降，15时以后下降速度加快，直到覆盖草苫时为止。盖草苫后气温回升1~3℃，以后气温平缓下降，直到第二天早晨。

3）气温在空间上的分布。设施内的气温在空间上的分布是不均匀的。白天气温在垂直方向上的分布是日射型，气温随高度的增加而上升；夜间气温在垂直方向上的分布是辐射型，气温随着高度的增加而降低；8~10时和14~16时是以上两种分布类型的过渡型。南北延长的大棚里，气温在水平方向上的分布，上午东部高于西部，下午则相反，温差为1~3℃。夜间，大棚四周气温比中部低，一旦出现冻害，边沿一带最先发生。日光温室内气温在水平方向上的分布存在着明显的不均匀性。在南北方向上，中柱前1~2m处气温最高，向北、向南递减。在高温区水平梯度不大，在前沿和后屋面下变化梯度较大。晴天的白天南部高于北部，夜间北部高于南部。温室前部昼夜温差大，对作物生长有利。东西方向上气温差异较小，只是靠东西山墙2m左右处温度较低，靠近出口一侧最低。

4）"逆温"现象。一般出现在阴天后，有微风、晴朗的夜间，温室大棚表面辐射散热很强，有时棚室内气温反而比外界气温还低，这种现象叫作"逆温"。其原因是白天被加热的地表面和作物体，在夜间通过覆盖物向外辐射放热，而晴朗无云有微风的夜晚放热更剧烈。另外，在微风的作用下，室外空气可以从大气反辐射补充热量，而温室大棚由于覆盖物的阻挡，室内空气却得不到这部分补充热量，造成室温比外界温度还低。10月至第二年3月易发生逆温，逆温一般出现在凌晨，日出后棚室迅速升温，逆温消除。逆温时间过长或温度过低会对蔬菜生长不利。

（2）地温　设施内的地温不但是蔬菜作物生长发育的重要条件，也是温室夜间保持一定温度的热量来源，夜间日光温室内的热量，有近90%来自土壤的蓄热。

1）热岛效应。我国北方广大地区，进入冬季土壤温度下降很快，地表出现冻土层，纬度越高封冻越早，冻土层越深。日光温室采光、保温设计合理，室外冻土层深达1m，室内土壤温度也能保持12℃以上，设施内从地表到50cm深的地温都有明显的增温效应，但以10cm以上的浅层增温显著，这种增温效应称为"热岛效应"。但温室内的土壤并未与外界隔绝，室内外土壤温差很大，土壤的热交换是不可避免的。由于土壤进行热交换，使大棚温室四周与室外交界处地温不断下降。

2）地温的变化。日光温室地温的水平分布具有以下特点：5cm土层温度在南北方向上变化比较明显，晴天的白天，中部温度最高，向南向北递减，后屋面下低于中部，但比前沿地带高，夜间后屋面下最高，向南递减，阴天和夜间地温的变化梯度较小；东西方向上差异不大，靠门的一侧变化较大，东西山墙内侧温度最低。塑料大棚内地温，无论白天还是夜间，中部都高于四周。设施内的地温，在垂直方向上的分布与外界明显不同。外界条件下，严冬季节0~50cm的地温随深度增加而增加。设施内的情况则完全不同，白天上层土壤温度高，下层土壤温度低，地表0cm温度最高，随深度的增加而递减；夜间以10cm深处最高，向上向下均递减，20cm深处的地温白天与夜间相差不大；阴天，特别是连阴天，下层土壤温度比上层土壤温度高，越是靠地表温度越低，20cm深处地温最高。连阴天时间越长对某些作物造成的危害越强。

（3）设施增温保温措施

1）采用优型结构，增大透光率。建造温室前进行科学的采光设计，选用遮阴面积小的骨架材料和透光率高的无滴膜，增加进入室内的光量，使温度升高。

2）减少贯流放热。热量透过覆盖材料或围护结构而散失的过程叫作设施表面的"贯流放热"。贯流放热量的大小与设施内外温差、覆盖物表面积、覆盖物的热导率、对流传热率和辐射传热率有关，还受室外风速大小的影响。风能吹走覆盖物表面的热空气，使室内热量不断向外贯流。钢架无柱日光温室，其墙体和后屋面均可采用异质复合结构：后墙和山墙均砌成夹心墙，中间空隙填充珍珠岩、炉渣或苯板等隔热材料；后屋面铺一层木板，填充隔热材料，再盖水泥预制板。严寒季节，可在设施内铺地膜，增设小拱棚、二层幕，在设施外用纸被、草苫等进行多重覆盖来减少贯流放热。同时，在设施外围加设防风设备，对保温也很重要（图1-6）。

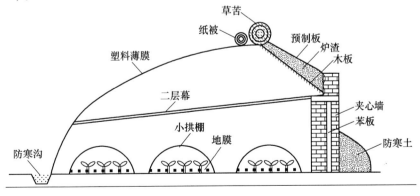

图1-6 日光温室的保温措施

3）减少缝隙放热。严寒季节，温室的室内外温差很大，一旦有缝隙，在大温差作用下就会形成强烈的对流热交换，导致大量散热。为了减少缝隙放热，筑墙时应防止出现缝隙，后屋面与后墙交接处要严密，前屋面发现孔洞及时堵严，进出口应设有作业间，温室门内挂棉门帘，室内用薄膜围成缓冲带，以防止开门时冷风直接吹到作物上。

4）设防寒沟，减少地中传热。冬春季节，由于温室内外的土壤温差大，土壤横向热传导较快，尤其是前底脚处土壤热量散失最快，所以遇寒流时前底脚的作物容易遭受冻害。因此，对前底脚下的土壤进行隔热处理是必要的。在前底脚外挖 50cm 深、30cm 宽的防寒沟，衬上旧薄膜，装入乱草、马粪、碎秸秆或苯板等热导率低的材料，培土踩实，可以有效地阻止地中横向传热。

5）临时加温。冬季寒流来临前用热风炉、煤气罐、炭火盆等进行临时辅助加温。

（4）降温措施　塑料拱棚和日光温室冬春季多采用自然通风的方式降温，高温季节除通风外，还可利用遮阳网、无纺布等不透明覆盖物遮光降温。通风方式包括以下三种：

1）带状通风。又称为扒缝放风。扣膜时预留一条可以开闭的通风带，覆膜时上下两幅薄膜相互重叠 30～40cm。通风时，将上幅膜扒开，形成通风带。通风量可通过扒缝的大小随意调整。

2）筒状通风。又称为烟囱式放风。在接近棚顶处开一排直径为 30～40cm 的圆形孔，然后黏合一些直径比开口稍大，长 50～60cm 的塑料筒，筒顶黏合上一个用 8 号铁丝做成的带十字的铁丝圈，需大通风时将筒口用竹竿支起，形成一个个烟囱状通风口；需小通风时，筒口下垂；无须通风时，筒口扭起。这种方法在温室冬季生产中排湿降温效果较好。

3）底脚通风。多用于高温季节，将底脚围裙揭开，昼夜通风。

（5）温室大棚通风降温需遵循以下原则

1）逐渐加大通风量。通风时，不能一次开启全部通风口，而是先开 1/3 或 1/2，过一段时间后再开启全部风口。可将温度计挂在设施内几个不同的位置，以决定不同位置通风量大小。

2）反复多次进行。高效节能日光温室冬季晴天 12 时至 14 时之间室内最高温度可以达到 32℃ 以上，此时打开通风口，由于外界气温低，温室内外温差过大，常常是通风不足半小时，气温已下降至 25℃ 以下，此时应立即关闭通风口，使温室储热增温。当室内温度再次升到 30℃ 左右时，重新放风排湿。这种通风管理应重复几次，使室内气温维持在 23～25℃。由于反复多次的升温、放风、排湿，可有效地排除温室内的水汽，CO_2 气体得到多次补充，使室内温度维持在适宜温度的下限，并能有效地控制病害的发生和蔓延。遇多云天气，更要注意随时观察温度计，温度升高就通风，温度下降就闭风。否则，棚内作物极易受高温高湿危害。

3）早晨揭苫后不宜立即放风排湿。当冬季外界气温低时，早晨揭苫后常看到温室内有大量水雾，若此时立即打开通风口排湿，外界冷空气就会直接进入棚内，加速水汽的凝聚，使水雾更重。因此冬季日光温室应在外界最低气温达到 0℃ 以上时通风排湿。一般开 15～20cm 宽的小缝半小时，即可将室内的水雾排除。中午再进行多次放风排湿，尽量将日光温室内的水汽排出，以减少叶面结露。

4）低温季节不放底风。喜温蔬菜对底风（扫地风）非常敏感，低温季节生产原则上不放底风，以防冷害和病害的发生。

3. 湿度

水分来源主要包括以下三个方面：一是灌溉水，人工灌溉水可维持作物整个生育期的需要，多雨季节设施内受降雨影响小，生产上能保持稳定；二是地下水补给，设施外的降水由于地中渗透，有一部分横向传入设施内，同时地下水上升补给；三是凝结水，作物蒸腾及土壤蒸发散失的水汽在薄膜内表面凝结成水滴，再落入土壤中如此循环往复。此外在循环过程中，由于通风换气，使设施内的潮湿空气流向外部，必然要损失一部分水分。

（1）设施湿度环境特点

1）空气湿度。设施空气相对湿度较高，叶片易结露，易引起病害的发生和蔓延。设施内相对湿度的变化与温度呈负相关，晴天白天随着温度的升高相对湿度降低，夜间和阴雨雪天气随室内温度的降低而相对湿度升高。空气湿度大小还与设施容积有关，设施空间大，空气相对湿度小些，但往往局部湿度差大，如边缘地方相对湿度的日均值比中央高10%；空间小的设施，相对湿度大，而局部湿度差小。空气湿度日变化剧烈，对作物生长不利，易引起萎蔫和叶面结露。加温或通风换气后，相对湿度下降；灌水后，相对湿度升高。

2）土壤湿度。土壤湿度与灌水量、土壤毛细管上升水量、土壤蒸发量及作物蒸腾量有密切关系。设施内的土壤蒸发和植物蒸腾量小，土壤湿度比露地大。蒸发和蒸腾产生的水汽在薄膜内表面结露，顺着棚膜流向大棚的两侧和温室的前底脚，逐渐使棚中部干燥而两侧或前底脚土壤湿润，引起局部湿度差。

（2）设施湿度环境的调节控制

1）通风排湿。通风是设施排湿的主要措施。可通过调节风口大小、位置和通风时间，达到降低设施内湿度的目的，但通风量不易掌握，而且降湿不均匀。

2）加温除湿。空气相对湿度与温度呈负相关，温度升高相对湿度可以降低。寒冷季节，温室内出现低温高湿情况，又不能通风，则可利用辅助加温设备，提高设施内的温度，降低空气相对湿度，防止叶面结露。

3）科学灌水。低温季节（连阴天）不能通风换气时，应尽量控制灌水量。灌水最好选在阴天过后的晴天，并保证灌水后有2~3天的晴天。一天之内，要在上午灌水，利用中午高温使地温尽快升上来，灌水后要通风换气，以降低空气湿度。最好采用滴灌或膜下沟灌来减少灌水量和蒸发量，以降低室内空气湿度。

4）地面覆盖。设施内的地面覆盖地膜、稻草等覆盖物，能大大减少土壤水分向室内蒸发，可以明显降低空气湿度。

空气湿度或土壤湿度过低，气孔关闭，影响光合作用及其产物运输，干物质积累缓慢、植株萎蔫。特别是在分苗、嫁接及定植后，需要较高的空气湿度以利缓苗。生产中可通过减少通风量、加盖小拱棚、高温时喷雾及灌水等方式来增加设施内的空气湿度和土壤湿度。

4. 土壤

（1）设施土壤环境特点

1）土壤的气体条件。土壤表层气体组成与大气基本相同，但CO_2浓度有时高达0.03%以上。这是由于根系呼吸和土壤微生物活动释放出CO_2造成的。在0~30cm耕作层中，土层越深，CO_2浓度越高。

2）土壤的生物条件。土壤中存在着有害生物和有益生物，正常情况下这些生物在土壤中保持一定的平衡。但由于设施内的环境比较温暖湿润，为一些病虫害提供了越冬场所，导致设施内的病虫害较露地严重。

3）土壤的营养条件。设施蔬菜栽培常常超量施入化肥，使得当季有相当数量的盐离子未被作物吸收而残留在耕层土壤中。再加上覆盖物的遮雨作用，土壤得不到雨水的淋溶，在蒸发力的作用下，使得设施内土壤水分总的运动趋势是由下向上，不但不能带走多余盐分，还使内盐表聚。同时，施用氮肥过多，在土壤中残留量过大，造成土壤 pH 降低，使土壤酸化。长年使用的温室大棚，土壤中氮、磷浓度过高，钾相对不足，钙、锰、锌也缺乏，对作物生长发育不利（图 1-7）。

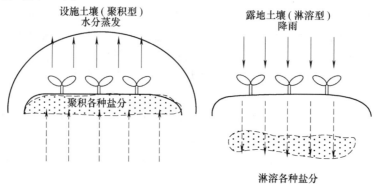

图 1-7　设施土壤与露地土壤的差别

（2）设施土壤环境的调节控制

1）改善土壤的气体环境。设施蔬菜栽培，每年应施入大量的有机肥，以改善土壤结构和理化性质。灌水时应尽量采用膜下暗灌或滴灌，防止大水漫灌造成的土壤板结。

2）土壤消毒，改善生态环境。温室大棚要定期进行土壤消毒，以杀灭土壤中残留的有害生物，切断病虫害的传播途径。多采用福尔马林（甲醛溶液）熏蒸消毒和高温消毒，也可采用溴甲烷熏蒸消毒和蒸汽消毒。此外，采用电液爆土壤处理机，利用高压脉冲电容放电器，在土壤中放电形成的等离子体、压力波、臭氧可将土壤中的细菌、病毒及害虫迅速杀灭，并可将土壤空气中的氮气转化为氮肥及将多种矿物质营养活化。

（3）改进栽培措施，防止土壤次生盐渍化

1）合理施肥。设施蔬菜生产应大量施入有机肥，增加土壤对盐分的缓冲能力。施用化肥时，应根据蔬菜作物种类和预计产量进行配方施肥，避免超量施入。施肥方法上要掌握少量多次的原则，随水追施。尽量少施硫酸铵、氯化铵等含副成分的化肥。

2）洗盐。在雨季到来之前，揭掉棚室上的塑料薄膜，使土壤得到充足的雨水淋洗。也可在春茬作物收获后，在棚内灌大水洗盐，灌水量以 200～300mm 为宜。灌水或淋雨前清理好排水沟以便及时排水。

3）地面覆盖。设施土壤覆盖地膜或秸秆、锯末等有机物，可以减少土壤水分蒸发，防止表土积盐。

4）生物除盐。盛夏季节，在设施内种植吸肥力强的禾本科植物，使之在生长过程中吸收土壤中的无机态氮，降低土壤溶液浓度。也可结合整地施入锯末、稻草、麦糠、玉米秸秆等含碳量高的有机物，使之在分解过程中，通过微生物活动来消耗土壤中的可溶性氮，降低土壤溶液盐浓度和渗透压，缓解盐害。

5）土壤耕作。设施土壤应每年深耕两次，可切断土壤中的毛细管，减少土壤水分蒸发，抑制返盐。深耕还可使积盐较多的表土与积盐少的深层土混合，可起到稀释耕层土壤盐分的作用。除积盐较多的表土或以客土压盐，也可暂时维持生产。如果设施内土壤积盐严重，上述除盐方法效果不明显或无条件实施的，最后只得更换设施内耕层土壤或迁移换址。

5. 气体

（1）设施气体环境特点

1）CO_2含量低。一般蔬菜作物的CO_2饱和点是 0.1%～0.16%，而自然界中CO_2含量为0.03%，显然不能满足需求。冬季很少通风，特别是上午随着光照强度的增加，温度升高，作物光合作用增强，CO_2含量迅速下降，到 10 时左右CO_2含量最低，造成作物的"生理饥饿"，严重地抑制了光合作用。

2）易产生有害气体。设施生产中如果管理不当，常发生多种有毒害气体，如氨气、二氧化氮等，这些气体主要来自于有机肥的分解、化肥挥发等。当有害气体积累到一定浓度，作物就会发生中毒症状，浓度过高会造成作物死亡，必须尽早采取措施加以防除。

（2）设施气体环境的调节控制

1）增施CO_2气肥。现代化温室中多采用火焰燃烧式CO_2发生器燃烧白煤油、天然气等来产生CO_2，通过管道或风扇吹散到室内各角落。日光温室和塑料大棚蔬菜生产多采用化学反应式CO_2发生器或简易发生装置，利用废硫酸和碳酸氢铵反应生成CO_2。果菜类宜在结果期施用，开花坐果前不宜施用，以免营养生长过旺而影响生殖生长。根据设施一天中CO_2变化情况，CO_2一般在晴天日出后 1h 开始施用，到放风前 0.5h 停止施用，每天施用 2～4h 即可。CO_2施肥宜选择在晴天的上午，下午一般不施；阴雨天气，光合作用弱，也无须施用。由于CO_2比空气重，进行CO_2施肥时，应将散气管悬挂于植株生长点上方。同时设法将设施内的温度提高 2～3℃，有利于促进光合作用。增施CO_2后，作物生长加快，消耗养分增多，应适当增加肥水，才能获得明显的增产效果。要保持CO_2施肥的连续性，应坚持每天施肥，如果不能每天施用，前后两次的间隔时间尽量不要超过 1 周。施用时要防止设施内CO_2含量长时间偏高，否则易引起植株CO_2中毒。

2）预防有害气体的产生。设施生产中，有机肥要充分腐熟后施用，并且要深施，化肥要随水冲施或埋施，并且避免施用挥发性强的氮素化肥，以防氨气和二氧化氮等有害气体危害。生产中应选用无毒的蔬菜专用塑料薄膜和塑料制品，设施内不堆放陈旧塑料制品及农药、化肥、除草剂等，以防高温时挥发有毒气体。冬季加温时应选用含硫低的燃料，并且密封炉灶和烟道，严禁漏烟。生产中一旦发生气害，注意加大通风。

6. 灾害性天气的应对措施

（1）大风 大棚、温室冬春季如果遇大风天气，应拉紧压膜线，必要时放下部分草苫把薄膜压牢。夜间遇到大风，容易把草苫吹开掀起，使前屋面暴露出来，加速前屋面的散热，作物易发生冻害，薄膜也容易刮破。所以遇到大风天的夜晚要把草苫压牢，随时检查，发现被风吹开后及时拉回原位压牢。

（2）降雪 冬春降雪天气一般温度不是很低，有时边降雪边融化，湿透草苫，雪后草苫冻硬，不仅影响保温效果，而且卷放也比较困难。因此，温室的草苫、棉被等外保温覆盖物最好用彩条布或塑料薄膜包裹，防止雨雪淋湿，以提高保温效果。降雪时如果外界气温不低于 -10℃，可以揭开草苫，雪停后清除前屋面积雪，再放下草苫。严寒冬季出现暴风雪天气，气温低时不能揭开草苫，如果降雪量较大，必须及时清除温室上的积雪，防止温室前屋面骨架被压垮。塑料大棚冬季应撤掉棚膜，防止膜上积雪，以减少骨架的承重。

（3）寒流强降温　严寒冬季或早春塑料大棚蔬菜定植后，易出现寒流强降温天气。遇到这种情况，可采取多层覆盖和夜间临时加温的办法，防止蔬菜作物遭受低温冷害或冻害。临时加温要特别注意防止烟害和一氧化碳中毒。

（4）连阴天　大棚、温室的热能来自于太阳辐射，遇到阴天，因为没有太阳光，一般认为没有必要揭开草苫。其实阴天的散射光仍然可提高室内温度，作物也可在一定程度上进行光合作用。所以，遇到连阴天或时阴时晴天气，只要外温不是很低，应尽量揭开草苫。连阴天光照较差，光合作用较弱，设施内宜采用低温管理，防止蔬菜作物因呼吸作用旺盛而消耗过多的养分。

（5）久阴暴晴　大棚、温室在冬季、早春季节，遇到灾害性天气，温度下降，连续几天揭不开草苫，室内不但气温低，地温也逐渐降低，根系活动微弱；一旦天气转晴，揭开草苫后，光照很强，气温迅速上升，空气湿度下降，作物叶片蒸腾量大，失掉水分不能补充，叶片出现暂时萎蔫现象，如果不及时采取措施，就会变成永久萎蔫。遇到这种情况，揭开草苫后应注意观察，一旦发现叶片出现萎蔫现象，立即把草苫放下，叶片即可恢复；再把草苫卷起来，发现再萎蔫时，再把草苫放下，如此反复几次，直到不再萎蔫为止。如果萎蔫严重，可用喷雾器向叶片上喷清水或1%葡萄糖溶液，增加叶面湿度，再放下草苫，有促进叶片恢复的作用。

任务1　地膜覆盖

一、任务实施的目的

了解地膜覆盖的几种方式，掌握地膜覆盖的方法。

二、任务实施的地点

园艺实训基地。

三、任务实施的用具

地膜，蔬菜畦。

四、任务实施的步骤

1. 定植前覆地膜

露地或塑料大棚早春生产宜采用此种方法。

（1）整地作畦　细致整地，施足底肥，造足底墒后起垄或作畦。要求畦面疏松平整，无大土块、杂草及残枝落叶。一般畦高以 10～15cm 为宜。如采用明水沟灌时，应适当缩小畦面，加宽畦沟；如实行膜下软管滴灌时，可适当加宽畦面，加大畦高。

（2）覆膜　露地覆膜应选无风天气，有风天气应从上风头开始放膜。放膜时，先在畦一端的外侧挖沟，将膜的起端埋住、踩紧，然后向畦的另一端展膜。边展膜，边拉紧、抻平、紧贴畦面，同时在畦肩的下部挖沟，把地膜的两边压入沟内。膜面上间隔压土，防止风害。地膜放到畦的另一端时，剪断地膜，并在畦外挖沟将膜端埋住。

2. 定植后覆地膜

日光温室秋冬季生产采用此种方法。

（1）畦面整理　温室果菜类定植完毕后，在两行植株中间开沟，要求深浅宽窄一致，以利于膜下灌水。然后用小木板把垄台、垄帮刮平。

（2）覆膜　选用90～100cm幅宽的地膜，在畦北端将地膜卷架起，由两个人从垄的两侧把地膜同时拉向温室前底脚，并埋入垄南端土中，返回垄北端把地膜割断抻平。然后在每株秧苗处开纵口，把秧苗引出膜外，将膜落于畦面铺平，用湿土封严定植口。最后将在畦的两侧和北端将地膜埋入土中。

五、任务实施的作业

1. 试比较先覆膜后定植和先定植后覆膜两种方法的优缺点。

2. 畦（垄）的高度与增温效果有何关系？

任务2　温室、大棚的小气候观测

一、任务实施的目的

学习温室、大棚小气候的观测方法，熟悉小气候观测仪器的使用方法，掌握设施内小气候变化的一般规律。

二、任务实施的地点

园艺实训基地。

三、任务实施的用具

干湿球温度计，普通温度计，照度计，最高最低温度计，套管地温表，便携式红外线CO_2分析仪，皮尺等。

四、任务实施的步骤

每5～6个学生为一小组进行观测记录。

1. 光照强度的分布

在设施中部选取一垂直剖面，从南向北树立数根标杆，第一杆距南侧（大棚内东西两侧标杆距棚边）0.5m，其他各杆相距1m。每杆垂直方向上每0.5m设一测点。在设施内距地面1m高处，选取一水平断面，按东、中、西和南、中、北设9个点，在室外距地面1m高处，设一对照测点。每一剖面，每次观测时读两遍数，取平均值。两次读数的先后次序相反，第一次先从南到北，再由上到下；第二次先从北到南，再由下到上。每日观测时间：上午8时；下午13时。

2. 光照强度的日变化观测

观测设施内中部与露地对照区1m高处的光照强度变化情况，记载2时、6时、10时、14时、18时和22时的光照强度。

3. 气温和湿度观测

观测设施内气温、湿度的分布情况和日变化情况，观测点、观测顺序和时间同光照强度。

4. 地温观测

在设施内水平面上，于东西和南北向中线，从外向里，每 0.5～1.0m 设一观测点，测定 10cm 地温分布情况。并在中部一点和对照区观测 0cm、10cm、20cm 地温的日变化情况。观测时间同光照强度日变化观测。

5. CO_2 浓度观测

观测设施内 CO_2 浓度的分布情况和日变化情况，观测点、观测顺序和时间同光照强度。

五、任务实施的作业

1. 根据观测数据，绘出设施内等温线图、光照分布图，并简要分析所观测设施温度、光照分布特点及其形成原因。

2. 绘出设施内温度（气温和地温）和湿度的日变化曲线图。

3. 根据观测数据，计算水平温差和垂直温差，水平光差和垂直光差。

复习思考题

1. 简述塑料大棚和日光温室的结构特点，并绘出示意图。

2. 日光温室的光照环境有何特点？

3. 大棚、温室增温保温的具体措施有哪些？

4. 日光温室冬季生产通风时应注意哪些问题？

5. 简述设施内除湿的具体措施。

6. 设施内的土壤为什么易发生次生盐渍化，如何防治？

7. 设施生产中为什么要追施 CO_2 气肥，进行 CO_2 施肥时应注意哪些问题？

项目 2

茄果类蔬菜设施生产

学习目标

通过学习，掌握茄果类设施蔬菜生产特点、生产流程与栽培技术；会制订茄果类设施蔬菜生产计划；掌握育苗、定植、田间诊断与管理等相关基本技能。

工作任务

能熟练掌握茄果类设施蔬菜生产计划，以及育苗、定植、田间诊断与管理等相关基本技能。

子项目1　番茄设施生产

知识点： 掌握番茄设施生产特点、设施栽培技术。

能力点： 会制订番茄生产计划，掌握嫁接育苗、整地作畦、定植、植株调整、有害生物防控等相关基本技能。

项目分析

该任务主要是掌握番茄设施生产的基本知识及生产的基本技能，重点是综合生产技能的训练与提升。

项目实施的相关专业知识

番茄又称为西红柿、柿子，为茄科、番茄属，多年生草本植物，但常作一年生栽培。以成熟多汁的浆果为产品，果菜兼用。番茄具有喜温、喜光、耐肥和半耐旱的特性。在春秋气候温暖，光照较强而少雨的气候条件下，肥、水管理适宜的，营养生长及生殖生长旺盛，产量较高，效益好。而在多雨炎热的气候条件下易引起植株徒长，生长衰弱，病虫害严重，产量较低。

一、生产概述

1. 喜温性

番茄喜温，光合作用最适宜温度 20～25℃。种子发芽适宜温度 28～30℃，最低发芽温度 12℃ 左右；幼苗期白天 20～25℃，夜间 10～15℃；开花期白天 20～30℃，夜间 15～20℃；结果期白天 25～28℃，夜间 16～20℃。根系生长适宜温度 20～22℃。樱桃番茄较一般番茄耐热，生长适温为24~31℃，在35~36℃下仍能正常开花结果。

2. 喜光性

番茄喜光，当光照充足时，花芽分化提早，第一花序着生节位降低，果实提早成熟。我国北方冬季日光温室生产番茄产量较低的主要原因之一就是光照弱。

3. 半耐旱性

番茄枝繁叶茂，蒸腾作用强烈，但根系发达，吸水力强，有一定的耐旱能力，不耐涝。适宜的土壤相对湿度为幼苗期60%~70%，结果期70%~80%；空气湿度以45%~65%为宜。樱桃番茄较耐干旱，但结果盛期的耗水量和耗肥量都较大，不耐湿。

4. 耐肥性

番茄对土壤养分要求较高，每生产5000kg番茄，需从土壤中吸收氮17kg、磷5kg、钾26kg。番茄生长发育还需要钙、镁、硫等大量元素和铁、锰、硼、锌、铜等微量元素。

5. 适应土壤的广泛性

番茄对土壤要求不严格，但最适宜土层深厚、排水良好、富含有机质的壤土，pH以6~7为宜，在微碱性土壤中幼苗生长缓慢，但植株长大后生长良好，品质也较好。对土壤通气条件要求较高，土壤空气中氧含量降至2%时，植株枯死。

6. 不宜连作

茄果类蔬菜忌连作，生产中应与非茄果类蔬菜实行2年以上的轮作，与葱、蒜类、生姜茬地块进行轮作为好。

7. 安全性

棚室保护作用可避免自然灾害对生产的影响。

二、生产茬口

设施番茄的栽培类型较多，各种类型的栽培季节和所利用的设施，因不同地区的气候条件和栽培习惯的不同而不同。南方多采用塑料大棚和小拱棚进行春早熟栽培。北方则多利用塑料大棚、日光温室进行提前、延后和越冬栽培。北方地区设施番茄栽培的茬次安排见表2-1。

表2-1 北方地区设施番茄栽培的茬次

茬 次	播种期	定植期	采收期	备 注
日光温室秋冬茬	7月下旬~8月中旬	8月下旬~9月中旬	10月下旬~第二年2月	
日光温室冬春茬	9月上旬~10月上旬	11月上旬~12月上旬	11月上旬~第二年6月	
日光温室早春茬	12月上旬	2月上旬~3月上旬	4月中旬~7月上旬	
塑料大棚早春茬	12月中旬~第二年1月上旬	3月上旬~4月中旬	5月中旬~7月下旬	早春温室育苗
塑料大棚秋延后	6月上旬~7月中旬	7月上旬~8月上旬	9月~11月	
小拱棚春早熟	1月上旬~2月上旬	3月下旬~4月下旬	5月中旬~8月	早春温室育苗

注：栽培季节的确定以北纬32°~43°地区为依据。

三、生产品种选择

1. 品种要求

（1）日光温室冬春茬栽培生产的品种　选择具有早熟或中早熟、耐弱光、耐寒特性的品种，如西粉1号、西粉3号、毛粉802、佳粉15、中杂9号、L-402、佳粉17等。

（2）塑料大棚秋延后栽培生产的品种　根据秋番茄生长期的气候条件，应选用既耐热又耐低温，尤其是抗病毒病、丰产、耐储的中晚熟品种。如毛粉802、中蔬4号、中蔬5号、中杂4号、特罗皮克、佛罗雷德、佳粉1号、佳红、强丰、沈粉1号、双抗2号、L-401、L-402等，各地应结合本地特点进行选择。

（3）小果型番茄设施栽培生产的品种及品种特性　比较好的小型栽培生产的品种有圣女、宝玉、京丹1号、龙女、金珠樱桃番茄、京丹绿宝石等。

2. 品种特性介绍

（1）圣女　本品种由台湾农友公司推出。属非自封顶类型，较早熟。叶片较稀疏。结果力强，每个花序可结果50~60个，双干整枝时每株可结果500个以上。果实长圆形，果色大红，果面光亮，单果重14g左右。可溶性固形物含量9.8%，风味佳，果肉多，种子少，不易裂果。耐病毒病、叶斑病、晚疫病。

（2）宝玉　本品种由上海市农业科学院园艺所育成。属非自封顶类型，生长势强。果实圆球形，金黄色，每个花序坐果16~25个，单果重12~16g。抗病毒病，适宜普通大棚及日光温室栽培。

（3）京丹1号　本品种由北京市农林科学院蔬菜研究中心育成。属非自封顶类型，叶色深绿，生长势强，中早熟。总状及复总状花序（以复总状花序为主），每个花序着花10朵以上，多达60~80朵。高温、低温下的坐果性均良好。果实圆形或高圆形，成熟时红色，单果重8~12g。可溶性固形物含量7.5%，最高者可达10%，酸甜适中，口感风味极佳。高抗病毒病，较耐叶霉病。

（4）龙女　本品种来自农友种苗有限公司，属半自封顶类型，生长势强，耐热、耐寒性好，早熟，果实长椭圆形，果色红，单果重13~15g，每穗结果14~30个。果脐小，不易裂果。耐储运，产量高。可溶性固形物含量9.6%，风味佳。

（5）金珠樱桃番茄　本品种由台湾农友种苗有限公司育成。属非自封顶类型，早熟。植株高，叶微卷，叶色深绿。播种后75天左右可采收。一穗可结16~70个果，双干整枝时，单株可结果500个以上，单果重16g左右。果实圆形至高球形，果色橙黄亮丽，果肉风味甜美。果实稍硬，裂果少。可用于全国各地露地或设施栽培。

（6）京丹绿宝石　本品种是由北京市农林科学院蔬菜研究中心利用基因重组技术培育的精品特色纯绿熟番茄一代杂交种。成熟果晶莹透绿似宝石，果味酸甜浓郁，口感好，品味佳，是设施特色蔬菜生产中的珍稀品种。该品种高抗病毒病和叶霉病；无限生长型，生长势强，中熟，主茎第7~8片叶着生第一花序，总状和复总状花序，圆形果，幼果显绿色果肩，成熟果晶莹透绿似宝石。平均单果重25g，品味佳。

四、生产技术要点

1. 日光温室冬春茬番茄生产技术要点

（1）番茄设施育苗

1）壮苗标准。茎粗壮、直立、节间短。具有7~9片叶，叶深绿色，肥厚，表面有微褶皱，叶背微紫色。根系发达、集中、颜色白。株高20~25cm，株形呈伞形。定植前现小花蕾。无病虫害。在日光温室进行冬春茬生产栽培时，苗期在寒冷冬季，此时气温低、光照短，不利于幼苗生长，因此，育苗过程中要注意防寒保温，争取光照，使幼苗健壮发育。

2）苗龄和播期确定。适宜的苗龄因品种、育苗方式和环境条件不同而有异。冬春茬栽培，多在温室中育苗，其苗龄为早熟品种 60~70 天，中晚熟品种 80~90 天（若应用电热温床育苗，早熟品种可缩短到 40~50 天，晚熟品种可缩短到 50~60 天）。北方地区于 11 月上旬至 12 月上旬定植，供应期 1 月上旬至 6 月，则播种期在 9 月上旬至 10 月上旬。

3）播种前准备。

①精选种子、种子消毒和浸种催芽。播种前 3~5 天浸种催芽。病毒病严重的地区，在浸种催芽前用 10%磷酸三钠浸种 20min，洗净药液后再用 25~30℃温水浸种 8~10h。在 25~30℃条件下催芽；为增强秧苗抗寒性，种子可进行低温处理，方法是将萌动的种子每天在 1~4℃下放置 12~18h，接着移到 18~22℃下放置 6~12h，如此反复处理 7~10 天，可提高秧苗抗寒能力，并能加快秧苗生长发育。

②床土配制及消毒。床土由肥沃田土 6 份，腐熟有机粪肥 3 份配制而成。用 40% 甲醛 300~500 倍液均匀喷洒在床土上，用塑料薄膜覆盖，密封 5~7 天，揭开晾 2~3 天，使药味完全挥发即可以使用。

③苗床准备。一般 667m² 用播种床 5m²，分苗床 50m²。苗床应深翻，铺床土，厚度为播种床 8~10cm，分苗床 10~12cm。

④播种和播后管理。每 667m² 地需播种床面积 2~3m²，每平方米苗床可播种 15g 左右，用种量 30~50g。应选晴朗无风天气的上午 10 时至下午 14 时进行播种。播种时将床上用喷壶喷水，湿透营养土层即可。水渗下后，先撒 0.2~0.3cm 细干土，将种子掺上细土撒播。之后覆细土 1.5cm，立即用塑料薄膜盖严保温保湿。

a. 温度管理。播种后至出苗前一般不通风，保持较高温度，白天 28~30℃，夜间 16~18℃，经 4~5 天出苗。为防止"戴帽"出土，当子叶刚露土时，床面应撒一层干细土，以增加表土压力，帮助子叶脱壳。大部分幼苗出土后应及时降温，以白天 20℃，夜间 12~15℃为宜。齐苗后到分苗前要通风降温，防止徒长，白天 20~25℃，夜间 13~15℃；土壤不干不浇水，如果底水不足，幼苗缺水时，可浇小水，浇水后覆土保墒，并放风排湿；晴天中午揭膜间苗，间苗后均匀撒一层细干土，厚为 0.2~0.3cm。当第一片真叶露心时，白天温度 20~25℃，夜间 13~15℃。分苗前适当降低床温进行幼苗锻炼，白天 18~20℃，夜间 12~15℃。

当有 2~3 片真叶时分苗，密度 10cm×10cm 或 8cm×10cm，最好用直径 5~8cm 的营养钵分苗。应覆盖薄膜，提高温度，促使缓苗。分苗初期维持较高温度，白天 25~27℃，以利提高地温，夜间 14~16℃，5~6 天缓苗；缓苗后降温，白天 20~25℃，超过 25℃应通风，夜间 12~14℃，防止徒长，影响花芽分化。

定植前 8~10 天开始控水、控温，并进行囤苗和低温炼苗，即白天多通风，温度控制在 18~20℃，夜间 8~10℃，如果幼苗长势较强，可把夜温短时降至 6℃左右，以提高幼苗的抗寒性，促进提早开花结果。为了减少伤根、利于缓苗、减轻病害，可以使用纸筒、育苗钵、塑料钵等容器育苗。

b. 湿度管理。在保证秧苗正常生长的前提下尽量控制灌水。分苗时浇水充足，到定植时一般不再浇水，如果过干，宜浇小水或喷水，浇水后及时通风排湿；缓苗水要适当，以后根据幼苗生长发育情况进行浇水或覆土保墒。炼苗期间一般不浇水，局部缺水可局部浇小水。

（2）定植

1）定植前准备。在定植前 15～20 天扣膜，以利提高地温。施入有机肥 5000kg/667m²，其中 1/2～2/3 撒施，剩余的集中施，施后土壤深翻 25～30cm。每 667m² 增施过磷酸钙 50kg、磷酸二氢铵 30kg，或三元复合肥 50kg。冬春茬栽培，定植初期气候寒冷，做成小高畦，采用地膜覆盖可显著提高地温，利于缓苗，畦高 15～20cm、宽 80～90cm，畦距 40～50cm，南北向较好。温室要消毒，可于定植前 3～4 天，用硫黄粉、敌敌畏、杀菌剂（百菌清等）和锯末，按（0.5～1）∶1∶0.25∶5 的比例混合，点燃薰烟，密封 24h。或用 40% 甲醛 500 倍液喷洒消毒。温室消毒前应把用过的架杆和工具等都拿到温室中一并消毒。消毒后放风无味后再进行定植。将棚室通风口用 30 目防虫网进行密封。

2）定植。

①定植期确定。当温室内 10cm 土层地温稳定在 8℃ 以上，气温稳定在 0℃ 以上（最好是 5℃ 以上）时为定植适期。华北地区，一般在 2 月上中旬定植；北方地区于 11 月上旬至 12 月上旬定植。

②定植密度。早熟品种，由于留果少，架式低矮，可适当密植，适宜株行距为 25cm×33cm，每 667m² 种植 6000 株；中晚熟品种，若留 2 穗果，株行距为 23cm×50cm，每 667m² 种植 5500 株，若留 3 穗果，株行距为 30cm×50cm，每 667m² 种植 4500 株。目前生产上多采用大小行栽培，一畦双行。

③定植方法。定植前一天，苗床浇透水以便于起苗，选壮苗。如果定植前扣地膜，按株距用圆筒打孔器取土形成定植穴，穴内浇足底水，以水稳苗法栽苗，栽苗时要注意花序朝外，深度以苗坨与垄面持平为宜，栽好苗后用土把地膜口封严；如果定植后盖地膜，挖好栽植穴，浇足底水，水渗后，将苗放入穴内，覆土，在畦两端将地膜拉平覆盖在高畦上，再在植株上部用剪刀将地膜剪成"十"字口，将苗引出膜外，用土固定薄膜口。

3）定植后管理。

①温、湿度管理。定植初期，不放风，保持高温、高湿环境，白天 25～30℃，夜间 15～17℃，空气相对湿度 60%～80%；缓苗后放风降温排湿，白天 20～25℃，夜间 12～15℃，空气相对湿度不超过 60%，以防徒长，放风量由小到大逐渐进行；进入结果期，白天 20～25℃，超过 25℃ 放风，夜间 15～17℃，空气相对湿度不超过 60%，每次浇水后及时放风排湿，防止湿度高，病害严重；随着外界气温逐渐升高，应逐渐加大通风量。当外界气温稳定在 10℃ 以上时，可昼夜通风；当外界气温稳定在 15℃ 以上时，可逐渐撤去棚膜。

②肥水管理。缓苗后及时中耕蹲苗，以促进根系发育，直到第一花序坐住果时结束蹲苗，开始追肥浇水，每 667m² 施硫铵 20kg 或硝铵 15～20kg，或追腐熟的人粪尿 1000kg，并结合喷药进行根外追肥。要求氮、磷、钾配合施用；进入盛果期，是需肥水高峰期，应集中连续追肥 2～3 次，并及时浇水，浇水要均匀，避免忽大忽小，随外温升高，生长后期要勤浇水。

③植株调整。

a. 搭架。当植株为 30～40cm 高时，第一花序坐果后开始搭架，以防止植株倒伏。搭架方式有人字架、篱笆形架、三角架等。

搭架前追肥、浇水。选直径约 2cm，高 1.7～2m 的竹竿，露地栽培通常采用人字架和篱形架，每一株旁插一根架杆，相邻垄每 2 根绑在一起呈人字形，称为人字架。相邻垄每 4 根绑在一起叫四角形架（圆锥形架）。也可在每行株间隔 1～2m 插一根立杆，按行向在立杆上绑一横杆，再将植株绑到横杆上。插架杆时下端距离植株根部 5～10cm，插在垄的外侧，深度 20cm。搭好架后，将番茄茎沿架面引蔓上架，以后每穗果下方都要绑一次蔓。如图 2-1 所示。

b. 绑蔓。将茎蔓固定在支架上，使植株排列整齐，受光均匀，并能调节植株生长，使生长势均衡，结果部位比较一致，管理方便。绑蔓应分次进行，一般在每穗果下面都绑一次蔓，第一道蔓绑在第一穗果下面的第一片叶下部，以上各层都如此。绑蔓时不要碰伤茎、叶和花、果，把果穗绑在支架内侧，避免损伤果实和日灼。下部捆绑应松一些，以给主茎加粗留有余地。当植株摘心封顶后，上部应绑得紧一些，以防因果实增多而使茎蔓下坠。植株生长势强的应弯曲上架，绑得紧一些，抑制生长；生长势弱的应直立上架，绑得松些，促其生长。绑蔓方法采用"8"字形绕环，既牢固又可给茎蔓生长留有余地，如图 2-2 所示。

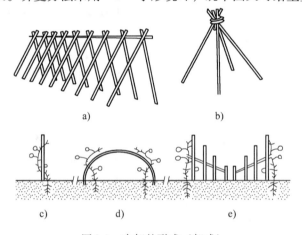

图 2-1　支架的形式（架式）

a）人字架　b）四角形架　c）单杆架　d）拱架　e）小型联架

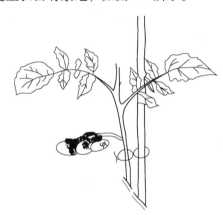

图 2-2　番茄的"8"字形绑蔓

c. 整枝。早熟自封顶类型的番茄品种一般 2～3 穗果封顶，可不用整枝；中晚熟无限生长型品种必须整枝。

单干整枝：只保留主干，主干上留 3～4 穗果，摘除所有侧枝。

双干整枝：除了主干外，还保留第一个花序下的第一个侧枝，该侧枝由于顶端优势的作用，生长势很强，很快与主干并行生长，形成双干。主干和第一侧枝各留 3～5 穗果，果前各留 2 片叶摘心，摘除其他所有侧枝。

改良式单干整枝：在单干整枝的基础上，保留第一花序下的第一个侧枝，主干留 3～4 穗果，侧枝留 1～2 穗果，果前各留 2 片叶摘心，摘除其他所有侧枝。

连续换头整枝：一是主干保留 3 穗果摘心，最上部果下留一强壮侧枝代替主干，再留 3 穗果摘心，共保留 6 穗果；二是进行两次换头，共留 9 穗果，方法与第一种基本相同；三是连续摘心换头，当主干第二花序开花后留 2 片叶摘心，保留第一花序下的第一个侧枝，其余侧枝全部摘除，第一个侧枝上的第二个花序开花后用同样的方法摘心，留 1 侧枝，如此摘心 5 次，共留 5 个结果枝，可结 10 穗果。每次摘心后要进行扭枝，使果枝向外开张 80°～90°，以后随着果实膨大，重量增加，结果枝逐渐下垂。通过换头和扭枝，人为地降低植株高度，有利于养分运输，但扭枝后植株开张度大，需减小栽培密度，靠单株果穗多，果枝大增加产量。如图2-3所示。

d. 打杈。指除了应该保留的侧枝以外，将其余侧枝摘除叫打杈。整枝打杈宜在晴天早晨露水干后进行，此时伤口易愈合。不宜在下雨前后或有露水时进行，不宜用指甲掐或剪刀剪，而应使用推杈和抹杈方法，以免传播病毒。

e. 摘心。摘心是指无限生长类型的品种，生长到一定果穗数时，用手或镊子或剪刀掐掉或剪掉生长点叫摘心。其是为解除顶端优势，控制生长高度，促进果实成熟。

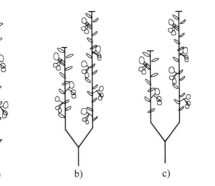

图2-3　番茄的整枝方式示意图
a) 单干整枝　b) 双干整枝　c) 改良式
单干整枝　d) 三次换头整枝

f. 疏花疏果。留果个数一般是大型果（质量 > 200g/果），每穗留2～3个果；中型果（质量100～200g/果），每穗留3～5个果；小型果（质量 < 100g/果），每穗留5～10个果。

g. 打底叶。生长后期，下部叶片黄化干枯，失去光合功能，影响通风透光，应将黄叶、病叶、密生叶打去，并将其深埋或烧掉。但有正常功能的叶片不能摘。

（3）采收、催熟　番茄果实成熟过程分为以下四个时期。

1）绿熟期。也称白熟期。果实个头已长足，果实由绿变白，坚实，涩味大，不宜食用，放置一段时间或用药剂处理后即可成熟，适于储藏及远途运输。为使果实尽早转红，提前上市，常在绿熟期使用乙烯利催熟。使用0.2%～0.4%乙烯利溶液涂果，可使果实提前3～5天成熟，果实品质好，鲜艳，产量高。也可以把果实采下，用浓度0.1%～0.4%乙烯利溶液喷洒或蘸果，然后用薄膜封严，可提早6～8天转红，但用该方法处理的果实外观显黄，着色不显眼，品质差。对将要拉秧的番茄，为使小果提早成熟，可用800～1000倍乙烯利溶液整秧喷施。

2）转色期。果顶端逐渐着色达全果的1/4，采收后2～3天可全部着色，适于短途运输。

3）成熟期。果实呈现品种的特有色泽，营养价值最高，适于生食和就地供应市场，不耐运输。

4）完熟期。果实变软，只能做果酱或留作采种。

作为鲜果上市的最好在成熟期采收；作为长途运输的最好在转色期采收。适时早采收可提早上市，增加产值，并有利于植株上部果实发育。采收时要去掉果柄，以免刺伤其他果实。采收后，根据果实大小、果实形状、有无损伤等进行分级，以提高商品性。

（4）设施番茄生产田间诊断

1）落花落果原因的诊断与预防。

①落花落果的原因。

a. 低温阴雨寡照。此种情况多出现在春季，因番茄开花期的最适宜温度为25～28℃，当温度下降到15℃以下，花粉的发芽不良，下降至10℃以下时，花粉不能发芽生长，导致受精不良，花体生长激素缺乏而大量落花。同时，低温阴雨日照不足，长期寡照，有机物无法通过正常的光合作用产生，花朵发育不良而出现落花落果。另一方面，低温阴雨时空气湿度较大，花粉粒膨胀过度而破裂，失去授粉能力而出现落花。

b. 高温干旱。此种情况多发生于夏秋季节。番茄开花结果期尤为需要水分，土壤过干，特别是由湿润转干或植株短时间内失水过多，生长不良，花粉失水不育而引起落花落果。土壤不旱但空气干热，如当空气相对湿度低于10%以下时，花朵柱头和花粉会很快干缩，花粉不能在柱头上发芽生长而落花。夏秋季节会出现高温天气，有时中午气温高达35～40℃，甚至超过40℃，造成高温灼伤，花粉败育，花朵萎缩而落花。

c. 植株生长营养不良。番茄进入花果期后，开花、花蕾形成、坐果和果实生长发育等对各种养分的需求达高峰期。此时若养分供应不足会出现落花落果。营养不良时，还会影响到花器官及果实的正常发育，如出现花粉小、花柱细长不均的现象，致使不能正常授粉而脱落。

②防止番茄落花落果的方法。培育壮苗移栽，增强植株的抗逆性。科学调控番茄生长环境的温、湿条件，适时定植，避免盲目抢早，防止早春低温影响花器发育。定植后白天温度应保持在25℃，夜间保持在15℃，促进花芽分化，棚室温度超过30℃时应放风调温；适时灌水排水，保持地面干爽，高温时进行叶面喷水雾以降温护花保果，及时整枝打杈；花果期后及时合理施肥，确保各种养分均衡供应。以叶面喷肥为好，如坐果期喷施0.2%～0.3%的磷酸二氢钾；及时进行植物生长调节剂处理，在第1～2花序小花半开或全开时使用番茄灵20～30mg/kg，一般喷施、浸蘸花朵用45～50mg/kg，蘸花梗用40～45mg/kg，春季防低温落花用45～50mg/kg，夏季防高温落花用35mg/kg。2，4-D的使用浓度为20～30mg/kg，高温季节或浸花或喷花浓度稍低，反之稍高，但要防止出现药害。

2）番茄果实出现生理障碍原因的诊断与预防。

①畸形果。低温、多肥（主要是氮肥过多），水分充足情况下，使养分过分集中运送到正在分化的花芽中，花芽细胞分裂过旺，心皮数目增多，开花后心皮发育不平衡，形成多心室的畸形果；植株衰老，营养物质减少，特别是在低温、光照不足条件下，花器及果实不能充分发育，形成尖顶的畸形果；幼苗期氮肥施用过多，冠、根比例失调；使用植物生长调节剂不当或水、肥跟不上等都会形成畸形果。通过加强管理，尤其是第一穗花的花芽分化前后避免连续遇到10℃以下低温；苗期防止氮肥过多；注意选择品种；正确使用植物生长调节剂等措施进行预防。

②空洞果。在花芽分化和果实发育过程中，由于高温、低温或光照不足，常使花粉不稔，以致受精不完全，种子小，在种子形成过程中所产生的果胶物质减少，致使果实发生空洞；使用植物生长调节剂处理的时间太早易使果实发生空洞；需肥量较多的大型果品种，生长中、后期营养跟不上，碳水化合物积累少也易造成空洞果。而小型果品种则较少产生空洞果。生产上应注意调节营养生长与生殖生长的平衡，保证果实发育中获得充足的营养，创造适宜条件，使花粉发育、授粉、受精正常进行；植物生长调节剂使用的时间和浓度应适宜。

③裂果。果实发育后期易发生裂果，一般大果品种成熟后发生裂果较多。原因是在果实肥大初期，高温、强光及土壤干燥使果肩部表皮硬化，而后又因降雨或大量灌水使水分急剧增多，果皮增长跟不上果肉组织的膨大生长，使膨压骤然加大，产生裂果。生产上应选择果

皮较厚、抗裂性较强的品种；果实膨大后，浇水要均匀，防止土壤忽干忽湿，雨后及时排水；采收前 15～20 天，向果实上喷洒 0.1% 氯化钙溶液或 0.1% 硫酸钙溶液。

3）番茄果实生理病害发生的原因与预防。

①顶腐病（脐腐病、尻腐病）。多在幼果和青果脐部形成水渍状暗绿色病斑，逐渐变成暗褐色或黑色，严重时病斑扩展到半个果面，病部果肉组织崩溃收缩，在潮湿条件下，因腐生菌寄生，而形成黑色或红色霉状物。主要是由于土壤干旱、偏施氮肥或水分供应不匀，造成植株吸收钙的能力下降，当果实中钙含量低于 0.2% 时就会发病；另外，果实水分亏缺、果脐处果肉组织生理功能紊乱也会导致发病。生产上通过深耕土壤，增施优质腐熟有机肥，避免过量施用化肥；采用地膜覆盖，提高土壤保水能力，改善根系生理活动的环境条件；及时灌水，尤其结果期注意均衡供应水分，保持土壤湿润，防止忽干忽湿；在果实膨大初期，叶面喷施钙肥，如用 1% 过磷酸钙、0.5% 氯化钙、钙宝 300 倍液防治，每 7 天喷 1 次，连喷 2～3 次。

②条腐病（筋腐病）。最初多发生于温室或大棚番茄栽培中，主要表现为果实着色不匀且色泽变浅，横切后可见果肉维管束组织呈黑褐色，胎座组织发育不良，部分果实伴有空腔发生，果皮、果肉硬化。主要是由于氮肥（尤其是铵态氮）过多，植株体内缺钾，再加上日照不足，高温多湿，植株体内碳水化合物不足，引起碳氮比下降、代谢失调，致使维管束褐变且木质化。生产上采用合理施肥，避免过量施用氮肥（尤其是铵态氮肥），增施磷钾肥；栽植密度要适中，并控制营养生长，确保果实见光。当植株生长过旺时，可采取打半叶或打隔叶的方法加以调控；保持适宜的土壤含水量，低洼地雨后要注意排水，低温季节忌大水漫灌；发现条腐病可采取临时补救措施，叶面喷施磷酸二氢钾或柠檬酸钾和糖的混合液，以提高叶片中糖的含量，增大植株体内碳氮比，从而缓解发病症状。

③日灼果。露地栽培的番茄在雨后骤晴的天气下，太阳曝晒植株，常引起果实和叶片灼伤。设施栽培因光照太强、棚室温度急剧上升，也会引发日灼病，从而影响其品质和产量。果实发病时，果实的向阳部位，尤其是果肩部，退色变白继而形成黄褐色斑块，有的出现皱纹，干缩变硬后凹陷，果肉呈褐色块状。当湿度较大时，斑块易受病菌侵染或寄生，长出黑霉或腐烂。叶片受害后褪绿，继而呈漂白状，最后叶缘枯焦。主要是由于果实膨大期或夏季育苗时，天气干旱，土壤缺水，果实或叶片受强光照射，致使果皮或叶片局部温度过高，部分组织灼伤坏死。生产上通过增施有机肥，增强土壤保水能力；当天气干旱、日照较强时，及时浇水；夏季栽培应适当遮阴；温室、大棚栽培加强通风及采用遮阴网，降温排湿，防止高温强光；绑蔓时注意调整茎蔓方向，使果穗隐蔽在叶片或支架内，避免阳光直射；摘心时，最后一穗果实上面留 2～3 片叶，可对果实起遮阴保护作用。

4）番茄设施生产主要病虫害诊断与预防。

①主要虫害诊断与防治方法。番茄主要虫害有桃蚜、白粉虱、美洲斑潜蝇、番茄钻心虫等。

a. 桃蚜。桃蚜以成虫及幼虫在番茄叶上刺吸汁液，造成叶片卷缩变形，引起植株生长不良，叶片、花、果脱落，蚜虫还传播病毒，导致植物病毒病的发生。生产上选用多茸毛品种，如佳粉 17 号；清除地边杂草并及时处理残株落叶；在大棚的放风口处挂银灰膜驱蚜，或起到防治蚜虫传播病毒的目的；用 10% 吡虫啉可湿性粉剂 3000～4000 倍液、90% 万灵可湿性粉剂 4000 倍液、50% 抗蚜威可湿性粉剂 2000 倍液均匀喷雾，每 3～5 天喷 1 次，连续喷 2～3 次，也可用 10% 蚜虫清烟剂在保护地使用 200g/667m²，均可收到较好的防治效果。

b. 白粉虱。成虫或若虫吸食植物汁液，受害叶片褪绿、变黄、萎蔫，甚至全株枯死。其繁殖力强、速度快、种群数量大，群居危害并分泌大量蜜液，严重污染叶面和果实。生产上不要与架豆、黄瓜、茄子等白粉虱嗜好的寄主植物混栽，否则会加重危害，不利于防治；适当摘除植株底部老叶，携出室外进行销毁，以减少室内虫口基数；利用天敌丽蚜小蜂进行生物防治；在田间张挂黄板或设黄皿，诱杀成虫；用 25% 扑虱灵可湿性粉剂 1000～1500 倍液或 2.5% 联苯菊酯乳油 1500～2000 倍液等进行药剂防治。要在温室白粉虱种群密度较低时早期施药，必须连续几次用药才能控制危害。

c. 美洲斑潜蝇。斑潜蝇以成虫、幼虫危害，雌成虫飞翔刺伤植物叶片进行取食和产卵，幼虫潜入叶片和叶柄为害产生不规则白色虫道，严重的叶片脱落造成花、芽、果实被灼伤。

生产上采用调整种植模式，合理布局，避免大面积种植单一感虫植物，例如，豇豆、四季豆、黄瓜、丝瓜等。实行感虫作物与非寄主作物或不感虫作物轮作或间作；肥水管理，在化蛹高峰期，适当浇水，提高土壤含水量，创造不利于斑潜蝇蛹生存的环境，抑制其种群增长；避免偏施氮肥，施用有机肥。利用天敌的方法：用 40 目尼龙纱网制寄生蜂增殖袋（长 50cm，宽 30cm），在幼虫发生始盛期摘除幼虫严重寄生的叶片，置于养虫袋内，扎好口，平放于畦上，每 667m² 设 15 袋。黄板诱杀：在成虫发生始盛期至盛末期设置黄板，每 667m² 挂 50～60 个，10 天更换一次。或者用阿维菌素类（40% 绿菜宝乳油，0.9% 北农爱福丁乳油，1.8% 害极灭乳油，1.8% 虫螨素乳油）、低毒有机磷（48% 乐斯本乳油、绿威乳油）、沙蚕毒素类（20% 杀虫双水剂）药剂，注意进行不同类型药剂的轮换使用。在下午 17～19 时，采用喷雾法施药，重点喷上、中部叶片。施药后及时进行防治效果调查，若虫口密度仍然较高，7 天后需再施药一次。

d. 番茄钻心虫（棉铃虫）。番茄棉铃虫成虫将卵产于番茄中上部叶片上，及时整枝打杈，可有效地减少虫卵数量，及时摘除蛀果，减少虫口量；药剂防治可用 50% 杀螟松乳油、40% 乙酰甲胺磷乳油、90% 敌百虫晶体等 100 倍液，或 2000～4000 倍液 20% 杀灭菊酯乳油，2.5% 溴氰菊酯乳油或 3000 倍液 40% 菊杀乳油液，或 800～1000 倍液敌敌畏等在番茄开花初期开始使用，每隔 7 天左右用 1 次，共 3～4 次。

②主要病害诊断与防治方法。番茄的主要病害有猝倒病、立枯病、灰霉病、青枯病、花叶病毒病、早疫病、晚疫病、炭疽病等。猝倒病、立枯病为番茄苗期的主要病害。生产上以加强苗床管理，增强番茄秧苗本身的抗病能力为主，药剂防治为辅。在苗床内一旦发现病苗，应立即拔除，然后用 400 倍铜铵合剂，或 75% 的百菌清 1000 倍液，或 64% 的杀毒矾可湿性粉剂 500 倍液，或多菌灵、托布津等药液轮换喷，则可以收到良好的防治效果。

2. 小果型番茄设施生产技术

果径只有 2cm 左右，果实重量为 20g 以下的小型番茄统称为小果型番茄，也称樱桃番茄、袖珍番茄、迷你番茄等。其外观玲珑可爱，具有天然风味及高糖度的品质，又含丰富的胡萝卜素和维生素 C，营养价值高。原产于南美。果形有球形、洋梨形和醋栗形等；果色有红色、粉红色、黄色、橙红色等；生长习性有自封顶类型和非自封顶类型。樱桃番茄与传统的大型鲜食番茄相比，其风味、品质、外观都超过传统品种，但产量稍低，采收费工费时，不过栽培容易，耐热性较强，病虫也较少。

（1）栽培季节与栽培方式

1）小拱棚栽培。1月利用阳畦或大棚，内设电热线加小棚育苗，3月上中旬定植，最好覆地膜，定植后即扣小拱棚，5～7月供应市场，较露地栽培可提早上市1个月左右。

2）大棚栽培。12月初，冷床或塑料大棚内电热线育苗，2月下旬定植，大棚套小棚，4～8月上旬采收，选择早熟、丰产、优质品种。

3）防雨棚栽培。防雨棚和大棚栽培类似，唯全生育期大棚的天幕不揭，仅揭去围裙幕，使天幕在梅雨季和夏季起防雨作用，在天幕上再覆盖遮阳网，有降温作用，可使供应期延长至8～9月。选用抗青枯病的品种。

4）大棚秋延后栽培。6月下旬至7月上旬播种，8月底定植，9～12月上市。10月覆盖大棚膜保温，可行多重覆盖，使其延长至元旦、春节供应鲜食番茄。

5）日光温室栽培。冬季阳光充足地区可利用日光温室栽培春番茄，提早上市。一般10月育苗，11月定植，2月开始上市，并供应至6月下旬。

（2）小果型番茄栽培技术要点

1）育苗。由于种子较小，栽培时特别要注意播种量和温、湿度管理。土温27℃左右发芽，发芽后土温降至20℃为宜。注意通气，当第一片真叶露心时移到育苗钵，以利于花芽分化。

2）整地、施基肥、作畦。选土层深厚、排水方便、肥沃的土壤，且未种过同科作物的地块种植为好。深翻，施基肥，重视有机肥施用，控制氮肥用量，可提高番茄品质。每667m²施腐熟堆肥或厩肥2500kg，或人畜粪2000kg，另加复合肥30kg、过磷酸钙50kg。整地施肥后作畦，畦宽80～100cm，畦高30cm，畦沟宽40cm。

3）定植。当幼苗长出5～6片真叶时定植，每畦实行双行定植，行距60cm，株距35～40cm，每667m²定植2500～3000株。扣地膜的先铺膜，然后按株距打孔定植。栽植深度以不埋住子叶为宜。定植时浇透水。

4）科学管理。

①肥水管理。当第一穗果坐住时开始浇水追肥，多肥多水会降低含糖量，控制浇水能提高糖度，减少裂果。因此，果实开始成熟时，应采取相对"干旱"的管理方法，即只要植株生长正常，叶片不打蔫，就不用浇水，以提高果实甜度及口感风味。

②整枝。对于自封顶类型的品种，尽量促其长势，在上部留2个强侧枝，使其向上生长，注意叶数和果数的平衡，如果生长过弱，可摘除部分花蕾；对于非自封顶类型的品种，不以早熟为目标，可双干整枝，但生产上多行单干整枝。

③摘叶。为达到提高品质、增强光照、促进通气、防止病害的目的，可摘除老叶。

④促进坐果。虽然樱桃番茄坐果性良好，但为保证每穗坐果整齐，果实大小均匀一致，最好采用2,4-D或番茄灵喷花或蘸花，也能使果实提早成熟。

⑤温度控制。设施栽培，夜温应比普通番茄要高才能提高品质，以不低于9℃为宜。温度过低，果色不良、品质劣变。白天室温25℃时要通风换气，以不超过35℃为最理想，下午气温降到20℃以下闭风。

樱桃番茄生长健壮，抗病性强，如果栽培地点通风透光良好，则很少发生病虫害，可实行无公害栽培。

⑥采收包装。樱桃番茄因糖度高，完全成熟时采收才能真正体现其固有风味和品质。采收时注意保留萼片，从果柄离层处用手采摘。但黄色果在八成熟时采收风味好，因其果肉在

充分成熟后容易劣变。包装以硬纸箱为宜，以免压伤，通常500g一个小包装，5000g一个大硬纸箱或硬性塑料盒，箱上有通气孔，防止水滴，以免影响运输储藏时间。

任务3 番茄形态特征观察

一、任务实施的目的

认识并了解番茄的营养器官、生殖器官的形态特征，生育周期、生长习性等，为番茄田间生产管理打下基础。

二、任务实施的地点

园艺实训基地、设施蔬菜栽培实训室。

三、任务实施的用具

米尺、观察记录表。

四、任务实施的步骤

1. 番茄营养器官形态特征观察

（1）根 番茄为深根性植物，根系入土深而广，主根深达1m以上，水平伸展2m以上。分根性强，主根截断后能发出许多侧根，茎上易发生不定根，可进行扦插繁殖。

（2）茎 番茄茎为半直立性或半蔓性（个别品种直立），分枝能力极强，每个叶腋都可长出侧枝，在不整枝的情况下能长成灌木状的丛生株丛。

根据主茎着生花序情况，常把番茄品种分为自封顶类型和非自封顶类型两类。

1）自封顶类型（有限生长类型）。当主茎生长到6~8片真叶后形成第一个花序，以后每隔1~2片真叶形成一个花序。主茎着生2~4个花序后，顶芽变成花芽，主茎不再延伸，出现封顶现象。每个叶腋处可出现侧枝，紧邻第一个花序下的第一个侧枝生长势最强，常作结果枝保留。侧枝也只能分化1~2个花序而自行封顶。植株矮小，结果集中，具有较强的结实力及速熟性，发育快，生长期短，多为早熟品种。栽培时一般不用整枝打杈，无须搭架，但设施栽培应搭架。

2）非自封顶类型（无限生长类型）。在主茎生长到8~12片叶时，开始出现第一个花序，以后每隔3片真叶着生一个花序，只要环境条件适宜，主茎可无限向上生长。由叶腋抽生出的侧枝上也能同样发生花序，但以第一花序下的第一个侧枝生长势最强、最快，开花结果最早，双干或多干整枝时多留用该侧枝。在不整枝的情况下，则会形成枝叶繁茂的株丛，致使其产量和品质下降，故生产上必须及时整枝搭架。其生长期长，植株高大，果型也较大，多为中、晚熟品种，产量较高，品质较好。

（3）叶 单叶，羽状深裂或全裂，部分品种为全缘叶。小果型番茄品种为复叶，小叶较多。

2. 番茄生殖器官形态特征观察

（1）花 完全花，聚伞花序，小果型品种为总状花序或复总状花序，花黄色，自花授粉。

（2）果实　浆果，果实颜色有黄色、红色、粉红色等。

（3）种子　种子成熟比果实要早，开花后35天左右即有发芽能力，表面有茸毛。种子较小，千粒重为3～3.3g。

3. 番茄生育期特征

从种子萌芽到第一穗果的种子完全成熟为番茄的一生，也称全生育期。由于番茄是多层陆续开花结果，所以其实际生育期要比全生育期长得多。

（1）发芽期　发芽期为从种子的胚根开始萌发（露白）到第一片真叶出现的阶段。适宜环境条件下需7～9天。番茄种子正常发芽需要充足水分、氧气和适宜温度。

（2）幼苗期　幼苗期为从第一片真叶出现到第一个花序出现较大的花蕾。其要经历两个阶段，2～3片真叶前，未进行花芽分化，为基本营养生长阶段，需20～25天；2～3片真叶后，进入花芽分化与发育阶段，花芽分化和发育与营养生长同时进行，需25～30天。此期应创造良好条件，防止幼苗徒长和老化，保证幼苗健壮生长和花芽正常分化。

（3）开花坐果期　开花坐果期为从第一个花序出现较大的花蕾至坐果。正常条件下，从花芽分化到开花约需30天，这一阶段是番茄生长发育过程中的一个临界点，应促进早发根，提高营养面积，注意保花保果。

（4）结果期　结果期为从第一花序坐果到结果结束（拉秧）。其特点是果秧同长，产量形成主要在这一时期。生产中，应加强水肥管理、及时整枝打杈，调节好营养生长与生殖生长关系，创造良好条件促进秧、果生长，促进早熟丰产。

五、任务实施的作业

1. 叙述番茄根系特征特性与生产育苗关系。
2. 叙述番茄茎的分枝习性在生产中的应用。

任务4　番茄设施生产管理

一、任务实施的目的

掌握设施番茄生产的棚室温度、湿度调控，肥水管理，植株调整，生长调节剂应用，病虫害防治等技能。

二、任务实施的地点

园艺实训基地。

三、任务实施的用具

温度、湿度计，复合肥，塑料捆扎绳，剪刀，赤霉素，2，4-D，乙醇，5%氢氧化钠溶液，1%酚酞指示剂，毛笔，广口瓶，台秤，农药，喷雾器。

四、任务实施的步骤

1. 棚室温度、湿度调控

（1）温、湿度管理　定植初期，不放风，保持高温、高湿环境，白天25～30℃，夜间

15～17℃，空气相对湿度60%～80%；缓苗后放风降温排湿，白天20～25℃，夜间12～15℃，空气湿度不超过60%，以防徒长，放风量由小到大逐渐进行；进入结果期，白天20～25℃，超过25℃放风，夜间15～17℃，空气湿度不超过60%，每次浇水后及时放风排湿，防止湿度高，病害严重；随着外界气温逐渐升高，应逐渐加大通风量。当外界气温稳定在10℃以上时，可昼夜通风，当外界气温稳定在15℃以上时，可逐渐撤去棚膜。

（2）肥水管理　缓苗后及时中耕蹲苗，以促进根系发育，直到第一个花序坐住果时结束蹲苗，开始追肥浇水，每667 m² 施硫铵20kg或硝铵15～20kg，或追人粪尿1000kg，并结合喷药进行根外追肥。要求氮、磷、钾配合施用；进入盛果期，是需肥水高峰期，应集中连续追肥2～3次，并及时浇水，浇水要均匀，避免忽大忽小，随外温升高，生长后期要勤浇水。

2. 植株调整

（1）搭架、吊蔓、缚蔓　当苗高30cm左右时进行搭架，植株每生长3～4片叶缚蔓一次。

（2）整枝

1）单干整枝。除主干以外，所有侧枝全部摘除，留3～4穗果，在最后一个花序前留2片叶摘心。

2）多穗单干整枝。每株留8～9穗果，2～3穗成熟后，上部8～9穗已开花，即可摘心。摘心时花序前留2片叶，打杈去老叶，减少养分消耗。为降低植株高度，生长期间可喷施两次矮壮素。

3）连续换头整枝。头3穗采用单干整枝，其余侧枝全部打掉，以免影响通风透光。第一穗果开始采收时，植株中上部选留1个健壮侧枝作结果枝，采用单干整枝再留3穗果。当第四穗果开始采收时，再按上述方法留枝作结果枝，上留3穗果摘心，其余侧枝留1片叶摘心。

（3）打底叶　原则是摘老不摘绿，摘内不摘外。

（4）疏花疏果　大果型番茄每穗留2～3个果，中果型番茄每穗留4～6个果，其余花果全部疏去。

3. 生长调节剂应用

（1）生长调节剂使用浓度配制

1）母液配制。1%浓度赤霉素（920）的配制，取含量为75%的赤霉素粉剂1g，先用少量乙醇溶解后补充水分至75mL，即为1%浓度的920溶液。

1‰浓度2, 4-D配制，称2, 4-D原粉1g，放入小烧杯中，加少量水，滴入1%酚酞指示剂1～2滴，然后再用5%氢氧化钠溶液缓缓滴入，出现红色，搅拌后消失，如此反复直至2, 4-D完全溶解，溶液呈浅红色，然后加水至1000mL。

2）使用浓度配制。20mg/L浓度的赤霉素（920）、20mg/L浓度的2, 4-D配制。取1%浓度920母液1mL加水500mL，即为20mg/L浓度的赤霉素使用浓度。取1‰浓度2, 4-D母液1mL加水50mL，即为20mg/L浓度的2, 4-D使用浓度。

（2）使用方法与效果　用20mg/L浓度的2, 4-D涂抹花柄，提高坐果率；雌花开放期用20mg/L浓度的赤霉素浸花能延长花冠的保鲜时间，提高瓜条的商品性状，同时也能够促进幼瓜的生长，使其提早收获。

（3）注意事项　2,4-D对植株茎叶伤害性大，滴落在叶面或幼茎上，常使叶片或茎扭曲畸形生长。可防止落花落果，使用浓度通常为10~30mg/L。只能点抹花朵或花梗，严禁喷花。

生长调节剂不宜重复使用，为避免重复使用，在配制使用浓度时添加适量的黄色或红色色素作标记。

4. 病虫害识别防治

（1）主要病虫害调查识别

1）主要害虫调查识别。番茄桃蚜、白粉虱、美洲斑潜蝇、棉铃虫的调查识别。

2）主要病害调查识别。番茄猝倒病、立枯病、灰霉病、青枯病、花叶病毒病、早疫病、晚疫病、炭疽病的调查识别。

（2）药剂防治　农药选择与使用。

五、任务实施的作业

1. 会进行番茄设施生产的温度、水分调节。

2. 会识别番茄生产的病虫害并进行预防。

子项目2　茄子设施生产

知识点：掌握茄子设施生产特点、设施栽培技术。

能力点：会制订茄子生产计划，掌握整地作畦、定植、植株调整、有害生物防控等相关基本技能。

项目分析

该任务主要是掌握茄子设施生产的基本知识及生产的基本技能，重点是综合生产技能的训练与提升。

项目实施的相关专业知识

茄子属于茄科、茄属植物，其产量高、适应性强、供应期长，在我国各地均可栽培，为夏秋季的主要蔬菜之一，但高温多雨季节，病害严重。

一、生产概述

1. 喜温性

茄子对环境条件的要求比番茄稍高。结果期适温为25~30℃。17℃以下生育缓慢，花芽分化延迟，花粉管伸长受抑，引起落花。10℃以下代谢失调，5℃以下受冷害。开花期适温20~25℃。高于35℃花器发育不良，特别是夜温过高时，果实生长慢，甚至产生僵果。

2. 喜光性

茄子对光照条件要求较高，光饱和点为40000lx，补偿点为2000lx。幼苗期日照长的，生长旺盛。光照弱或光照时数短的，光合作用能力降低，植株长势弱，短柱花增多，易落花，果实着色不良，日光温室栽培茄子要合理稀植，及时整枝，充分利用光能。

3. 耐旱性

茄子根系发达，较耐旱，但因枝叶繁茂，开花结果多，故需水量大，适宜土壤湿度为田间最大持水量的 70% ~80%，适宜空气相对湿度为 70% ~80%，空气湿度过高易引发病害。

4. 喜肥、耐肥性

茄子对土壤要求不严，各种土壤都能栽培，适宜土壤 pH 为 6.8 ~7.3，较耐盐碱。但以疏松肥沃、保水保肥力强的壤土生长最好。茄子喜肥、需肥量大。生长前期施氮肥和钾肥，后期施氮肥和钾肥，生长期要求多次追肥。需氮肥最多，氮肥不足，花发育不良，短柱花增多，影响产量。

5. 忌连作

茄子土传病害重，应与辣椒、番茄等茄科蔬菜实行 5~8 年以上的轮作。前茬可以是越冬菜或冬闲地，以葱、韭、蒜茬最好，瓜类、豆类次之，白菜和春小白菜茬较差。采用茄子与大田作物、小麦轮作，效果也很好。也可与早甘蓝、大蒜、速生绿叶菜间作套种，后期可与秋白菜、萝卜或越冬菜套种。

6. 安全性

茄子是喜温性植物，生长发育需要有较高的温度，设施覆盖能满足其温度要求，可以提早成熟提早上市。设施的保护作用可避免自然灾害对生产的影响。早春在完全覆盖条件下生产，病虫害发生不严重，不需要使用化学农药，产品食用安全性高，基本能达到绿色食品标准要求。

二、生产茬口

1. 温室茄子设施栽培

（1）温室冬春茬　多在 8 月播种育苗，10 月移栽，冬春季收获。若采用修剪再生措施，收获期可延后至第二年秋季。

（2）温室早春茬　冬季播种育苗，早春移栽。以春季早熟栽培为主，也可越夏恋秋栽培成为全年一大茬。

（3）温室秋冬茬　夏秋季播种育苗，秋季移栽，晚秋到深冬收获上市，可一直延续到第二年 4 月末或 5 月中旬。

2. 塑料大棚茄子栽培

（1）春季大棚茄子早熟栽培　华北地区多在 12 月末至 1 月初育苗，3 月初扣棚，3 月下旬定植，5 月上中旬上市，供应期可延续到 7 月末。

（2）秋季大棚茄子栽培　华北地区多在 6 月上旬育苗，7 月下旬定植，10 月下旬至 11 月上旬拉秧。

三、生产品种选择

1. 品种要求

（1）日光温室冬春茬茄子栽培生产选择的品种　此茬口选择的品种应考虑两个方面：一是茄子本身生物学特性与温室的适应性，宜选用耐低温、耐弱光、早熟、高产和抗病能力较强的品种；二是要了解当地或消费地的消费习惯，即果形和果色应与消费习惯相一致。目前较好的圆茄品种有天津快圆、北京六叶茄、北京七叶茄、豫茄 2 号等；卵圆形茄子品种有鲁茄 1 号、西安早茄、荷兰瑞马、蒙茄 3 号、辽茄 2 号、紫奇等；长茄品种有黑亮早茄 1 号、湘茄 3 号、粤茄 1 号、紫红茄 1 号、新茄 4 号、大绿长茄、吉茄 10 号等。

（2）日光温室秋冬茬茄子栽培生产选择的品种　日光温室秋冬茬茄子是在露地育苗、定植，也有的是将露地栽培的茄子经过老株更新后转入温室栽培。其都是在天气冷凉后覆盖棚膜进行生产，是缓解霜降后直到深冬时市场供应的重要一茬。由于茄子本身喜高温，怕寒冷，正常生产多是在天气由冷到热、日照时间由短到长的季节进行。秋冬茬茄子生长期间的温光条件恰与之相反，栽培必然有一定困难。

秋冬茬茄子的生长要经历先热后冷、日照越来越差的环境条件，所选用的品种应具有抗病性好、耐低温能力强、果实膨大速度快和早熟等特点。适宜的圆茄品种有天津快圆、天津二芃茄、北京丰研 1 号、西安紫圆茄、安阳紫圆茄、豫新 1 号等；卵圆形茄子有济丰 3 号、荷兰瑞马、新乡糙青茄等；长茄品种有黑龙长茄、天正茄 1 号、粤茄 1 号、紫红茄 1 号、大绿长茄。

（3）大棚春茬茄子栽培生产选择的品种　选择早熟、抗病、耐寒性强、坐果率高、抗逆性强的品种，如早熟京茄 1 号、京茄 5 号、二芃茄、超九叶茄等。

（4）温室春茬茄子栽培生产选择的品种　选择耐寒、早熟、高产和抗病能力较强的品种，果实形状和颜色应与消费者的习惯相一致。如京茄 1 号、京茄 5 号、九叶茄和超九叶茄等。

2. 品种特性介绍

根据果实形状可分为圆茄类、长茄类、卵茄类三种类型。

（1）圆茄类　植株高大，粗壮，直立；叶片大、宽而厚；长势旺，多为晚熟品种；果实较大，质地致密，皮厚硬，耐储运；耐阴、耐潮湿能力较差。主要品种有西安紫圆茄、北京五叶茄、丰研 2 号、圆丰 1 号、紫光大圆茄等。

（2）长茄类　植株高度中等，多为 60～80cm，生长势中等。适合密植。分枝较多，枝干直立伸展；叶小狭长，绿色。花型较小，多为浅紫色，结果数多，单果重小，果实长棒形，果皮薄，肉质嫩，不耐挤压，耐储运能力差，较耐阴和潮湿。多为早熟品种，如紫阳长茄、黑油光、龙茄 1 号、科选 1 号、兰竹长茄、南京紫面条茄、徐州长茄、济南长茄、苏长茄、齐茄 1 号等。

（3）卵茄类　又叫矮茄类。植株较矮，枝叶细小，生长势中等或较弱；花型小，多为浅紫色；果实较小，果形为卵形、长卵形和灯泡形，果皮为黑紫色或赤紫色，种子较多，品质较差，产量较低；早熟性好。主要品种有济南早小长茄、辽茄 2 号、辽茄 3 号、内茄 2 号、北京灯泡茄、西安绿茄等。

四、生产技术要点

1. 茄子日光温室冬春茬生产技术

（1）生产育苗　育苗方式有以下两种。

1）穴盘育苗。冬春茬茄子育苗可结合日光温室秋冬茬生产同时进行，9 月上旬至 10 月上旬在温室内播种。育苗时可用育苗盘置于架床或吊床上，以节省温室地面。分苗时再转到地面苗床内，以利保温、节省育苗设备和扩大单株营养面积。或在温室中选光照充足、温度较高的位置作苗床，沿南北向做成 1～1.5m 宽的畦。每定植 667m² 温室需播种约 2m² 的苗床，当有 1 片真叶时进行一次分苗。先将苗床浇 1 次透水，均匀撒播种子于床面，每 667m² 温室需播种量为 20 ~ 50g，播后覆盖 1cm 厚的过筛细土，再覆盖一层地膜。当 70% ~ 80% 的幼苗拱土时揭去地膜，并开始通风降温，分苗前 2 ~ 3 天进行低温炼苗。分苗后 5 ~ 6 天，当幼苗长出心叶时，说明已经缓苗，要控制浇水量，防止秧苗徒长。若育苗前期条件好，按技术要求去管理即可。育苗中后期温度低、光照差，应加强采光和保温，必要时采取人工补光和增温。

2）嫁接育苗。茄子易受黄萎病、青枯病、立枯病、根结线虫病等土传病害的危害，不能重茬，需 5 ~ 6 年轮作。采用嫁接育苗，不但能有效地防治土传病害，避免连作障碍，而且能使植株耐低温能力强，根系发达，吸收能力强，植株生长旺盛，可提高产量、品质，延长采收期。目前生产中使用的砧木主要有托鲁巴姆、CRP、耐病 FV、赤茄等，其中应用最广泛的是托鲁巴姆。嫁接用砧木要适当早播，砧木托鲁巴姆比接穗（栽培品种）要早播 25 ~ 30 天，接穗比常规栽培要提前 10 天左右播种。从砧木播种算起，砧木育苗期为 100 天左右，接穗育苗期为 70 天。或于砧木 8 ~ 9 片叶、接穗 6 ~ 7 片叶、茎粗 0.5cm 时进行嫁接，采用劈接法。嫁接后利用小拱棚保湿并遮光，3 天后逐渐见光。嫁接 10 ~ 12 天后伤口愈合，之后逐渐通风炼苗。用嫁接的方法育苗，每定植 667m² 温室需播种约 5m² 的苗床，不再分苗。

（2）定植

1）温室消毒。整地前温室要先进行消毒，每 667m² 用硫黄 1kg、锯末 2kg 混匀，分几处点燃，封闭温室 1 个昼夜，随后通大风排出毒气。也可利用 7 ~ 8 月日光温室休闲期的高温条件，深翻土壤后覆地膜并闭棚，膜下温度可达 50℃ 以上，经 15 ~ 20 天，可以消除一部分或全部根结线虫及枯萎病菌和黄萎病菌等土传病虫害。

2）定植时期。当苗龄 80 ~ 100 天，苗高 18 ~ 20cm，植株长有 7 ~ 8 片叶时，第一花蕾大部分显露是定植的适期。

3）整地、施肥、起垄。由于冬春茬茄子是接续秋冬茬生产进行的，需在秋冬茬生产结束之后抓紧施肥整地。日光温室冬春茬茄子采收期长，为保证高产基肥的施用量要大，整地时每 667m² 施入腐熟的鸡粪 5000kg，或腐熟的牛粪、人粪尿等 8000kg。再撒施氮、钾肥或氮磷钾复合肥 100kg。深翻土壤 30 ~ 40cm，耙平，混匀，整平。按大行距 60cm、小行距 50cm 起垄，垄高 20cm 左右。

4）栽苗。一般在 10 月下旬至 12 月中旬，选择晴天上午进行定植。定植时垄上开深沟，每沟撒施磷酸二铵 100g，硫酸钾 100g，将肥土混合均匀后按 30 ~ 40cm 株距摆苗，覆少量土，浇水后合垄。栽植深度以土坨上表面低于垄面 2cm 为宜，定植后覆盖地膜，以提高地温，促进缓苗。定植后要扣小拱棚，把相距 50cm 的两行茄子扣到一个小拱棚内。

（3）定植后管理　定植后正值外界气候严寒季节，因此管理时要以保温、增光为主，并配合肥水管理、植株调整，争取提早收获，提高前期产量。

1）温度与光照的管理。定植后密闭保温，促进缓苗。有条件的应加盖小拱棚、二层幕，创造高温、高湿条件。定植 1 周后，新叶开始生长，标志着已缓苗。缓苗后白天温度超过 30℃ 时放风，温度降到 25℃ 时减少通风，20℃ 时关闭通风口。白天最低温度保持在 20℃ 以上，夜温保持 15℃ 左右，凌晨不低于 10℃。当寒潮来临时要有加温设备进行加温。开花结果期采用四段变温管理，即上午 25 ~ 28℃，下午 20 ~ 24℃，前半夜温度不低于 16℃，后半夜控制在 10～15℃。若夜温过高，呼吸旺盛，光合产物消耗大，果实生长缓慢，甚至成为僵果，产量下降。此茬茄子生产正值严冬时节，温室内光照强度不足，应在温室后墙及山墙上张挂镀铝聚酯反光幕；同时经常保持棚膜清洁，以增加温室内光照强度，提高室内气温和地温。张挂镀铝聚酯反光幕的方法是：上端固定，下端垂直于地面，离地面 20cm 左右；晴天早、晚和阴天光线较弱时张挂，中午光照较强时和夜间卷起，可使白天后墙和山墙多吸收热量，夜间散热升高室温，充分发挥其补光增温的作用。

2）肥水管理。定植水浇足后，一般在门茄坐果前可不浇水，门茄膨大后开始浇水，浇水实行膜下暗灌，以降低空气湿度。浇水必须根据天气预报进行，保证浇水后有 2 天以上的晴天，并在上午 10 时前浇完。同时上午升温至 30℃时放风，降至 26℃后闷棚升温后再放风，通过升温尽可能地将水分蒸发成气体放出。门茄膨大后开始追肥，每 667m² 施三元复合肥 25kg，溶解水冲施；对茄采收后每 667m² 再追施磷酸二铵 15kg，硫酸钾 10kg。整个生育期间可每周喷施 1 次磷酸二氢钾等叶面肥。施用 CO_2 气体有明显的增产作用。

3）植株调整。冬春茬茄子生产的障碍是湿度大、地温低，植株高大，互相遮光。及时整枝不但可以降低湿度，提高地温，同时也是调整秧果关系的重要措施。定植初期，保证有 4 片功能叶。门茄开花后，花蕾下面留 1 片叶，下面的叶片全部打掉；门茄采收后，在对茄下留 1 片叶，再打掉下边的叶片。以后根据植株的长势和郁闭程度，保证地面多少有些透光。生长过程中随时除去砧木的萌蘖。日光温室冬春茬茄子多采用双干整枝，即在对茄瞪眼后，在着生果实的侧枝上，果上留 2 片叶摘心，反复处理四母斗、八面风的分枝，只留两个枝干生长，每株留 5～8 个果后在幼果上留 2 片叶摘心。生长后期，植株较高大，要利用尼龙绳吊秧，将枝条固定。

4）保花保果。日光温室茄子冬春茬生产，室内温度低、光照弱，坐果率低。应加强管理，创造适宜环境条件，并在开花期选用 30～40mg/L 的番茄灵喷花或涂抹花萼和花瓣。用生长调节剂处理后的花瓣不易脱落，对果实着色有影响，且容易从花瓣处感染灰霉病，应在果实膨大后摘除。

（4）采收　茄子从开花至果实成熟需 20～25 天。采收标准是根据萼片与果实结合处形成的白色或浅绿色带状环的宽窄程度，果实生长愈快，带状环就愈宽，品质柔嫩，纤维少。反之，果实生长缓慢，接近老熟，纤维变粗糙，应及时采收。门茄应早收，可减轻植株负担，利于增产。采收宜在下午或傍晚，避免在中午气温高时采收，否则茄子含水量高，品质差。用剪刀或刀子齐果柄根部收下，不带果柄以免在装运过程中相互刺伤果皮。日光温室冬春茬茄子上市期有较长的一段时间处在寒冷季节，为保持产品鲜嫩，每个茄子最好用纸包起来，装在筐或箱中，四周衬上薄膜，运输时注意保温。

2. 温室春茬茄子栽培技术要点

（1）育苗　11 月在温室内播种，正值温室光照最弱、温度最低之时，要采用在温室内设置电热温床或酿热温床及架床的方式进行育苗。

（2）定植　第二年 1 月下旬至 2 月上旬定植，3 月中旬始收，到 6～7 月结束。或在夏季剪截再生，延后栽培至初冬。定植方法同上。

（3）定植后管理

1）温度管理。定植后密闭保温促进缓苗，缓苗后温度保持白天 25℃左右，夜间 15～17℃，早晨揭苫前 10℃以上。随外界温度升高，要加大放风量，进入结果期后白天保持 25

~28℃，夜间 17~20℃，地温 15℃以上。

2）肥水管理。缓苗后浇一次缓苗水，进行蹲苗，促进根系生长。当门茄瞪眼时第一次追肥灌水，20000kg/hm² 粪尿，或 300kg/hm² 磷酸二铵。以后每层果膨大时都要追肥灌水，前期暗灌，后期可沟灌或明灌。

3）植株调整。可采用双干或三干整枝，为了早上市，双干只留 5 个茄子或 7 个茄子，三干整枝留 6 个或 9 个茄子，其余侧枝和腋芽及时摘掉。

（4）设施茄子生产田间诊断　茄子在生长过程中由于环境条件的改变和管理不当，开花后常大量落花落果，对于茄子早熟及丰产影响很大。茄子生育状况诊断有助于及时发现生产管理中所出现的问题，便于合理调整生产管理措施，避免造成较大生产损失。

1）落花落果原因的诊断与预防。主要是由于营养不良、光照不足、土壤过干、温度过高或过低以及花器官缺陷等引起落花。茄子的短柱花不但花柱短，而且花柄细，子房小，几乎都要脱落，当温度低于 15℃ 或高于 35℃ 时就会造成落花，因为温度低于 15℃ 时，花粉管生长伸长几乎停止。如果夜温低于 15℃，即使白天温度高，也会造成花粉管生长时快时慢，难于达到受精之目的，从而落花。生产上茄子落花可以使用植株生长促进剂（俗称保花保果剂）来防止。多采用防落素、复合防落素 20~30mg/kg，在茄子开花的当天喷花，既可以防止落花，又可以加速幼果膨大，提早采收上市，增加经济效益。

2）茄子设施生产主要病虫害诊断与预防。

①病害田间诊断与防治。茄子的病害主要有苗期猝倒病、灰霉病、绵疫病、青枯病、黄萎病、枯萎病等。

a. 猝倒病。主要是加强苗床管理，增强秧苗的自身抵抗能力，注意加强通风透光，每次浇水适量，发现病株立即拔除，用 75% 百菌清可湿性粉剂 700~800 倍液或 400 倍液的铜铵合剂等喷雾防治。

b. 灰霉病。可选用 50% 速克灵 1500~2000 倍液、50% 农利灵 1000 倍液、40% 施佳乐 1000 倍液等喷雾。保护地可施用 20% 利得烟剂熏蒸。

c. 绵疫病。可选用 75% 百菌清 600 倍液、72.2% 普力克 700~800 倍液、58% 甲霜灵·锰锌 500 倍液、64% 杀毒矾 500 倍液等喷雾，每隔 6~7 天喷 1 次，连喷 3~4 次，重点喷果实和叶子。

d. 青枯病。可选用 77% 可杀得 500 倍液、20% 龙克菌 600 倍液、72% 农用硫酸链霉素 4000 倍液等灌根。

e. 黄萎病、枯萎病。可在定植前 5~6 天用 600 倍液的多菌灵浇灌，在定植穴施 1:50 的多菌灵药土，每 667m² 用多菌灵 1~1.5kg；选用 50% 多菌灵 800 倍液灌根，每株灌 0.5kg 药液。也可用 50% 敌克松 500 倍液、50% 苯菌灵 1000 倍液等灌根。

②虫害田间诊断与防治。茄子的主要害虫有红蜘蛛、茶黄螨、蓟马等，可选用 73% 克螨特 2000 倍液、5% 尼索朗 2000 倍液、20% 螨克 2000 倍液、1% 杀虫素 3000 倍液等喷雾。每 6~7 天喷 1 次，连续 2~3 次，注意重点喷在叶背面上。

任务 5　茄子形态特征观察

一、任务实施的目的

认识并了解茄子的营养器官、生殖器官形态特征，生育期特征。为茄子生产田间诊断管理提供依据。

二、任务实施的地点

园艺实训基地、设施蔬菜栽培实训室。

三、任务实施的用具

米尺、观察记录表。

四、任务实施的步骤

1. 茄子营养器官形态特征观察

（1）根　根系发达，深达 120～150cm，横向扩展幅度 120cm，吸收能力强。育苗移栽时根系分布较浅，只分布在 30cm 土层。茄子根系木栓化较早，再生力弱，发生不定根能力较弱，栽培中应减少移植次数，注意保护根系，移栽时尽量减少伤根，栽培地要为根系发育创造适宜的条件，以促使根系生长健壮。

（2）茎　成株茎基部木质化程度比较高，茎直立粗壮。茄子分枝结果习性为假二叉分枝，一般早熟品种主茎有 6～8 片真叶后，着生第一朵花；中熟或晚熟品种有 8～9 片叶以后着生第一朵花。当顶芽变为花芽后，紧挨花芽的 2 个侧芽抽生成第一对较健壮的侧枝，代替主枝生长，成为"丫"字形。以后每一侧枝长 2～3 片叶后，又形成一花芽和一对次生侧枝，依次类推。每一次分枝结一层果实，按果实出现的先后顺序，依次称之为门茄、对茄、四门斗（四母斗）、八面风、满天星。实际上只有 1～3 层可以结果。如图 2-4 所示。

（3）叶　单叶互生，叶片肥大，卵圆形或长椭圆形，叶缘波状。茄子茎和叶的色泽与果实颜色相关，果实为紫色的品种，其嫩茎及叶柄带紫色；果实为白、青色品种的茎叶则为绿色。

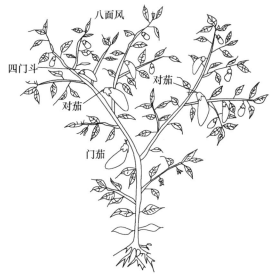

图 2-4　茄子分枝结果习性

2. 茄子生殖器官形态特征观察

（1）花　茄子幼苗具有 3～4 片叶时开始花芽分化。两性花，花色浅紫或白色，自花授粉。花分为长柱花、中柱花、短柱花，如图 2-5 所示。长柱花为健全花，能正常授粉，但异交率高；短柱花不健全，授粉困难。

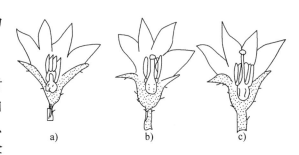

图 2-5　茄子的花型
a）短柱花　b）中柱花　c）长柱花

（2）果实与种子　茄子果实为肉质浆果，胎座发达，为主要食用部分。果形有圆形、扁圆形、长形及倒卵圆形，果色有深紫、鲜紫、白色与绿色。茄子的种子发育较晚，在果实将近成熟时种子才迅速发育成熟，种子扁平肾形、黄色，有光泽，千粒重 4~5g，寿命 4~5 年。

3. 茄子生育期特征

茄子的生育周期与番茄基本相似，但发芽较番茄缓慢，花芽分化也较迟，一般在 3~4 片真叶期开始花芽分化，花芽分化后 35~40 天开花，所以茄子的育苗期较长。

（1）发芽期　从种子吸水萌动到第一片真叶露心。正常温度下（20~30℃）需 10~13 天。出苗后适当降温，保持适宜的昼夜温差（即白天 20~25℃，夜间 17℃以上），控制徒长。

（2）幼苗期　从第一片真叶露出到现蕾，在适宜温度下需 60~70 天。当幼苗具有 4 片真叶，茎粗约 2.0mm 时开始花芽分化。

（3）开花坐果期　从第一朵花现蕾到果实坐住，即门茄"瞪眼"，门茄从开花至坐果一般需 8~12 天。

（4）结果期　从门茄坐果到整株采收完毕。若结果期陆续开花、连续结果，加强中、后期肥水管理，可获高产。

门茄现蕾标志着结果期开始，为定植适期。从瞪眼到食用成熟需 13~14 天，从食用成熟到生理成熟约 30 天。以后每层果采收相隔 10 天左右。采种的应在开花后 50~60 天开始采收。

五、任务实施的作业业

1. 叙述茄子根系特征特性与生产育苗关系。
2. 叙述茄子花的构造与果实发育关系。

任务6　茄子设施生产管理

一、任务实施的目的

掌握设施茄子生产的棚室温度、湿度调控，肥水管理，植株调整，生长调节剂应用，病虫害防治等技能。

二、任务实施的地点

园艺实训基地、设施蔬菜栽培实训室。

三、任务实施的用具

温度、湿度计，复合肥，台秤，农药，喷雾器等。

四、任务实施的步骤

1. 温度、湿度调控

定植后密闭保温，促进缓苗。应加盖小拱棚、二层幕，创造高温、高湿条件；缓苗后白天温度超过30℃时放风，温度降到25℃时减少通风，20℃时关闭通风口。白天最低温度保持在20℃以上，夜温保持15℃左右，凌晨不低于10℃；开花结果期，上午25～28℃，下午20～24℃，前半夜温度不低于16℃，后半夜控制在10～15℃。

2. 肥水管理

门茄膨大后开始浇水，实行膜下暗灌。浇水后要有2天以上的晴天，并在上午10时前浇完。门茄膨大后开始追肥，每667m²施三元复合肥25kg，溶解水冲施；对茄采收后每667m²再追施磷酸二铵15kg，硫酸钾10kg。整个生育期间可每周喷施1次磷酸二氢钾等叶面肥。施用CO_2气体有明显的增产作用。

3. 植株调整

（1）打底叶 定植初期，保证有4片功能叶；门茄开花后，花蕾下面留1片叶，下面的叶片全部打掉；门茄采收后，在对茄下留1片叶，再打掉下边的叶片。

（2）除萌蘖 生长过程中随时除去萌蘖。

（3）整枝 日光温室冬春茬茄子多采用双干整枝，即在对茄瞪眼后，在着生果实的侧枝上，果上留2片叶摘心，反复处理四母斗、八面风的分枝，只留两个枝干生长，每株留5～8个果后在幼果上留2片叶摘心。

（4）吊秧 生长后期，植株较高大，要利用尼龙绳吊秧，将枝条固定。

4. 保花保果

学会生长调节剂的使用浓度配制和使用方法。

5. 病虫害识别防治

（1）主要病虫害调查识别

1）主要害虫调查识别。红蜘蛛、茶黄螨、蓟马的调查识别。

2）主要病害调查识别。苗期猝倒病、灰霉病、绵疫病、青枯病、黄萎病、枯萎病的调查识别。

（2）药剂防治 农药选择与使用。

五、任务实施的作业

1. 会进行茄子设施生产的温度、水分调节。

2. 会识别茄子生产的病虫害并进行预防。

子项目3 辣椒设施生产

知识点：掌握辣椒设施生产特点、设施栽培技术。

能力点：会制订辣椒生产计划，掌握整地作畦、定植、植株调整、有害生物防控等相关基本技能。

项目分析

该项目主要是掌握辣椒设施生产的基本知识及生产的基本技能，重点是综合生产技能的训练与提升。

项目实施的相关专业知识

辣椒，别名番椒、辣子等，为茄科辣椒属植物，在温带地区为一年生草本植物，热带地区为多年生灌木。辣椒产量高，供应期长，适应性强，我国各地均可栽培。辣椒分为味辣的辣椒和味甜的甜椒两大种群。

一、生产概述

1. 喜温不耐寒，忌高温

辣椒对温度要求较严格。种子发芽期 25～30℃，高于 35℃、低于 15℃不易发芽；幼苗生长及花芽分化期，昼温 20～25℃，夜温 15～20℃；茎叶生长适温白天 27℃左右，夜间 20℃左右；开花结果期白天 25～28℃，夜间 16～20℃，低于 10℃不能开花，幼果不易膨大，且易出现畸形果，温度低于 15℃受精不良，易落花；温度高于 35℃，花器官发育不全或柱头干枯不能受精而落花。温度过高还易诱发病毒病和果实日灼病；果实发育和转色的最佳温度为 25～30℃。

2. 耐弱光性

辣椒为短日照植物，对光周期要求不严格，但在较短日照、中等光强下开花结实快。光饱和点约为 30000lx，补偿点为 15000lx，超过光饱和点，反而会因加强光呼吸面消耗更多养分。种子在黑暗条件下易发芽；秧苗生长发育则要求良好的光照条件；生长发育期间要求充足的光照，以利开花坐果。

3. 不耐旱、不抗涝

辣椒对水分要求很严，既不耐旱也不抗涝，淹水数小时植株就会萎蔫。适宜土壤相对湿度 60%～70%，适宜空气相对湿度 70%～80%。种子发芽要求较多水分；幼苗期需水量较少，幼苗移栽后需水量增加，但应适当控制水分，促进根系发育；初花期，需水量增大；果实膨大期要求较充足的水分。

4. 需肥量大

辣椒生长发育需肥量大，需要充足的氮、磷、钾肥料，对氮、磷、钾的吸收比例为 1：0.5：1。幼苗期需肥量少；初花期需肥量不大，可适当施些氮、磷肥；盛花期和结果期对氮、磷、钾的需求量较大；在盛果期，一般应采收 1 次果实追施 1 次肥。

5. 土壤要求的广泛性

辣椒对土壤要求不十分严格，pH 在 6.2～7.2 的微酸性和中性土壤均可以栽培。以地势高燥，土层深厚，富含有机质，背风向阳，排灌方便的田地为好。不宜栽种在低洼积水或盐碱地上，否则根系发育不良，叶片小，易感染病毒病。

6. 不宜连作

忌与同科蔬菜、瓜类蔬菜连作，前茬可以是绿叶菜类，或休闲地，可与早甘蓝、大蒜、速生绿叶菜间作套种，也可与秋白菜、萝卜或越冬菜套种。

7. 产量高、经济效益高

（1）上市早、经济效益高　辣椒是喜温性植物，生长发育需要有较高的温度，设施覆盖能满足其温度要求，可以提早成熟提早上市。

（2）生产安全性高　设施的保护作用可避免自然灾害对生产的影响。早春在完全覆盖条件下生产，病虫害发生不严重，不需要使用化学农药，产品食用安全性高，基本能达到绿色食品标准要求。

二、生产茬口

华北地区辣椒栽培方式和季节安排参照表 2-2。

表 2-2　华北地区辣椒栽培方式和季节安排

栽培方式		播种期	定植期	采收期
温室栽培	冬春茬	7 月中旬~8 月初	9 月中旬~10 月上旬	12 月上、中旬~第二年 3 月上、中旬
	早春茬	12 月中旬~第二年 1 月下旬	1 月中、下旬~3 月中、下旬	5 月中、下旬~10 月上旬
	秋冬茬	8 月中旬~9 月上旬	9 月下旬~10 月上、中旬	10 月下旬~12 月上、中旬
大棚栽培	春季早熟栽培	3 月下旬~4 月初	5 月下旬~6 月上旬	7 月上、中旬~7 月下旬
	秋季延后栽培	5 月末~6 月中旬	7 月中旬~7 月下旬	8 月下旬~11 月上、中旬

三、生产品种选择

1. 品种要求

宜选用耐寒、耐弱光、生长势强、坐果能力强、抗病、丰产、味甜或微辣的品种，如中椒 2 号、中椒 7 号、陇椒 1 号、津椒 3 号等。彩色辣椒品种可选择麦卡比、白公主、紫贵人、红英达等。

2. 品种特性介绍

（1）按果实形状分类

1）灯笼椒。植株粗壮高大，叶片肥厚，花大，果大，果实有扁圆形、圆形、圆筒形或钝圆形，颜色有红、黄、紫色等，味甜微辣或不辣。主要品种有中椒 11 号、农发甜椒、甜杂 7 号、京椒 1 号、紫生 2 号、白星 2 号、甜杂新 1 号等。

2）牛角椒。植株长势强或中等，果实下垂、粗大、牛角形，果肉厚。微辣或辣。主要品种有中椒 6 号、农大 21 号、丰椒 1 号、华椒 17 号、洛椒 4 号、江蔬 2 号等。

3）羊角椒。生长势强或中等，分枝性强，叶片较小或中等；果实下垂，羊角形，果肉厚或薄，味辣。主要品种有寿光羊角黄、洛椒 2 号、洛椒 5 号、秦椒 2 号等。

4）线椒。植株长势强或中等，果实下垂，线形稍弯曲或果面皱褶，细长，果肉厚，味辣，坐果数较多，多作干椒栽培。主要品种有 8212 线辣椒、咸阳线辣子、湘潭尖椒、伊利辣子、陕椒 2001、天椒 1 号、天椒 2 号、韩星 1 号等。

5）圆锥椒。植株中等或高大，低矮丛生。茎叶细小。果实较小，果实圆锥形或圆筒形，多向上生长或斜生，辣味强，产量低，生产上很少栽培，多作干椒或观赏栽培。主要品种有邵阳朝天椒、日本三鹰椒、成都二斧头、昆明牛心椒、广东饶平的观心椒等。

6）樱桃椒。植株长势中等或较弱，低矮；叶片较小，果小如樱桃，圆形或扁圆形，朝天着生或斜生，成熟椒具有红、黄、紫等色，味极辣，产量低，主要用作干椒或观赏栽培。主要品种有四川成都的扣子椒、五色椒等。

（2）按用途分类

1）菜椒。又称青椒，果实含辣椒素较少或不含。植株高大，长势旺盛，果实大，肉厚。以采收绿熟果鲜食为主。

2）干椒。又叫辛辣椒，果实多为长椒形，辣椒素含量较高，以采收红熟果制干椒为主。

3）水果椒。又名彩色辣椒。果实灯笼形，颜色多样，在绿熟期或成熟期呈现出红、黄、橙、白、紫等多种颜色。果实色泽鲜艳亮丽，汁多味美，营养价值高，适合生食。主要品种有白公主、紫贵人、佐罗、麦卡比、扎哈维、黄力土、白玉等。

4）观赏椒。植株长势中等或较弱，株冠中等或较小，果实红色、黄色、橘红色等，叶片中等或较小的一些辣椒品种，包括樱桃椒、圆锥椒及一些水果椒，以观赏为主。

四、生产技术要点

1. 日光温室春茬辣椒栽培技术

（1）播种育苗

1）培养土的配制及消毒。

①培养土配制。选用 1~2 年内未种过茄科蔬菜、瓜类蔬菜的园土。园土宜在 8 月高温时掘取，经充分烤晒后，打碎、过筛，再储存于室内并用薄膜覆盖，保持干燥状态备用。加入 30% 草炭、30% 腐熟的有机肥、复合肥 1kg/m³、过磷酸钙 0.8kg/m³，充分掺匀。

②培养土消毒。一般 1000kg 培养土，用福尔马林药液 200~300mL 加水 25~30L，喷洒后充分拌匀堆置。覆盖一层塑料薄膜，闷闭 6~7 天后揭开，待药味散尽后即可使用。此法主要是防治猝倒病和菌核病。也可用 70% 五氯硝基苯粉剂与 50% 福美双或 65% 代森锌可湿性粉剂等量混合后消毒。一般每立方米的培养土拌混合药剂 0.12~0.15kg。此法可防治猝倒病和立枯病。

③种子处理。播种前将种子放在温水中浸泡 15min，后转入 55~60℃ 的温汤热水中，用水量为种子量的 5 倍左右。不断搅动以使种子受热均匀，使水温维持在 55~60℃ 范围内 20~30min，以起到杀菌作用。然后降低水温至 28~30℃ 或将种子转入 28~30℃ 的温水中，继续浸泡 8~12h。

2）育苗方法。

①苗床育苗法。铺好床土，整平。播种前一天充分浇足底水，水渗后将催好芽的种子撒播在畦面上，播种后要及时覆 1cm 培养土，喷一层薄水，插小拱棚，扣地膜保温保湿。

②穴盘育苗法。将草炭和蛭石按 2:1 的比例掺匀后，装入 128 孔穴盘，刮平基质后压穴，穴深 0.8~1cm，每穴播 1 粒种子，覆盖蛭石，浇透水。

（2）苗期管理

1）出苗期的管理。控制较高的湿度和较高的温度，播种前应及时浇透苗床。遇低温时应覆盖薄膜保温，温度控制在 22~26℃，夜间不低于 18℃。在出苗过程中要防止幼苗"带帽"，带帽现象较少时，可人工挑开，如果较多，可喷适量水或撒些湿润的细土以便脱帽。

2）破心期的管理。在保证幼苗正常生长所需温度的前提下，应使幼苗多见光。晴天可全部撤除覆盖物，遇上低温寒潮，只在夜间和早晚覆盖，白天要加强光照；要控制浇水量，降低湿度，使床土表面见干见湿；及时间苗，以防幼苗拥挤和下胚轴伸长过快而成"高脚苗"。

3）旺盛生长期的管理。确保适宜温度，增加光照；保证水分和养分供应，每隔2~3天浇1次小水，不要使床土"露白"。结合浇水喷施2~3次浓度为0.1%~0.2%氮、磷、钾含量各15%左右的复合肥营养液，适时疏松表土。

4）炼苗期的管理。为了提高幼苗对定植后环境的适应能力，缩短缓苗时间，在定植前6~10天控制肥水和揭除覆盖物降温、通风，进行幼苗锻炼。

（3）定植

1）施肥整地。施优质有机肥5000kg，磷酸二铵50~100kg，饼肥100~200kg。沿南北向起垄，大小行单株对栽并适当密植。大行距为60~70cm，小行距为40~50cm，垄高12~15cm。

2）定植。选晴天上午进行定植，株距30~40cm，及时浇透定植水。

（4）定植后管理

1）温度管理。定植后一周内为缓苗期，密封温室，不放风。白天室内温度保持在25~30℃，夜间温度保持在18~20℃，定植后的40~75天内，白天控制温度在30℃以下，夜温保持在20℃左右，不低于17℃。

2）肥水管理。缓苗后顺沟浇一次水，如果底肥不足，可在浇水前在行间开沟施入磷酸二铵15~20kg，或过磷酸钙50kg，掺细碎芝麻饼肥100kg。将其掺匀，用土覆盖，浇水压肥；采收盛期，追施磷钾肥15~20kg/667m²。

3）整枝、绑蔓。大果型品种结果数量少，对果实的品质要求较高，一般保留3~4个结果枝；小果型品种结果数量较多，主要依靠增加结果枝数量提高产量，一般保留4个以上结果枝。辣椒整枝不宜过早，一般当侧枝长到15cm左右时抹掉为宜。为防止倒伏，坐果后在每行辣椒上方沿南北向各拉一道10号或12号铁丝。将绳的一端系到辣椒栽培行上方的铁丝上，下端用宽松活口系到侧枝的基部，每根侧枝一根绳。用绳将侧枝轻轻缠绕住，使侧枝按要求的方向生长。

4）再生技术。结果后期，将对椒以上的枝条全部剪除，剪枝后的伤口应及时喷1:1:240波尔多液，或50%甲基硫菌灵800倍液。然后用石蜡将剪口涂封，清扫干净地膜表面及枯枝落叶；剪枝后每667m²施农家肥2000~3000kg，复合肥10kg，松土培垄，1周后喷0.2%~0.3%磷酸二氢钾。萌发新芽后，选留2个健壮枝条，使其萌发成新枝，喷施1次30mg/kg的赤霉素；及时抹去多余的侧芽；新枝长至15cm左右时，每株留4~5个新枝，其余剪除；新枝长至30cm左右时，进行牵引整枝，及时剪除植株中下部节间超过6cm的徒长枝。

2. 大棚春茬辣椒栽培技术

播种育苗及苗期管理技术同日光温室春茬辣椒栽培技术。

（1）定植　施优质有机肥4000kg，过磷酸钙30kg。深翻30cm以上土壤，耙平，沿南北向起垄，采用高垄栽培可有效预防疫病，一般垄高15~25cm，垄面宽为65~70cm，垄沟宽25~30cm，定植前覆盖地膜。定植前10~15天，逐步进行低温炼苗，夜晚可降至10~12℃；定植前半个月，扣好塑料大棚，以提高地温。选晴天上午进行定植，株距30~33cm，每667m²定植3000~4000株，及时浇透定植水。

（2）定植后管理

1）温度调控。定植后一周内密闭大棚，促使发根缓苗。缓苗后逐渐放风调节棚内温度。开始时可在大棚两端拦一个150cm高的挡风幕，防止"扫地风"直接吹入棚内。白天棚内气温保持在28～30℃，夜间温度保持为15℃以上；随着天气转暖，当夜晚棚外气温高于15℃时，昼夜都要注意小通风。

2）肥水管理。定植后，在辣椒封垄前进行一次施肥浇水。每667m²沟施复合肥20kg、尿素15kg，或腐熟的大粪400～600kg。门椒收获后，第二三层果实的膨大生长需要大量肥料，每667m²随水施稀粪2000kg，或硫酸铵或尿素15～20kg，加硫酸钾15～20kg。以后每浇2～4次水追1次肥，盛果期一般随水追肥2～3次。

3）中耕、除草。定植后随天气转暖，田间杂草繁生，是辣椒主要害虫（蚜虫）寄生的主要场所。及时进行中耕、除草，既可消灭蚜虫，又可增加土壤通气性。整枝、绑蔓和再生技术同日光温室春茬辣椒栽培技术。

4）保花保果措施。选用抗病、抗逆性（耐高温、低温，耐寒、耐涝）强的品种，加强肥水管理，注意按需要和比例施用氮、磷、钾三要素，特别是氮素肥料不能过多或过少，以增强植株抗性。对早春温度过低或夏季温度过高引起的落花，可以用25～30mg/L的防落素或30～35mg/L的辣椒灵、番茄灵等溶液在花期喷洒；或用毛笔蘸取10～15mg/L的2，4-D溶液涂花柄。此期间要注意防治蚜虫，可喷施药剂进行防治，喷药时可酌情加0.2%磷酸二氢钾或0.3%尿素进行叶面追肥。

（3）采收　以采收嫩果上市的辣椒对商品成熟度指标要求不严格，只要果实充分长大，果肉亦厚，果色变深，表面具有较好光泽时就可采收。一般开花后35～40天果实即可长足，为采收适期。门椒、对椒应及早采摘，以免影响植株长势。

（4）设施辣椒生产病虫害诊断与防治

1）病害诊断与防治。危害辣椒的主要病害有立枯病、炭疽病、疫病、病毒病、疮痂病、灰霉病、软腐病、白粉病等。

①立枯病。立枯病是辣椒育苗前期引起死苗的主要病害，多在辣椒子叶期发生。生产上采用2.5%适乐时1份，加水15份，种子500份拌种处理；加强棚室内温、湿度调控，适时通风，适当控制浇水量，避免阴雨天浇水，浇水后及时排湿，防止叶面结露，以控制病害发生；用杀灭菊酯、普力克、多菌灵、代森锰锌、百菌清等高效、低毒、低残留的农药进行常规防治。

②炭疽病。炭疽病属于真菌性病害，为害叶片和果实。雨后及时清沟排水，降低田间湿度，并预防果实日灼；推广配方施肥，适当增施磷、钾肥，增强植株抗性；及时打掉下部老叶，使田间通风透光；采收后应及时清除田园病残体，集中烧毁或深埋，减少病菌来源；发病初期，及时选用50%多菌灵可湿性粉剂600倍液、70%甲基托布津可湿性粉剂800倍液、50%苯菌灵可湿性粉剂1000～1500倍液、80%新万生可湿性粉剂800～1000倍液、80%炭疽福美可湿性粉剂800倍液、75%百菌清可湿性粉剂600倍液、65%代森锰锌可湿性粉剂1500倍液等进行喷施。每7～10天喷施1次，连续喷施2～3次。

③疫病。辣椒疫病是辣椒生产的主要病害，其发病周期短、流行速度快，从出现中心病株到全田发病仅7～10天，易造成毁灭性危害。辣椒疫病发病初期采取控制与封锁相结合的施药技术，重点控制初侵染。及时拔除少数萎蔫植株，并用石灰处理土壤；药剂可用58%甲霜灵·锰锌可湿性粉剂500倍液、40%乙膦铝可湿性粉剂500倍液等喷洒发病中心株下部或灌根及其周围地表形成药膜，杀死随苗出土的病菌；用药7天后用75%百菌清600倍液

全田喷雾，保护未发病植株，巩固内吸剂的防治效果。保护剂和内吸剂交叉使用，可提高药效。辣椒疫病发病期则主要控制再侵染，在浇水前或雨后隔天用70%甲基托布津+58%甲霜灵·锰锌或64%杀毒矾可湿性粉剂喷施，着重喷施茎基部，隔7~10天喷1次。

④病毒病。病毒病主要为害叶片和枝条，在有利于蚜虫生长繁殖的条件下病毒病较重。发病前做好早期治蚜工作，以防蚜虫传播病毒。防治药剂有50%抗蚜威可湿性粉剂2500倍液，10%吡虫啉可湿性粉剂5000倍液，20%灭蚜松可湿性粉剂1000倍液，40%克蚜星乳剂800倍液；铺设银灰色膜避蚜或利用蚜虫有趋黄色习性进行诱杀；分苗定植前喷0.1%~0.3%硫酸锌溶液预防，在发病初期可选用20%病毒A可湿性粉剂500倍液、病毒净或病毒灵500倍液、1.5%植病灵乳剂1000倍液、抗毒剂1号400倍液、0.5%抗毒丰水剂300倍液、20%病毒速杀可湿性粉剂500倍液，每隔10天喷施1次，连续喷施3~4次。

⑤疮痂病。疮痂病又名细菌性斑点病，属于细菌性病害，从幼苗至成株都可发病，造成大量落叶、落花、落果，甚至全株毁灭。发病初期及时喷洒高效、低毒、低残留农药，常用的药剂有60%乙膦铝可湿性粉剂500倍液、新植霉素可湿性粉剂4000~5000倍液等，每7~10天喷1次，连续防治2~3次。

⑥灰霉病。辣椒灰霉病是育苗后期引起叶烂、茎烂、苗死的病害。在育苗后期（5~6片叶期）、幼苗拥挤、温暖潮湿条件下易引起此病害，病部灰褐色，表面密生灰霉。在假植苗床内，如果遇持续阴雨天气、通气不良易引起主茎中部腐烂而被折断。生产上应适时整枝、抹杈，及时摘除受害部位和下部老叶，改善通风透光条件；拉秧后及时清除残枝落叶，注意农事操作卫生，防止染病；可用灭杀菊酯、多菌灵、朴海因、速克灵等进行防治。

⑦软腐病。辣椒软腐病主要发生在果实上，从虫害或其他伤口处侵入。可用2%春雷霉素、72%链霉素、灭杀菊酯、多菌灵等农药进行防治。

⑧白粉病。在保证适宜生长温度的条件下，加强棚室内的通风透光，降低湿度；发现病株，可用75%百菌清可湿性粉剂500~800倍液，或40%多菌灵加硫黄胶悬剂1000倍液喷雾防治，每7~10天喷1次，连续喷2~3次。

2）害虫诊断与防治。危害辣椒的主要害虫有蚜虫、烟青虫、斜纹夜蛾、茶黄螨、小地老虎等。

①蚜虫。辣椒的整个生育期中，蚜虫危害都比较严重，而且又可传播病毒病。生产上铺设银灰色膜避蚜，张挂涂有10号机油等黏液的黄板诱杀蚜虫；用10%吡虫啉1500~2000倍液，或70%灭蚜松可湿性粉剂2500倍液喷雾防治。

②烟青虫。烟青虫又称烟夜蛾，以幼虫蛀食辣椒花蕾和果实为主，也蛀食其嫩茎、叶和芽。可选用2.5%溴氰菊酯乳油2000倍液、5%卡死克乳油2000倍液等，于傍晚喷施，每季每种药只可用2次，轮换用药，避免害虫产生抗药性。

③斜纹夜蛾。幼虫咬食叶片、花蕾、花及果实，食叶成孔洞或缺刻，严重时可将全田作物吃成光秆。利用黑光灯、频振式灯诱蛾，也可用糖醋液或胡萝卜、豆饼等发酵液，加少许红糖、敌百虫进行诱杀。也可结合田间管理进行人工摘卵和消灭集中危害的幼虫。也可用5%抑太保乳油3000倍液、5%卡死克乳油2000倍液等喷雾防治，每隔7~10天喷施1次，连喷2~3次。

④茶黄螨。茶黄螨集中在寄主的幼嫩部位吸食汁液。生产上要及时铲除棚内杂草，蔬菜采收后及时清除枯树落叶并集中烧毁，减少越冬虫源；喷药时应重点喷在植株上部嫩叶背面

和嫩茎、花器官与嫩果上；可用72%克螨特乳油2000倍液、2.5%天王星乳油3000倍液等，药剂应轮换使用，每隔10天喷施1次，连续喷施3次。

⑤小地老虎。小地老虎是一种杂食性害虫，可为害多种蔬菜幼苗。可利用成虫的趋光性、趋化性进行诱杀，应用频振式灯诱蛾，也可使用化学药剂进行防治。

任务7 辣椒形态特征观察

一、任务实施的目的

认识并了解辣椒的营养器官、生殖器官形态特征。为辣椒生产田间诊断管理提供依据。

二、任务实施的地点

园艺实训基地、设施蔬菜栽培实训室。

三、任务实施的用具

米尺、观察记录表。

四、任务实施的步骤

1. 辣椒营养器官形态特征观察

（1）根 辣椒的根系不如番茄和茄子发达，根量少，入土浅，主要根群分布在30cm土层内，横向分布范围45cm；根系再生能力较弱。

（2）茎 茎直立，基部木质化，茎上不易产生不定根，茎顶部有一顶芽（叶芽）。分枝习性为双权分枝，也有三权分枝的。一般小果类型植株高大，分枝多，开展度大；大果型植株矮小，分枝少，开展度小。根据植株的分枝能力强弱不同，一般将辣椒分为无限分枝型和有限分枝型两类。

1）无限分枝型。植株高大，生长苗壮。主茎长到7～15片叶，顶芽变为花芽，花芽下位形成分枝，一般有2个分枝，长到1～2片叶后顶芽又形成花芽，再抽生分枝，依次陆续抽生各级分枝，陆续开花结果，如图2-6所示。生长至上层后，由于果实生长的影响，分枝规律有所改变，或枝条生长势强弱不等。

2）有限分枝型。植株矮小，主茎长到5～13片叶，形成顶生花簇而封顶，花簇下的腋芽抽生侧枝，侧枝上的腋芽还可抽生副侧枝，侧枝和副侧枝着生1～2片叶后，顶端又形成花簇而封顶，植株不再分枝生长。簇生的朝天椒和观赏的樱桃椒属于此类型。

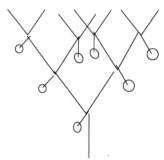

图2-6 辣椒结果习性示意图

辣椒基部主茎各节叶腋均可抽生侧枝，但开花结果较晚，应及时摘除，以减少养分消耗。

（3）叶 单叶互生、全缘，卵圆形或长卵圆形，先端渐尖，叶面光滑，略带光泽。

2. 辣椒生殖器官形态特征观察

（1）花 完全花，花小，白色或绿白色，顶生、单生或簇生于分叉点上。辣椒常为异花授粉植物。

（2）果实　浆果，果汁少，果梗粗壮，果面光滑或皱缩，果皮与胎座分离形成空腔，果实下垂或向上着生，果实形状有扁柿形、长灯笼形、扁圆形、圆球形、羊角形、牛角形、长或短圆锥形、长指形、短指形、樱桃形等。

（3）种子　肾形，扁平稍皱，浅黄色，有光泽，种皮较厚，发芽不如番茄、茄子快。种子千粒重6.7g，发芽年限3~4年。种皮有粗糙的网纹，较厚，发芽率较低。

五、任务实施的作业

1. 叙述辣椒根系特征特性与生产育苗关系。
2. 叙述辣椒茎的分枝习性在生产中的应用。

任务8　辣椒设施生产管理

一、任务实施的目的

掌握设施辣椒生产的棚室温度、湿度调控，肥水管理，植株调整，生长调节剂应用，病虫害防治等技能。

二、任务实施的地点

园艺实训基地、设施蔬菜栽培实训室。

三、任务实施的用具

温度、湿度计，复合肥，台秤，农药，喷雾器等。

四、任务实施的步骤

1. 温室温度、湿度调控

（1）温度管理　白天室内温度保持在25~30℃，夜间温度保持在18~20℃；定植后的40~75天内，白天控制温度在30℃以下，夜温保持在20℃左右，不低于17℃。

（2）排湿　辣椒设施春季生产，定植后一周内为缓苗期，缓苗期以保温为主，应密封温室，保温不排湿，在高温高湿环境中促进缓苗。缓苗后注意通风排湿。施肥浇水后注意排湿。

2. 肥水管理

缓苗后顺沟浇一次水，如果缺肥，可在浇水前在行间开沟施入磷酸二铵15~20kg，或过磷酸钙50kg，掺细碎芝麻饼肥100kg。将其掺匀，用土覆盖，浇水压肥；采收盛期，追施磷、钾肥15~20kg/667m^2。

3. 植株调整

（1）整枝摘叶　大果型品种结果数量少，对果实的品质要求较高，一般保留3~4个结果枝；小果型品种结果数量较多，主要依靠增加结果枝数量提高产量，一般保留4个以上结果枝。辣椒整枝不宜过早，一般当侧枝长到15cm左右时抹掉为宜；及时摘除多余的花、畸形果、下部老叶、病叶，使养分集中，同时增加通风透光性能。

（2）吊蔓　为防止倒伏，坐果后在每行辣椒上方沿南北向各拉一道 10 号或 12 号铁丝。将绳的一端系到辣椒栽培行上方的铁丝上，下端用宽松活口系到侧枝的基部，每根侧枝一根绳。用绳将侧枝轻轻缠绕住，使侧枝按要求的方向生长。

4. 再生技术

结果后期，将对椒以上的枝条全部剪除，剪枝后的伤口应及时喷 1∶1∶240 波尔多液，或 50% 甲基硫菌灵 800 倍液。然后用石蜡将剪口涂封，清扫干净地膜表面及枯枝落叶。

5. 保花保果措施

学会生长调节剂的使用浓度配制和使用方法。

6. 病虫害识别与防治

（1）主要病虫害调查识别

1）主要害虫调查识别。蚜虫、烟青虫、斜纹夜蛾、茶黄螨、小地老虎的调查识别。

2）主要病害调查识别。立枯病、炭疽病、疫病、病毒病、疮痂病、灰霉病、软腐病、白粉病的调查识别。

（2）药剂防治　农药选择与使用。

五、任务实施的作业

1. 会进行辣椒设施生产的温度、水分调节。

2. 会识别辣椒生产的病虫害并进行预防。

复习思考题

1. 番茄的壮苗标准是什么？

2. 简述番茄育苗技术要点。

3. 简述番茄日光温室冬春茬栽培定植后管理要点。

4. 简述樱桃番茄栽培要点。

5. 简述辣椒日光温室冬春茬栽培要点。

6. 简述辣椒生长结果习性及其整枝方法。

7. 简述茄子的生长结果习性及植株调整技术。

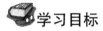

项目 3

瓜类蔬菜设施生产

学习目标

通过学习，掌握瓜类蔬菜设施生产特点、生产流程与栽培技术；会制订瓜类蔬菜设施生产计划；掌握、育苗、定植、田间诊断与管理等相关基本技能。

工作任务

能熟练掌握瓜类蔬菜设施生产计划，以及、育苗、定植、田间诊断与管理等相关基本技能。

子项目1　黄瓜设施生产

知识点： 掌握黄瓜设施生产特点、设施栽培技术。

能力点： 会制订黄瓜设施生产计划，掌握嫁接育苗、整地作畦、定植、植株调整、有害生物防控等相关基本技能。

项目分析

该任务主要是掌握黄瓜设施生产的基本知识及生产的基本技能，重点是综合生产技能的训练与提升。

项目实施的相关专业知识

黄瓜以幼果为食，营养丰富，为世界性的主要蔬菜之一。近年来，随着市场需求的增加，保护地黄瓜越来越受到广大菜农的青睐。黄瓜设施生产技术应用推广，其显著的经济效益已成为农村经济发展的重要内容。黄瓜设施生产是实现蔬菜周年生产，均衡蔬菜市场供应的重要项目。

一、生产概述

1. 攀缘性

茎为攀缘茎，蔓生，中空，含水量高，易折断。当有 6～7 片叶后，不能直立生长，需要搭架或吊蔓栽培。茎为无限生长，叶腋间有分生侧蔓的能力，掐尖破坏顶端优势后，主蔓上的侧蔓由下而上依次发生。

2. 喜温性

黄瓜为葫芦科喜温植物，适宜生长的温度范围为 $10 \sim 40$℃，光合作用最适温度为 $25 \sim 32$℃。温度降到 6℃以下难以适应，12℃以下黄瓜生理活动失调，生长缓慢或停止生长。因此，栽培中把 10℃称为黄瓜经济最低温度；40℃以上黄瓜同化作用急剧下降，生长停止；45℃以上经过 3h，茎叶虽不受害但叶片颜色变浅，落花落蕾严重；50℃高温持续 1h，出现日灼，严重时凋萎；当设施内达 60℃高温，经 $5 \sim 6$min，组织破坏、枯死。

黄瓜对地温敏感。地温低，根系不伸展，吸水吸肥能力弱，茎不伸长，叶色变黄，黄瓜根系伸展最低温度为 8℃，根毛发生最低温度为 $12 \sim 14$℃，地温 12℃以下根系生理活动受到障碍，底叶变黄，最适土温为 $20 \sim 25$℃，最低为 15℃。黄瓜要求一定的昼夜温差，理想的昼夜温差为 10℃左右，白天设施内应保持 $25 \sim 30$℃，夜间保持 $15 \sim 20$℃。如果在一昼夜中进行变温管理，更符合黄瓜的生理特性。

3. 喜湿性

黄瓜喜湿不耐旱，也不耐涝。黄瓜根系大部分集中在 $10 \sim 30$cm 表土层中，根系横向半径 30cm。因此，黄瓜栽培时，要保持土壤湿润，一般要求土壤湿度保持 80% ~ 85%，空气相对湿度白天 80% 左右，夜间 90% 左右，在水分供应充足时可以忍耐 60% 以下的空气湿度，设施栽培能够满足这一条件。因此，黄瓜适宜保护地栽培。

4. 喜光、耐弱光

黄瓜最适宜的光照强度为 40000 ~ 60000lx。当设施内光照强度降到自然光照的 1/2 时，黄瓜同化量基本不下降，当大棚内光照强度降到自然光照的 1/4 时，同化量就要降低 13.7%，并且造成生长发育不良。因此，设施覆盖的玻璃或塑料薄膜必须经常保持清洁，以增加设施内的透光性。

5. 雌花形成与单性结实

黄瓜属于短日照作物。在幼苗期低温、短日照有利于花芽向雌性转化，可促进雌花形成。黄瓜雌花分化的日照时间以每天 $8 \sim 10$h 最适宜。低温、短日照是黄瓜雌花形成的重要条件，特别是低温（$13 \sim 15$℃）有利于植株体内营养物质的积累，能刺激雌花的分化形成。昼夜温差小，幼苗徒长，则有利于雄花的分化。

生产上，可以通过降低夜温和同时缩短日照处理来增加雄花数。日光温室冬春茬黄瓜栽培，由于苗期有较大的温差和草帘覆盖出现的短日照条件，雌花多，雄花少。

黄瓜果实为瓠果，具有单性结果的能力，即使在没有昆虫授粉的情况下，子房照样发育成种子不发育的果实，这一特性在设施栽培中具有重要意义，因为一般设施中昆虫较少，授粉困难。由于大多数黄瓜品种都具有单性结实的特点，所以黄瓜很适合在设施内栽培。

6. 需肥特性

黄瓜设施生产产量高，对土壤肥力要求很高，须增施有机肥。黄瓜每生产 1000kg 产品需要从土壤中吸收 N 为 $1.9 \sim 2.7$kg，P_2O_5 为 $0.8 \sim 0.9$kg，K_2O 为 $3.5 \sim 4.0$kg，三者比为 1 : 0.4 : 1.6。黄瓜要求全肥，如果土壤中氮肥不足，植株营养不良，底部叶片老化早衰，并且影响根系对磷肥的吸收；磷肥主要能促进黄瓜花芽分化，苗期必须有充足的磷肥；钾肥能促进瓜条和根系的生长。前期如果缺钾，植株生长慢，并且严重减产。黄瓜进入摘瓜期后，需钾最多，其次为氮，再次为钙、磷，最少的为镁，所以进入摘瓜期后，必须进行多次追肥。氮、磷、钾三要素有 50% ~ 60% 是在结瓜盛期吸收的，黄瓜产量越高，吸收的营养元素就越多。

7. 不宜连作

黄瓜设施生产连作病虫害发生加重，化学防治会增加产品中的农药残留量，影响产品安全质量，应与非葫芦科作物实行3年以上的轮作。目前，日光温室黄瓜生产一般采用嫁接育苗形式生产或与其他蔬菜植物进行短期轮作。连作则助长病害蔓延。

8. 产量高，反季节供应、经济效益高

以日光温室冬春茬黄瓜生产为例，秋末冬初在日光温室内定植黄瓜，冬末开始采收，生育期跨越冬、春、夏三季，采收期长达160天以上，每667m²产量高达9000～13000kg，产值高。棚室保护作用可避免自然灾害对生产的影响。

二、生产茬口

日光温室黄瓜生产有冬春茬、秋冬茬和春茬3种茬口。冬春茬黄瓜生产效益较高，是大多数黄瓜产区的主要栽培类型。秋末冬初在日光温室内定植黄瓜，冬末开始采收，生育期跨越冬、春、夏三季，采收期长达160天以上。其栽培核心是嫁接换根，大温差培育适龄壮苗，增施有机肥，垄作覆膜暗灌，变温管理，提高植株的抗逆性，延长生长期，获得高产量、高效益。秋冬茬黄瓜生产是以深秋初冬供应市场为主要目标，采收期可延至春节前，是衔接大中棚和冬春茬黄瓜生产的茬口安排，是北方黄瓜周年供应的重要环节。一般9月中下旬定植，10月中旬开始采收，元旦后拉秧。

蔬菜大棚黄瓜生产有两种茬口安排，即春季早熟生产和秋季延迟生产，春季早熟生产是主要生产茬口。设施黄瓜生产方式与茬口安排见表3-1。

表3-1　设施黄瓜生产方式与茬口安排

生产方式与茬口		播种期	定植期	收获期
日光温室生产	冬春茬生产	9月下旬～10月上旬	10月中旬～11月中旬	12月～第二年4月
	秋冬茬生产	7月上旬～8月下旬	直播	10月～第二年1月
	春茬	12月～第二年1月	2月～3月	3月～6月
蔬菜大棚生产	春季早熟生产	2月上旬～3月下旬	3月上旬～4月下旬	4月～7月
	秋季延迟生产	7月上旬～8月下旬	直播	9月～10月

三、生产品种选择

冬春茬生产对黄瓜的耐低温、弱光能力要求非常高，因此对品种要求一定要有足够的耐低温、弱光能力，雌花节位低、坐瓜率高、早熟、抗病、丰产、品质优。生产上选用的品种主要有津优3号、津优30号以及中农13号等。秋冬茬黄瓜栽培要求黄瓜具有较好的抗病性和一定的耐低温、弱光能力，适用的品种有津优1号、津优2号、津优20号等。

四、生产技术要点

1. 日光温室冬春茬黄瓜生产技术要点

（1）嫁接育苗

1）砧木、接穗准备。黄淮地区黄瓜嫁接育苗在10月中下旬播种，一般接穗先播于砧木3~4天，在接穗子叶展开后播种砧木，嫁接时砧木、接穗大小相宜，便于操作。

①砧木播种 嫁接育苗以云南黑籽南瓜为砧木。冬春茬黄瓜嫁接砧木用前一年的黑籽南瓜种子，每亩（1亩=667m²）需1.5~2kg。砧木播种比接穗一般晚播一周。播种前种子常规浸种催芽。砧木播种多采用平畦营养钵直播，播时营养钵浇足水，每钵播出芽种子1粒，覆盖湿润细土1.5~2cm，盖地膜保温保湿，并加盖小拱棚；也可采用基质穴盘播种，播后苗床温度白天保持25~30℃，夜间为12~20℃，3~6天幼苗出土后撤去地膜，苗床温度降低3~6℃后进行管理。

②接穗播种。接穗黄瓜每亩需种子160~200g。接穗黄瓜种子常规浸种催芽，按规格2cm×3cm播于苗床或育苗盘内，盖细土1cm左右，并覆盖地膜保湿保温，或采用基质穴盘播种，其播种、管理与砧木相近。

2）嫁接。接穗黄瓜在第一片真叶半展开，砧木在子叶展开时为嫁接适宜时期。嫁接方法有靠接法和插接法两种，生产上一般采用靠接法。黄瓜嫁接选择在第一片真叶充分展开，第二片真叶露尖，苗高6cm左右。黑籽南瓜嫁接选择在两片子叶展开，第一片真叶未露尖或露小尖，苗高5cm左右。嫁接操作过程包括砧木苗去心、苗茎切削、接穗切削、切口结合及嫁接部位固定等。南瓜苗挑去心叶，并在苗茎窄的一面，距离子叶节0.5cm处斜向下切口。黄瓜苗在苗茎宽的一面（子叶正下方）距子叶节2cm处斜向上切口。切口吻合，用塑料夹固定接口。嫁接后移栽至育苗床。

3）嫁接苗管理。嫁接苗移入育苗床后用小拱棚增温保湿，促进成活。前三天白天保持在25~35℃，夜间保持在17~20℃，相对湿度保持95%。白天10时到16时拱棚上用草帘遮阴。三天后逐渐降低温、湿度，白天温度控制在22~25℃，相对湿度降至70%~80%，温度、湿度过高可进行短时间放风。后期逐渐增加光照时间，8天左右可去掉覆盖物。

靠接苗10天左右基本成活，应及时撤去小拱棚，并对嫁接苗实施断根处理。断根前一天用手捏扁黄瓜下胚轴，破坏部分输导组织，第二天在接口下1cm处剪断黄瓜茎，并剪去一段，防止上下段茎重新愈合。嫁接时用嫁接夹固定的，断根后取下小夹。另外及时摘除南瓜上新发的腋芽。

4）培育适龄壮苗。冬春茬黄瓜栽培育苗期处在初冬，温室容易满足生长条件，定植后将有较长的一段低温、弱光时间，还会出现灾害性天气，育成抗逆性很强的秧苗对后期栽培非常关键。适龄壮苗的培育关键在于温差管理。嫁接成活后的秧苗，白天保持在25~30℃，前半夜为15~18℃，后半夜为11~13℃，早晨揭帘时10℃左右，短时间降到8℃，甚至6℃，对秧苗也无影响。适龄壮苗形态指标是3~4片叶，高10~13cm，30~40天苗龄。从播种到定植不宜超过40天，但也不能少于30天。

（2）定植

1）施肥、整地、作畦。每亩温室施足有机肥10000kg，深翻30~40cm，耙平地面，按50cm小行，80cm大行作畦，并在小行中央开深10cm、宽20cm的暗沟，大行中间开深20cm、宽30~40cm的浅沟，在垄顶覆地膜定植。

2）定植时期、方法、密度。在11月中、下旬至12月初，选择黄瓜苗龄为35天以上的健壮苗进行定植。定植时，选择坏天气刚过、好天气开始时进行，最好在晴天上午10点到下午3点前一次完成。定植前2天苗床浇透水便于起苗，首先选择大小一致的秧苗按25~26cm株距在垄顶开沟（穴）明水放苗或按穴栽苗后浇定植水进行定植。然后平整垄面，盖地膜,切膜引苗出膜。用湿土封好切膜口,防热气烧苗;也可以在垄顶覆地膜按株距开孔定植,浇定植水,再用湿土封切膜孔。每667m²栽植3000株。

(3)科学管理

1)定植后温度管理。

①缓苗期。密闭保温定植后,温室密闭3~4天,不放风,提高室内气温和地温,白天气温保持25~33℃,夜间为17~20℃,地温保持15℃以上。

②幼苗期。大温差管理缓苗后到5~6片叶期开始伸蔓,仍处于幼苗期,应继续进行大温差管理。

③初花期。初花期应以促根控秧为中心,尽量控制地上部分生长,促进根系发育。方法是:严格控制水分,不发生干旱不浇水。白天超过30℃,从温室顶部放风,降温到25℃以下,缩小放风口,降到20℃闭风;下午降到15℃时覆盖草帘;覆盖草帘后室温回升2~3℃,前半夜保持15℃以上,后半夜为12~14℃。

2)立支架与吊蔓。当茎蔓伸长至20cm时,开始立架或吊蔓。温室黄瓜架通常为单排立架,每棵黄瓜插一根高粱秆或竹竿,用三道横杆连成一体,支架两端用竹竿横向连接以增加稳固性。吊蔓一般用于拱杆牢固的温室栽培。吊蔓时每株瓜苗用一根尼龙绳或塑料捆扎绳。上端固定在瓜苗行上方的铁丝或温室拱杆上,下端打宽松活结系到瓜苗基部,也可在地面南北拉一条绳作地线拉紧牢固,把吊绳下端固定在地线上,将瓜蔓牵引缠绕在吊绳上。吊蔓时注意抑强扶弱,将茎蔓控制在南低北高的一条斜线上。

3)结果期管理。结果初期处在光照弱、温度低的季节,天气变化无常,严寒季节加强变温管理,严格控制水分,不但能使植株抗逆性增强,而且还能延长植株的生育期。温度管理上,晴天应尽量早揭草帘,清洁屋面,使室温尽快上升,超过30℃放风,午后降至16℃时覆盖草帘,盖草帘后室温回升2~3℃,这样前半夜可保持15℃以上,后半夜降至13℃以下、10℃以上,早晨揭草帘前保持10℃左右。这样变温管理的植株,即使短时间气温降到5℃也不至于受害。

根瓜长至10cm时开始追肥灌水,每亩施肥量折合尿素15kg,追肥灌水采用膜下暗灌,追肥灌水结束后将垄头地膜封严,防止水分蒸发提高室内空气湿度。每次追肥灌水后要放风排湿。晴天加强放风。第二次追肥灌水的时间在第一次后25~30天或在根瓜采摘后;第三次在第二个瓜采摘后(进入3月),第三次追肥后(3月以后)隔一次水用一次肥,每次用肥量大体一致,或根据长势而增减。灌水半月左右一次,灌水后要加大放风量,延长放风时间。

冬春茬黄瓜在肥水充足情况下,容易发生侧枝,不仅消耗养分,还会影响光照,容易引起植株徒长,凡7片叶以下的全部侧枝及时摘除,上部侧枝在雌花后留1~2片叶摘心,及时摘除多余的花、卷须、畸形果、下部老叶、病叶,使养分集中同时增加透光性能。植株不摘心任其生长,顶部接近屋面时开始落蔓,落蔓在晴天下午进行。落蔓前打掉下部老叶,落下的茎蔓在植株基部畦垄地膜上盘绕,注意不要让嫁接部位与土接触。每次下放的高度以功能叶不落地为宜。调整好瓜蔓高度后,将绳子重新系到直立蔓的基部,拉住瓜蔓。之后随着瓜蔓的不断伸长,定期落蔓。

冬春茬黄瓜植株无雄花,黄瓜大多数靠单性结果。果实生长发育速度慢、产量低,生长调节剂具有防止雌花脱落和刺激果实膨大的作用,增加产量效果十分明显。生长调节剂应用从根瓜开始，用浓度20mg/L的2，4-D涂抹花柄，提高坐果率；雌花开放期用浓度20mg/L的赤霉素浸花能延长花冠的保鲜时间，提高瓜条的商品性状，同时也能够促进幼瓜的生长，提早收获。发棵期，当瓜蔓发生旺长，不利于坐果时，除了控制水分和降温外，还可以用助壮素喷洒心叶和生长点，连续2~3次，直到心叶颜色变深、发皱为止。冬季瓜秧出现花打顶或药害，停止生长时，用浓度20mg/L的赤霉素涂抹龙头，能够刺激生长点恢复生长。

4）后期管理。4月以后，室外气温达15℃以上，逐渐加大底脚风，同时后墙开窗放对流风。雨天防雨水进室，落下前立膜。此期间结合病虫防治用0.1%~0.5%尿素、磷酸二氢钾溶液进行根外追肥，以延缓茎叶衰老，防止植株早衰。

（4）采收　根瓜尽量早采收，以防坠秧，进入结果期采收应严格掌握标准，在商品质量最高时采收。特别是结果前期，温度、光照条件好，肥水供给充足的，应尽量早采收，提高采收频率，到了天气转冷、光照较弱时，应降低采收频率，尽量轻采收，保持一部分生长正常的瓜延迟采收。

（5）冬春茬黄瓜生产田间诊断

1）主要生育期诊断。

①苗期诊断。

a. 闪苗。通风量过大或通风口位置距离幼苗过近，造成苗床温度突然大幅度下降，幼苗叶片因发生冷害呈水浸状。初期幼苗叶片萎蔫，以后受害部位逐渐干枯形成不规则状斑块。闪苗严重时也可造成苗床局部植株成片枯死。一旦出现闪苗，应及时放下草苫，遮阴，防止因光照过强、失水过度而加剧冷害。

b. 烤苗。苗床光照过强、温度过高或幼苗距离透明覆盖物过近使得叶片急剧失水，造成叶缘或生长点变白、干枯。育苗期间遇晴好天气，苗床应及时通风、降温，并避免幼苗与薄膜直接接触或距离过近。

c. 徒长。幼苗表现为叶片薄、叶色浅、叶片与茎夹角小，茎细、节间长，株形小等。主要原因为苗床温度高，尤其是夜间温度偏高、偏施氮肥、湿度大而光照较弱所致。遇幼苗徒长，苗床应加强通风，适度降温、降湿。

d. 花打顶。表现为植株节间极度短缩，并形成雌花和雄花间杂的花簇，花呈抱头状。花打顶现象既可以出现在苗期，也可以出现在其他生育期。造成黄瓜花打顶的原因：一方面可能是由于外界环境条件不适宜所致，如温度偏低、光照较弱，且持续时间较长，造成花芽过度分化；另一方面则可能是由于管理措施不当所致，如过量施肥、浇水量不足或蹲苗过度、伤根过多等，造成植株根系吸水困难，体内水分供应不足；设施生产时，施肥浓度过高也可以造成花打顶现象的出现。

②定植后的田间诊断。

a. 沤根。根部颜色变为褐色，地上部常伴随出现叶片暗绿，叶缘干枯。沤根的原因是土壤温度低于10℃，且持续时间长，或土壤湿度过高、透气性差等。解决措施包括提高苗床温度和土壤温度，减少浇水量，床面及时中耕，增施有机肥，提高土壤通透性等。

b. 烧根。烧根现象可以出现在苗期和定植初期。症状表现为根系和叶片变黄，地上部萎蔫，叶片及叶脉皱缩，严重时也可出现叶缘干枯现象。造成烧根的原因多是由于播种或定植前施肥量过多或不均匀，尤其是速效性化肥施用量过多，同时浇水量又不足，造成土壤溶液浓度过高，进而导致根细胞水分外渗。未经腐熟的有机肥施用后在土壤中会继续腐熟分解、产生热量，而使土壤局部温度过高等也可造成烧根。解决办法有使用腐熟的有机肥，严格限制化肥施用，注意将肥料与土壤充分混匀。发生烧根后应及时浇水，降低土壤溶液浓度，以减轻烧根危害。

从外观上看，茎粗及节间长短适度、均匀、刺硬，叶片较大、平展，叶色深绿而有光泽、叶缘在早晨吐水较多，为长势强健的表现。茎节过长、过细、刺软，叶色较浅、叶片薄、叶片过大，叶柄与茎夹角小于45°；浇水过多、偏施氮肥、夜间温度过高、湿度过大或光照较弱有关；茎节过短、过粗，叶片皱缩、叶面积小、色泽暗淡、叶缘在早晨无吐水现象等为植株长势弱、老化的症状，与土壤缺水、施肥过多、温度偏低有关。

③开花结果期植株诊断。果实膨大期间，卷须伸展、挺拔，与茎部夹角为45°左右，是植株生长发育正常的表现。卷须先端及早变黄或卷起，卷须细而短，呈弧状下垂，是植株老化或土壤缺水、温度过高或过低等的表现；若卷须较粗，与茎部夹角较小，则表明植株生长过于旺盛，与浇水过多、偏施氮肥、温度偏高等有关。卷须先端发黄，说明植株将要感染病害。雌花花冠颜色鲜黄，子房粗而长、顺直，正在开放的雌花距离植株生长点50cm左右，其间具有展开叶4~5片，是植株生长发育正常的表现。雌花花冠浅黄，子房短小、细而弯曲，开花节位距离生长点过近等，是温度低、光照弱、缺水缺肥等造成植株长势衰弱的表现。雌花开得多，但瓜条不见膨大，是由于昼夜温差小、土壤水分多、氮肥过多导致营养生长过旺，使结瓜受到抑制。

化瓜是冬春茬结瓜期常见现象，主要原因是结瓜期光照严重不足，光合效率低，生产物质少，雌花和幼果得不到营养的充分供应，而造成幼果黄化脱落，叶片则表现色浅、变薄。此外，生殖生长过旺，瓜码太密、坐瓜太多，果实间相互争夺养分，也会造成化瓜。为此可向叶片上喷施1%葡萄糖水溶液，化瓜能有所缓解。控制灌水，适当降低夜温，加大昼夜温差，白天保持在一定温度条件下，尽量延长光照时间，都会有一定效果。

2）主要病虫害诊断。

①黄瓜设施的主要害虫有白粉虱、蚜虫、潜叶蝇，可于幼苗定植前1~2天用阿克泰1500倍液在苗床上喷淋灌根，此方法可持续药效15天以上；若已发生虫害，可使用阿克泰5000~7000倍液加上功夫2000倍液、吡虫啉加上高效氯氰菊酯喷雾，此法还可兼治蓟马、螨类、潜叶蝇等。

②主要病害诊断与防治。黄瓜霜霉病症状表现为苗期、成株期均可发病，主要损害叶片，叶片染病，叶缘或叶背面涌现水浸状病斑，病斑逐步扩展，受叶脉制约，呈多角形浅褐色或黄褐色病斑，湿度大时，叶背面或叶面长出大批灰黑色霉层。后期病斑破裂成连片，致使叶缘卷缩干涸。综合防治措施有：采用变温管理的方法，早上拉开草苫后，放风排湿0.5h，此后紧闭棚室，将棚温迅速提高到28℃以上。温度上升到30℃时开口放小风，上午将温度控制在28~32℃，午后如果棚温延续升高，可加大放风量，将温度降到20~25℃。入夜后，前半夜将温度控制在18~20℃，后半夜将温度控制在14℃以下，同时适时浇水。进入4月后，如果发现病株，可选晴天上午密闭棚室，将温度升到45℃并维持2h，以杀灭棚内的病菌。为了避免霜霉病的发生，每星期可闷棚1次，闷棚后适当放风，放风量先小后大。同时大棚尽量选用无滴膜，还应该适当地增长营养、培养壮苗等；或者施用75%百菌清可湿性粉剂600倍液，每隔7~10天喷药1次，正反叶面喷药防治。

黄瓜灰霉病主要损害黄瓜花、瓜条、叶片、茎蔓，多从花上开始侵染。受害后，花和幼瓜的蒂部初呈水浸状；褪色，病部逐步变软、腐烂，外表密生灰褐色霉层，以后花瓣枯败脱落。受害轻者生长停滞，烂去瓜头，重者全瓜腐烂。烂瓜、烂花落在茎叶上会致茎叶发病。叶部病斑初为水浸状，后变为灰褐色，病斑中间生有灰褐色霉层。叶片上常见由受害花落在叶上形成直径 20～25mm 的大型枯斑，有时有明显轮纹。茎上发病后易造成糜烂，瓜蔓折断、植株枯死，受害部位可见灰褐色霉状物。防治方法同黄瓜霜霉病，要留意棚内的温、湿度情况，同时加强肥水管理，及时消除病残体，发病后及时摘除病花、病瓜、病叶，带出棚外埋掉。

黄瓜白粉病症状表现以叶片受害最重，其次是叶柄和茎，一般不为害果实。发病初期，叶片正面或背面产生白色近圆形的小粉斑，逐渐扩大成边缘不明显的大片白粉区。抹去白粉，可见叶面褪绿、枯黄变脆。发病严重时，叶面布满白粉，变成灰白色，直至整个叶片枯死。白粉病侵染叶柄和嫩茎后，症状与叶片上的相似，惟病斑较小，粉状物也少。发病前可用 27% 高脂膜 80 倍液等进行叶面喷雾，每隔 5～7 天喷 1 次，防治 2～3 次。

炭疽病症状表现从幼苗到成株皆可发病，幼苗发病，多在子叶边缘出现半椭圆形浅褐色病斑，上有橙黄色点状胶质物。成叶染病，病斑近圆形，直径为 4～18mm，灰褐色至红褐色，严重时，叶片干枯；茎蔓与叶柄染病，病斑椭圆形或长圆形，黄褐色，稍凹陷，严重时病斑连接，绕茎一周，植株枯死。瓜条染病，病斑近圆形，初为浅绿色，后呈黄褐色，病斑稍凹陷，表面有粉红色黏稠物，后期开裂。可选用 150～200 倍液农抗 120 防治。

2. 大棚春茬黄瓜生产技术要点

（1）品种　春植黄瓜应选择早熟、抗病、耐低温、主蔓结瓜、根瓜结瓜部位低、瓜码密、耐弱光的品种；目前生产上选用较多的品种有津春 3 号、津优 2 号、津优 3 号、长春密刺等。

（2）培育适龄壮苗　2 月上旬在大棚内搭塑料薄膜小拱棚，采用营养钵或 50 孔穴盘基质护根育苗，草帘保温防寒。秧苗日历苗龄 45 天左右，4～5 片叶，株高 15～20cm，子叶呈匙形，子叶下胚轴高 3cm，75% 以上出现雌花，叶色正常，根系发达，子叶肥厚。

（3）定植前准备　定植前 20 天施肥、整地、扣棚、烤地增温。大棚黄瓜早春种植采用多层覆盖，即大棚套中棚加小拱棚。覆盖材料采用高保温 PE 无滴多功能膜或 EVA 消雾高保温膜。每 667m² 施充分腐熟有机肥 4000kg，磷酸二铵 15～20kg（或每 667m² 施生物有机混合肥 150kg，加过磷酸钙 100kg 或 45% 复合肥 50kg），分两次施入。翻地前铺施 1/3～1/2 有机肥，深翻后将土壤粪肥充分搅拌均匀。定植前 7 天，深开定植沟，把另外 1/3～1/2 有机肥和磷酸二铵，拌均匀后起垄作畦。畦包沟宽 1.2m，沟宽 40cm 深 30cm，平整畦面，覆盖地膜。

（4）定植　选择在大棚内气温稳定在 10℃ 以上，10cm 深土壤稳定在 10～12℃ 进行定植。按照株距 25～30cm、行距 50～55cm 进行栽植，栽植密度为每亩 4000 株左右。定植结束后，立即覆盖拱棚保温。

（5）大棚管理

1）温度管理。定植后立即闷棚，目的是提高地温，尽快缓苗。定植后 5～7 天，白天棚内温度保持在 30～35℃，以提高地温。缓苗后根据天气情况适时放风，应保持 24～28℃、时间在 8h 以上，夜间最低温度维持在 12℃ 左右。

2）水分管理。一般采用勤施薄水的原则，定根水浇得无须太多，缓苗后土壤较干，须在晴天午前浇一次缓苗水（如果土壤很湿则可以不浇），使根系吸肥、吸水借以壮苗。根瓜初生控水分，当根瓜坐住（瓜长 10～13cm）时开始浇水。当黄瓜进入盛瓜期时大量浇水，每 2～3 天浇水 1 次，浇水宜在早晚进行。进入顶瓜生育期，瓜再生长时，浇水与施肥相结合。

3）追肥。追肥以薄肥勤施的原则进行。盛果前期结合浇水每采收 100kg 黄瓜施尿素或复合肥 2.0kg。盛果中后期以喷施叶面肥进行追肥为主。

4）搭架和整枝。用 2m 的竹竿作架材，搭交叉人字形架，交叉处用横杆固定。大棚黄瓜生产也可用吊蔓法。主蔓结瓜品种，一般要摘心，待主蔓长到 25 片真叶时进行。第一瓜以下侧蔓要及早除去，中期及时打掉底部黄、老的叶片，改善通风透光条件。

（6）大棚黄瓜畸形瓜形成原因及防治办法

1）畸形瓜产生原因。

①曲形瓜。产生曲形瓜的原因多因营养不良，植株瘦弱，或光照不足，温度、水分管理不当，或结瓜前期水分正常，结瓜后期水分供应不足，或伤根，或病虫危害等。尤其是高温，或昼夜温差过大过小、光照少、地温低等条件更易发生。雌花或幼果被架材及茎蔓等遮阳或夹持生长等也可造成曲形瓜。

②尖嘴瓜和大肚瓜。早春传粉昆虫少，黄瓜未经授粉也能结实，这是单性结实，没有种子。这种瓜如果营养条件好，能发育成正常瓜，反之则形成尖嘴瓜。雌花授粉不充分，授粉的先端先膨大，如果此时营养不足或水分不均，就会形成大肚瓜。有时高温危害也会造成畸形瓜。

③细腰瓜。当营养和水分条件时好时坏时，就会出现细腰瓜。黄瓜染有黑星病，或缺硼，也会出现畸形瓜。

④苦味瓜。生产中氮肥施用过量，或磷、钾肥不足，特别是氮肥突然过量很容易出现苦味瓜。地温低于 13℃ 或棚温高于 30℃ 持续时间过长，会出现苦味瓜。

2）防治方法。

①发现畸形瓜及时摘除。

②做好温度、湿度、光照及水分管理。避免温度低于 13℃ 或长期高于 30℃。湿度尽量稳定，避免生理干旱现象发生。

③采用配方施肥技术，氮、磷、钾按 5:2:6 的比例施用，或喷洒喷施宝、磷酸二氢钾。

④种植无苦味瓜的品种。

任务9　黄瓜形态特征观察

一、任务实施的目的

认识并了解黄瓜的营养器官、生殖器官形态特征，生育期特征，为黄瓜生产田间诊断管理提供依据。

二、任务实施的地点

园艺实训基地，设施蔬菜栽培实训室。

三、任务实施的用具

米尺、观察记录表。

四、任务实施的步骤

1. 黄瓜营养器官形态特征观察

（1）根　黄瓜的根系属于直根系，分为主根、侧根和不定根。其根系较浅，主要的根群在地面20cm左右深的土层中，耐干旱能力不强，栽培时必须经常保持土壤湿润。根木栓化早，脆弱，容易断根，断后再生力差，故不宜大苗移栽。

（2）茎　茎为攀缘茎、蔓生、中空，含水量较高，易折断。一般长2～2.5m，或更长。在高温、弱光、水分稍多时，易徒长。主蔓叶腋间可抽生侧蔓，早熟品种侧蔓少，中、晚熟品种侧蔓多。

（3）叶　黄瓜的子叶为椭圆形，子叶的大小、厚薄与苗的生长好坏有关。子叶大而肥厚，幼苗的根系发育好，生长健壮。真叶掌状，五角形，互生，表面被有刺毛和气孔。自第五片真叶开始在每叶腋间发生卷须，植株开始攀缘生长。真叶叶面积较大，蒸腾能力强，缺水时立即萎蔫，因此，对土壤水分和空气湿度要求较高。真叶从生长点向下15～30片叶同化量最大。

2. 黄瓜生殖器官形态特征观察

（1）花　黄瓜花为退化型腋生单性花，花序退化为花簇，每朵花分化初期均有萼片、花冠、蜜腺、雌雄蕊、初生突起。但在形成萼片和花冠后，雌蕊退化，就形成雄花；雄蕊退化，就形成雌花；雌雄蕊都有所发育，则形成两性花。雄花常腋生多花，雌花腋生单花或多花。花冠钟状，5裂，黄色。雌花子房下位，3室，侧膜胎座，花柱短，柱头3裂。雄蕊5枚，组成三组，并联成筒状。虫媒花。雌雄同株异花。早熟品种在主蔓上自二三节生第一雄花；以后连续数节发生雌花，或间歇数节再生雌花。晚熟品种雌花着生晚。花在早晨5～6时开放，开花前一天花粉就有发芽力，花粉在花药裂开后4～5h内受粉率最高，高温时花粉寿命最短。

（2）果实　果实为瓠果，由花托和子房发育而成。果实的形状、大小、色泽因品种不同而异。果实具有单性结果的能力，即使在没有昆虫授粉的情况下，子房照样发育成种子不发育的果实，这一特性在设施栽培中具有重要意义，因为一般设施中昆虫较少，授粉困难。由于大多数黄瓜品种都具有单性结实的特点，所以黄瓜很适合在设施内栽培。

（3）种子　种子长椭圆形、扁平、黄白色，陈种子灰白色。每条黄瓜有种子100～300粒，千粒重23～25g，寿命2～3年。

3. 黄瓜生育期特征

（1）发芽期　种子萌动到第一片真叶出现，第一片真叶展开标志发芽期结束，由异养阶段过渡到自养阶段。发芽期需积温197～217℃，历时10～13天。

（2）育苗期　从第一片真叶展开到茎蔓伸长，在叶面积、叶片数、根系增加的同时进行花芽分化，是为产量形成打基础的时期。

（3）初花期　从茎蔓伸长到根瓜坐住。初花期是为大量开花结果打基础的时期，生产上既要防止徒长，又要防止坠秧，保持地上部与地下部、营养生长与生殖生长平衡。

（4）结果期　从根瓜坐住到拉秧。结果期长短受环境条件的影响，露地夏秋黄瓜结果期只有一个多月，而日光温室冬春茬黄瓜结果期长达 160～170 天。

五、任务实施的作业

1. 叙述黄瓜根系特征特性与生产育苗关系。
2. 叙述黄瓜茎的分枝习性在生产中的应用。
3. 叙述黄瓜花的构造与果实发育关系。

任务 10　黄瓜设施生产管理

一、任务实施的目的

掌握设施黄瓜生产棚室温度、湿度调控，肥水管理，植株调整，生长调节剂应用，病虫害防治等技能。

二、任务实施的地点

园艺实训基地，设施蔬菜栽培实训室。

三、任务实施的用具

温度、湿度计，复合肥，塑料捆扎绳，剪刀，赤霉素，2，4-D，乙醇，5% 氢氧化钠溶液，1% 酚酞指示剂，毛笔，广口瓶，台秤，农药，喷雾器。

四、任务实施的步骤

1. 棚室温度、湿度调控

（1）通风与保温

1）缓苗期。闭棚保温，幼苗定植后棚室密闭 3～4 天，不放风，以提高室内气温和地温，白天气温保持 25～33℃，棚室温度 33℃ 以上通风，下午 23℃ 闭风。夜间 17～20℃，地温保持 15℃ 以上。缓苗后到 5～6 叶期开始伸蔓，仍处于幼苗期，应继续进行大温差管理。

2）初花期。白天超过 30℃，由温室顶部放风，降温到 25℃ 以下，缩小放风口，降到 20℃ 闭风。下午降到 15℃ 时覆盖草帘。覆盖草帘后室温回升 2～3℃，前半夜保持 15～16℃，后半夜 12～14℃。

3）结果期。晴天早揭草帘，清洁屋面，超过 30℃ 放风，午后降至 15℃ 时覆盖草帘，前半夜保持 15℃ 以上，后半夜降至 13℃ 以下、10℃ 以上，早晨揭草帘前保持 10℃ 左右。这样变温管理的植株，即使短时间气温降到 6℃ 也不至于受害。

（2）排湿　缓苗期闭棚保温不排湿，在高温高湿环境中促进缓苗。黄瓜设施春季生产，缓苗期以保温为主，排湿服从保温。缓苗后注意通风排湿。施肥浇水后注意排湿。

2. 肥水管理

（1）第一次施肥灌水　在根瓜长 10cm 时进行施肥，每 667m² 施肥量折合尿素 15kg。施用固体肥采用沟施灌水或液体肥冲施的方法，或者采用滴管系统一体化施肥。追肥灌水结束后将垄头地膜封严，防止水分蒸发提高室内空气湿度。每次追肥灌水后要放风排湿。晴天加强放风。

（2）第二次追肥灌水　在第一次后 25～30 天或在根瓜采摘后进行第二次追肥灌水。施肥量、施肥方法、注意事项同第一次施肥。

（3）第三次追肥灌水　在二瓜采摘后，第三次追肥后隔一次水用一次肥，每次用肥量大体一致，或根据长势而增减。施肥量、施肥方法、注意事项同第一次施肥。

3. 植株调整

（1）吊蔓　蔓开始伸长时，及时吊蔓。吊蔓时将塑料捆扎绳上端固定在温室拱杆上，下端扣在瓜蔓根颈部，瓜蔓牵引缠绕在吊绳上。吊蔓时注意抑强扶弱。控制茎蔓处在南低北高的一条斜线上。若黄瓜垄与拱杆不在一条线上，可在温室内屋面上前后用细铁丝拉两道横线，将吊绳上端固定在横线上。

（2）整枝摘叶　摘除 7 叶以下的全部侧枝，上部侧枝在雌花后留 1～2 片叶摘心，及时摘除多余的花，卷须，畸形果，下部老叶、病叶，使养分集中，同时增加透光性能。

（3）落蔓　当黄瓜满架时，就开始落蔓。解开瓜蔓基部的绳扣，瓜蔓从绳上松开，用手使其轻轻下落顺势圈放在小垄沟内或地膜上（温室黄瓜采用地膜栽培），瓜蔓下落的高度一般在 0.5～1.0m。瓜蔓下落到要求的高度后，将绳的下端再系到瓜蔓基部的地线上，然后将上部茎蔓继续缠绕、理顺，尽量保持瓜蔓龙头上齐。落蔓后，需要适当地提高棚温，以促进受伤茎蔓伤口愈合，促进植株正常生长；为防止病菌从受伤的茎蔓侵入，需及时喷施一些杀菌剂，防止植株染病。

4. 生长调节剂应用

学会生长调节剂使用浓度配制和使用。

5. 病虫害识别防治

（1）主要病虫害调查识别

1）主要害虫。温室白粉虱的调查识别。

2）主要病害。霜霉病、灰霉病的调查识别。

（2）药剂防治　农药选择与使用。

五、任务实施的作业

1. 会进行黄瓜设施生产的温度、水分调节。

2. 会识别黄瓜生产的病虫害并进行预防。

子项目 2　西瓜设施生产

知识点：掌握西瓜设施生产特点，设施栽培技术。

能力点：会制订西瓜生产计划，掌握生产育苗、整地作畦、定植、植株调整、有害生物防控等相关基本技能。

 项目分析

该任务主要是掌握设施西瓜生产的基本知识及生产的基本技能，重点是综合生产技能的训练与提升。

 项目实施的相关专业知识

西瓜是人们夏季消暑解渴的极佳水果，市场需求量大。西瓜产量高，大棚春季早熟生产每亩产量可达3000kg以上，经济效益高。大棚西瓜生产方式有地爬式、吊蔓式两类。其品种更是多元化，有大型、中型、小型等，前景看好，是设施高效农业的重要项目之一。全国各地均有生产，设施生产规模比较大。

一、生产概述

1. 攀缘性

西瓜茎为攀缘茎，蔓生，中空，含水量高，易折断。当植株有6~7片叶后，不能直立生长，需要搭架或吊蔓栽培。茎为无限生长型，叶腋间有分生侧蔓的能力，掐尖破坏顶端优势后，主蔓上的侧蔓由下而上依次发生。

2. 喜温性

西瓜喜高温干燥的气候，是瓜类蔬菜中耐热性较强的品种。生育适温为24~30℃，低于16℃停止生长，受精不良，子房脱落。种子发芽的最低温度为10℃，最适合温度25~30℃，15℃以下和40℃以上极少发芽，根毛发生的最低温度为14℃，设施生产定植地温应稳定在15℃以上，气温定在10℃以上时进行。开花坐果期最低温度为18℃，最适合温度为25~28℃，低于18℃以下果实发育不良。果实膨大期和变瓤期以30℃适宜，温度低果实成熟推迟，品质下降。西瓜耐热性较强，能忍耐35℃以上的高温。

3. 喜光性

西瓜属于短日照作物，光周期为10~12h，在保证正常生长的情况下，短日照可促进雌花的分化，提早开花。但是在8h以下的短日照条件下，对西瓜的生长发育不利。西瓜是喜光作物，需要充足的光照。据测定，西瓜的光补偿点约为4000lx，光饱和点为80000lx，在这一范围内，随着光照强度的增加，叶片的光合作用逐渐增强。在较强的光照条件下，植株生长稳健，茎粗、节短、叶片厚实、叶色深绿。而在弱光条件下，植株易出现徒长现象，茎细弱，节间长，叶大而薄，叶色浅。特别是在开花结果期，若光照不足会使植株坐果困难，易造成化瓜，而且所结的果实因光合产物少，含糖量降低，品质下降。在西瓜早熟栽培育苗过程中，加强通风、透光、晒苗是培育壮苗的措施之一。

4. 耐旱性

西瓜是耐旱作物，有发达的毛系根，吸水能力较强；西瓜极不耐涝，土壤水分过多，根系缺氧，容易染病。幼苗期对空气相对湿度要求为50%~60%，开花坐果期要求在80%左右。西瓜耐旱，不耐涝，坐果期和膨大期为其水分敏感期，需要供应适当的水分，才能获得较高的产量。

5. 需肥量性

西瓜是需肥量大的作物。对氮、磷、钾三要素的吸收量，随植株的不断增长而相应增加，到果实膨大期达最大值。在总吸收量中，以氮最多，磷最少，钾第二，氮、磷、钾的比例大体为3.5:1:2.8。氮肥充足是高产的基础。但氮肥过多，易引起营养生长过旺、难坐瓜，延迟生育期，而且瓜小，皮厚，不甜。磷肥能促进根系的生长，增强吸收能力和耐寒性，促进花芽分化，早开花，早成熟，提高品质。钾能促进光合作用及糖分的运转、积累，

提高含糖量，钾肥又被称为品质肥。增施钾肥可改善因氮肥过多造成的不良影响。西瓜对多种微量元素的吸收中，以钙、镁较多。在膨果期缺钙，严重降低抗病性，引起烂脐（即瓜顶花蒂）、瓜瓤出硬块等生理病害。缺镁易导致枯萎病加重。

6. 对土壤的适应性

西瓜最适宜种植在通透性良好的壤土和沙壤土上，沙壤土西瓜易发苗、生长快、成熟早、品质好，但植株易早衰。栽培西瓜要选土壤疏松、透气性好、能排水、有机质含量丰富、pH6.5～7.8、地势高燥、排灌方便的壤土为宜，土壤盐浓度低于0.2%，生长良好。栽培西瓜最好前茬是荒地，其次是禾谷类作物，豆茬及菜地不理想，瓜茬不能连作。

7. 忌重茬

重茬生产土传性病害严重，生产上可采用嫁接育苗的办法解决土传性病害，应与非葫芦科作物实行3年以上的轮作。

8. 产量高、经济效益高

西瓜是喜温性植物，生长发育需要有较高的温度，设施覆盖能满足其温度要求，可以提早成熟提早上市。西瓜在昼夜温差为8～16℃时积累同化产物多，呼吸消耗少，含糖量高，品质好。设施生产昼夜温差大有利于糖分积累。早春生产，每亩产量4000～5000kg，经济效益高。设施的保护作用可避免自然灾害对生产的影响。早春在完全覆盖条件下生产，病虫害发生不严重，不需要使用化学农药，产品食用安全性高，基本能达到绿色食品标准要求。

二、生产茬口

设施西瓜生产主要是春季生产，其茬口安排及覆盖方式见表3-2、表3-3。西瓜设施生产的普遍方式是常规地爬式和立体吊蔓方式。

表3-2　设施西瓜生产季节茬口安排

季节茬口	播种期	定植期	供应期	备注
温室春早熟生产	12月上、中旬～第二年1月上旬	1月中、下旬～2月上、中旬	4月上、中旬	嫁接或不嫁接
大棚春季早熟生产	2月上、中旬	3月上、中旬	5月上、中旬	不嫁接

表3-3　大棚西瓜春季早熟生产覆盖方式

覆盖方式	播种期	定植期	收获期
三层覆盖生产	2月上、中旬	3月上、中旬	5月中、下旬
二层覆盖生产	2月中、下旬	3月中、下旬	5月下旬～6月初

三、生产品种选择

西瓜品种应选早熟、丰产、质优、抗病性强、商品性好的优良品种。塑料大棚内的环境条件与露地相比，由于光照较弱，早春栽培时温度较低、湿度较大，易生病害，所以大棚栽培的品种还应具有低温生长性和结果性好、耐潮湿、耐弱光、抗病、丰产等特点，以避免引起西瓜坐瓜不良和果实厚皮空心。普通西瓜品种有抗病苏蜜、大果冰淇淋、早佳（84-24）、京欣二号小兰、早春红玉等。特殊西瓜有礼品西瓜、冰激凌西瓜、无籽西瓜。

（1）京欣二号　它为中早熟西瓜杂种一代，全生育期90天左右，果实成熟期30天左右。生长势中等，坐果性能好。圆果，绿底条纹，有蜡粉。瓜瓤红色，保留了京欣一号果肉脆嫩、口感好、甜度高的优点。皮薄，耐裂性能比京欣一号有较大提高。高抗枯萎病，耐炭疽病，较耐重茬。京欣二号单瓜重5kg左右，一般亩产4000kg左右。

（2）抗病苏蜜　它的全生育期为90~95天，开花后30~32天果实成熟。植株生长势稳健，易于坐果。主蔓第1雌花出现于第9叶节，以后每隔4~5叶节出现1朵雌花。果实长椭圆形，果皮墨绿色，红瓤，质细可口，中心含糖量10%~12%，皮厚1cm左右，较耐储运。高抗枯萎病。可在2~3年轮作或连作地种植。亩栽700~800株，亩产2500~3000kg。

（3）早佳（84-24）　主蔓第6节生第一雌花，以后每隔4~6节着生一雌花，果实圆形，果皮厚约1cm，绿底覆青黑色条斑，果肉桃红色，单瓜重5~8kg。早熟品种，开花至成熟需28天，耐低温、弱光照，不耐储运。肉质松脆多汁，中心可溶性固形物含量为12%，边缘为9%。一般亩产2500~3200kg。

（4）大果冰淇淋　它为中早熟大果礼品西瓜，全生育期75~80天，从开花到果实成熟需28天左右，果实正球形如同篮球，绿色果皮上覆盖墨绿色清晰条带，外观极为秀美，果肉深黄和浅黄相结合，形同"双色"，肉质极为细嫩松脆，入口即化，中心糖度13%以上，风味高雅，品质极优。皮薄0.8cm，单瓜重3~5kg，亩产4000kg以上。大果冰淇淋是礼品西瓜中的"大个头"，是近几年上海市最受欢迎的礼品瓜之一，适宜在全国各地温室大棚和露地推广种植，也是露地反季节秋播的好品种。

（5）小兰（台湾农友）　它为特小凤西瓜改良种，小型黄肉西瓜，极早熟，夏季栽培生育期65天，春秋栽培生育期85天。结果力强，单株4~6个果。果实圆球形至微长球形，皮色浅绿色，覆盖青黑色狭条斑，果皮薄，3mm左右厚度，果重1.5~2kg。

（6）早春红玉（日本）　它为橄榄形小型西瓜，果径20cm左右，单瓜重2kg左右。早熟品种，开花后28~30天成熟；全生育期约70天，外皮浅绿色，覆盖青黑条斑，果皮薄3mm左右，不易裂果，保鲜时间长，耐运输。果肉深桃红色，糖度较高，中心、边糖均达13%以上，风味、口感极佳，可食用果肉占单瓜重的75%以上。

四、生产技术要点

1. 生产育苗

（1）育苗方式、数量、播种期　在棚室中采用50孔穴盘基质育苗或8cm×10cm塑料营养钵加电热线育苗，普通大棚育苗也可采用大棚加上小拱棚草帘覆盖保温的方式育苗。每667m²需要种子500g。棚室西瓜生产嫁接育苗技术的推广应用，对西瓜生产的连作障碍、土传染性病害的控制起到了十分重要的作用，已经普遍被生产者接受。育苗时要考虑20%的安全苗。温室春季早熟生产于12月上、中旬至第二年1月上旬播种育苗，大棚春提前西瓜一般在2月上、中旬播种育苗。

（2）育苗流程　种子处理，用55℃温汤浸种，将种子放入55℃温水中不停地搅拌，直到水温降至30℃左右时，浸种4~6h，捞出后沥干水分，在28~30℃条件下催芽48h即可出芽、播种。播种选用50孔穴盘，商品基质装盘播种，每孔播种1粒已发芽的种子，覆土或基质1~2.0cm厚，排盘浇水，覆盖地膜保湿，加盖小拱棚。为了提高地温，在育苗床可铺设地热线。苗床管理，播种后至幼苗出齐前应保持日温28~32℃，夜温不低于20℃，争取3~4天出齐。幼苗出土后应注意通风，适当降低温度，白天控制在20~25℃、夜间12~

16℃，防止幼苗徒长。定植前一周左右适当降低温度，白天控制在 15～20℃、夜间 5～8℃，进行幼苗锻炼，提高幼苗抗性。当幼苗长到 3～4 片叶，株高 10～12cm，苗龄约 30 天时即可定植。

2. 定植

（1）定植准备

1）施肥、整地。冬前中耕，耕作层厚最少不低于 35cm。定植前 15 天左右施肥、耕肥整地、作畦。整地前 5 天充分灌水。待土壤水分通过浸透和蒸发达到适宜时，将基肥均匀地施于地面，然后翻耕、碎土。施肥以优质厩肥为主，无机肥为辅，即每亩施优质土杂肥 3～4m³，氮、磷、钾复合肥 75kg，饼肥 100kg。西瓜在一般情况下，不宜过多施肥，特别是氮肥，否则会导致植株生育过旺、雌花着生不良，影响坐瓜。

2）作垄或作畦。常规爬地式生产，根据大棚的长、宽度来精细整畦，跨度 6～7m 的大棚，中间开操作沟，分成两行种植，各宽 2.5～3m，四周有排水沟。畦面呈龟背状，铺设滴管带，覆盖地膜；也可以按规格开沟，集中施肥、作畦，铺设滴管带，覆盖地膜。立体吊蔓式生产，6m 宽的大棚可按 150cm 宽作 4 个畦，畦面宽 90cm、沟宽 55cm 左右、深 20cm 左右的小高畦或按 1m 宽作 6 个畦，畦面宽 60cm、畦沟宽 40cm、深 20cm 的小高畦。

作畦铺设滴管带，覆盖地膜。作畦前，按畦面走向和畦宽度要求放线，在畦面埋设两排或 1 排水泥桩，桩距 3～4m，桩高 1.8m；顶端拉一根铁丝，两端用木桩固定。每排立柱用压膜线或塑料草皮再横拉两道，便于瓜蔓攀缘。日光温室西瓜生产作畦与大棚相同，畦向与温室走向垂直。

（2）炼苗　定植前 7 天苗床炼苗，锻炼幼苗抗逆性。

（3）定植　在苗龄 3～4 叶期定植。大棚西瓜定植时间为 3 月 10 日～20 日，中小棚西瓜可推迟 10～15 天。按预定的株行距开穴定植，株距 25cm。大棚、中小棚西瓜每亩 900 株。棚室采用搭架栽培的，密度可提高到 1500 株以上。定植时一次性浇足定植水。在定植行上按预定株距，用小铁铲挖比苗盘孔穴稍微大的小土坑作定植孔。用 14 号铁丝做成挖苗工具，从苗盘中将苗挖出，放入定植孔，四周培土，但不用压实。挖苗时注意要保持根部的基质完整，不散坨，不伤苗。将从苗盘中取出的苗放入定植穴并用土培好，但不能用手压实。定植深度一般以子叶距离畦面约 2cm 为宜。浇水栽苗后，及时浇足定植水。

（4）覆盖薄膜　插好拱架，覆盖薄膜，封闭大棚，进入闷棚管理。

（5）闷棚管理　闷棚管理 4～6 天，在高温高湿条件下促进缓苗。

3. 田间诊断与管理

（1）主要生育期田间诊断与管理

1）缓苗期诊断、管理。定植后至瓜苗生长，为缓苗期。定植到活棵 3～5 天内温度要求在白天 30℃左右，不高于 33℃，土壤温度在 18℃以上，这样才能促进缓苗。其主要措施有拱棚、草帘覆盖，闷棚管理。缓苗后进行大温差管理，白天 25～28℃，夜间不低于 15℃，白天超过 30℃时通风。定植浇定植水，缓苗期间不再浇水。基肥不足，幼苗长势差，定植缓苗后，可追一次提苗肥，每株穴浇 0.3%～0.5% 的尿素水 1kg。

2）伸蔓期诊断、管理。

①伸蔓期。幼苗 3～4 片叶定植，缓苗生长具有 5～6 片叶为团棵。从团棵至结瓜部位的雌花开放为伸蔓期，这一时期植株迅速生长，茎由直立转为匍匐生长，雌花、雄花不断分

化、现蕾、开放。

②主要管理。实行大温差管理。当瓜苗开始甩蔓时，浇一次水，促进瓜蔓生长。之后到坐果前不再浇水，控制土壤湿度，防止瓜蔓旺长。坐果前不追肥。若长势较差，蔓长30cm左右时，追施腐熟的饼肥或三元复合肥每亩5~8kg，促进甩蔓。西瓜茎叶的生长要求较低的空气湿度，相对湿度在60%左右。

a. 整枝压蔓。棚室西瓜采用双蔓整枝，即留一条主蔓一条侧蔓，以主蔓结瓜为主。多余侧枝尽早摘除或采用三蔓整枝，即留一条主蔓两条侧蔓，以主侧蔓同时结瓜。常规生产法，西瓜主蔓伸长30cm左右时进行压蔓。将主蔓与行向保持45°向西瓜行两侧延伸，在瓜蔓不断延伸过程中，用土块每间隔3~5节压一块，以固定主蔓，在压蔓的同时摘除多余的侧枝。

b. 引蔓、吊蔓、整枝。立体生产法，在幼苗高20cm左右时，用塑料撕裂膜在苗基部扎住，上部牵引固定在立柱上方铁丝上，瓜蔓不断伸长时及时进行人工辅助理蔓、引蔓，促进攀缘向上生长。每一株留一条主蔓和一条强壮的侧蔓，多余侧蔓用剪刀从分枝处剪去。

3）开花坐果期诊断、管理。开花坐果期是指从留瓜节位雌花开放至果实成熟。单个果实的发育时期又可细分为以下3个阶段：坐果期从留瓜节位雌花开放至"退毛"（果实鸡蛋大小，果面茸毛渐稀）；膨果期从"退毛"到"定个"（果实大小不增加）；变瓤期从"定个"到果实成熟，此期果实内部进行各种物质转化，蔗糖和果糖合成加强，果实甜度不断提高。

确定留瓜节位棚室西瓜生产，一般选择第二雌花坐果，坐果住，后瓜前留7~8叶摘心。开花后，西瓜开始出现花后，温度可适当提高，白天28~32℃，夜间不低于15~18℃，昼夜温差在10~15℃时最好。开花授粉时要求空气相对湿度为70%~75%。因此，要求一定要覆盖地膜，减少土壤水分蒸发，另一方面要通风换气。每次浇水后都要通风，以降低湿度。

①肥水管理。结果期需肥量最高，占全生育期吸收总量的85%左右（以果实膨大期吸收量最大，约占77.5%）。在坐果后，当田间大多数植株上的幼瓜长到鸡蛋大小时，结合浇坐瓜水，冲施硫酸钾三元复合肥30kg/667m^2，或尿素15~20kg/667m^2，硫酸钾10~15kg/667m^2，作为膨瓜肥。果实膨大期要进行1~2次的叶面喷肥，可喷0.3%~0.4%的磷酸二氢钾和0.4%尿素溶液。二茬瓜生长期间，根据瓜蔓长势，适当追施1~2次肥。坐果后在近根部点施浇水，并增加浇水次数，保持土壤湿润。采摘前7~10天结束浇水。头茬瓜收获结束后，及时浇水促进二茬瓜生长。

②人工授粉。在雌花开放后于上午9：00~10：00进行人工辅助授粉，将当天开的雄花花粉涂抹在当天开的雌花柱头上，对已授粉的雌花，第二天进行重复授粉，可提高坐果率。授粉后，用颜色做出标记，以记清授粉时间，便于今后采收。抗病苏蜜西瓜在开花授粉30~32天就可采收。大果冰淇淋、早佳（84-24）、京欣二号等从开花到果实成熟需28天左右。

③护瓜与摘心。立体生产的小型西瓜在幼瓜直径10cm以上，重量0.5kg左右时，采用专用塑料网袋托瓜吊瓜。果实不断膨大期，为减少植株营养消耗，集中供应幼果，减轻支架负荷，果实坐住后，在幼果前7~8叶摘心，去除顶端优势，减少田间后期荫蔽。常规生产，在果实"退毛"到"定个"期，用干净的稻、麦草做成草垫垫在瓜的下面，以防地下害虫

啃食和病菌危害。同时还要翻瓜，使果实着色均匀。

4）果实成熟度判断与采收。花皮瓜类，要纹路清楚，深浅分明；黑皮瓜类，要皮色乌黑，带有光泽。无论何种瓜，瓜蒂、瓜脐部位向里凹入，藤柄向下贴近瓜皮，近蒂部粗壮青绿，坐瓜节位卷须焦枯，是成熟的标志。用拇指摸瓜皮，感觉瓜皮滑而硬则为好瓜，瓜皮黏或发软为次瓜。成熟度越高的西瓜，其分量就越轻。一般同样大小的西瓜，以轻者为好，过重者则是生瓜。将西瓜托在手中，用手指轻轻弹拍，发出"咚、咚"的清脆声，托瓜的手感觉有些颤动，是熟瓜；发出"突、突"声，是成熟度比较高的反应；发出"噗、噗"声，是过熟的瓜；发出"嗒、嗒"声的是生瓜。采收成熟的西瓜适宜在上午采摘。

（2）主要病虫害诊断与防治　病害主要有枯萎病、蔓枯病、炭疽病等。虫害主要有种蝇、地老虎、蚜虫、红蜘蛛等。

采用综合防治，遵循"预防为主，综合防治"的无害化控制原则，严格按绿色食品蔬菜的农药使用准则，采用机械、物理、生态控制等手段，对病虫害进行综合防治。主要有以下措施：种子消毒播种前采用晒种、热水烫种处理，消除种子带毒隐患；张挂黄色板诱蚜，在棚内每 667m^2 挂 30cm ~ 40 块规格为 30cm × 40cm 涂有凡士林或食用油的黄色诱蚜板诱捕迁飞的蚜虫、白粉虱、种蝇等；使用生物酵素菌发酵肥抑制土壤和植物病原菌；加强棚内、温、湿度的管理，创造不利于蚜虫、红蜘蛛发生的气候条件，减轻害虫发生量；清除杂草等病虫害寄主植物，消除传入源，减轻危害；使用化学药剂，防治蚜虫用 0.5% 藜芦碱醇溶液 600 倍液喷雾；防红蜘蛛用 1.8% 阿维菌素 3000 ~ 6000 倍液喷雾。

任务 11　西瓜形态特征观察

一、任务实施的目的

认识并了解西瓜的营养器官和生殖器官形态特征、生育期特征。为西瓜生产田间诊断管理提供依据。

二、任务实施的地点

园艺实训基地，设施蔬菜栽培实训室。

三、任务实施的用具

米尺、观察记录表。

四、任务实施的步骤

1. 西瓜营养器官形态特征观察

（1）根　西瓜根系属于直根系，主根入土深达 80cm 以上，在主根近土表 20cm 处形成 4 ~ 5 条一级根，与主根成 40°角，在半径约 1.5m 范围内水平生长，其后再形成二、三级根，形成主要的根群，分布在 30 ~ 40cm 的耕作层内，在茎节上形成不定根。

根系生长的特点：一是根系发生较早。出苗后 4 天主根长 9cm 左右，侧根 30 条左右；出苗后 8 天的幼苗主根长 12cm，一级根 50 条以上，二级根 20 条以上；出苗后 15 ~ 16 天长出 1 片真叶的幼苗，主根长 14cm，一级根 60 条，二级根 31 条。其后各级侧根生长迅速。

出苗后约60天，开始坐果时，根系生长达高峰。二是根纤细，易损伤，一旦受损，木栓化程度高，新根发生缓慢。因此，幼苗移植后恢复生长缓慢。三是根系生长需要充分供氧。在土壤通气性良好、氧分压10%时，根的生长旺盛，根系的吸收机能加强；在通气不良的条件下，则抑制根系的生长和吸收机能。故在土壤结构良好，孔隙度大，土壤通气性好的条件下根系发达。根不耐水涝，在植株浸泡于水中的缺氧条件下，根细胞腐烂解体，影响根系的生长和吸收功能，造成生理障碍。因此，在连续阴雨或排水不良时根系生长不良。土质黏重、板结，也会影响根系的生长。

（2）茎　西瓜茎包括下胚轴和子叶节以上的瓜蔓、革质、蔓性，前期呈直立状，子叶着生的方向较宽，具有6束维管束。蔓的横断面近圆形，具有棱角，10束维管束。茎上有节，节上着生叶片，叶腋间着生苞片、雄花或雌花、卷须和根原始体。根原始体接触土面时发生不定根。

西瓜瓜蔓的特点：前期节间甚短，种苗呈直立状，4~5节以后节间逐渐增长，至坐果期的节间长18~25cm。另一个特点是分枝能力强，根据品种、长势可以形成4~5级侧枝。当植株进入伸蔓期，在主蔓上2、3、4、5节间发生3~5个侧枝，侧枝的长势因着生位置而异，可接近主蔓，在整枝时留作基本子蔓；当主、侧蔓第2、3雌花开放前后，在雌花节前后各形成3、4个子蔓或孙蔓。其后因坐果，植株的生长重心转移为果实的生长，侧枝形成数目减少，长势减弱。直至果实成熟后，植株生长得到恢复，在基部的不定芽及长势较强的枝上重新发生，可以利用它二次坐果。

（3）叶　西瓜的子叶为椭圆形。若出苗时温度高，水分充足，则子叶肥厚。子叶的生育状况与维持时间长短是衡量幼苗素质的重要标志。真叶为单叶，互生，由叶柄、叶身组成，有较深的缺刻，成掌状裂叶。

叶片的形状与大小因着生的位置而异。第一片真叶呈矩形，无缺刻，而后随叶位的长高裂片增加，缺刻加深。第4、5片以上真叶具有品种特征，第一片真叶叶面积10cm²左右，第5片真叶达30cm²，而第15片叶可达250cm²，是主要的功能叶。叶片由肉眼可见的稚叶发展成为成长叶需10天，叶片的寿命为30天左右。

叶片的大小和素质与整枝技术有关：在放任生长的情况下，一般叶数很多，叶型较小，叶片较薄，叶色较浅，维护的时间较短；而适当整枝后叶数可明显减少，叶型较大，叶质厚实，叶色深，同化效能高，可以维持较长的时间，并较能抵御病害的侵染。在田间可根据叶柄的长度和叶形指数诊断植株的长势：叶柄较短，叶形指数较小是植株生长健壮的标志；相反，叶柄伸长，叶形指数大，则是徒长的标志。

2. 西瓜生殖器官形态特征观察

（1）花　花为单性花，有雌花、雄花，雌雄同株，部分雌花的小蕊发育成雄蕊而成雌型花，花单生，着生在叶腋间。雄花的发生早于雌花，雄花在主蔓第三节叶腋间开始发生，而雌花着生的位置在主蔓5~6节出现第一雌花，雄花萼片5片，花瓣5枚，黄色，基部联合，花药3个，呈扭曲状。雌花柱头宽4~5mm，先端3裂，雌花柱头和雄花的花药均具蜜腺，靠昆虫传粉。

西瓜的花芽分化较早，在两片子叶充分发育时，第一朵雄花芽就开始分化。当第二片真叶展开时，第一朵雄花分化，此时为性别的决定期。4片真叶期为理想坐果节位的雌花分化期。育苗期间的环境条件，对雌花着生节位及雌雄花的比例有着密切的关系：较低的温度，特别是较低的夜温有利于雌花的形成；在 2 叶期以前日照时数较短，可促进雌花的发生，充足的营养、适宜的土壤和空气温度可以增加雌花的数目。花的寿命较短，清晨开放，午后闭合，称半日花。无论雌花或雄花，都以当天开放的生活力较强，授粉受精结实率最高。由于其开花早，授粉的时间与雌花结实率有密切的关系，上午 9 时以后授粉结实率明显降低。授粉时的气候条件影响花粉的生活力，而对柱头的影响较小。两性花多在植株营养生长状况良好时发生，子房较大，易结实，且形成较大果实，对生产商品瓜影响不大。第二朵雌花开放至采瓜约需 25 天。

（2）果实　西瓜的果实由子房发育而成。瓠果由果皮、内果皮和带种子的胎座三部分组成。果皮紧实，由子房壁发育而成，细胞排列紧密，具有比较复杂的结构。最外面为角质层和排列紧密的表皮细胞，下面是配置 8～10 层细胞的叶绿素带或无色细胞（外果皮），其内是由几层厚壁木质化的石细胞组成的机械组织。往里是中果皮，即习惯上所称的果皮，由肉质薄壁细胞组成，较紧实，通常无色，含糖量低，一般不可食用。中果皮的厚度与栽培条件有关，它与储运性能密切相关。食用部分为带种子的胎座，主要由大的薄壁细胞组成，细胞间隙大，其间充满汁液。西瓜的果实为三心皮、一室的侧膜胎座，着生多数种子。

（3）种子　西瓜种子扁平，长卵圆形，种皮色泽黑色，表面平滑，千粒重仅 28g 左右。种子的主要成分是脂肪、蛋白质。据测定，种仁含脂肪 42.6%，蛋白质 37.9%，糖 5.33%，灰分 3.3%。种子吸水率不高，但吸水进程较快，新收获的种子含水量 47%，在 30℃ 温度下干燥 2～3h，降至 15% 以下。干燥种子吸水 2～3h 含水量达 15% 以上，24h 达饱和状态。种子发芽适温为 25～30℃，最高为 35℃，最低为 15℃。新收获的种子发芽适温范围较小，必须在 30℃ 温度下才能发芽。而储藏一段时间后可在较低温度下发芽。干燥种子耐高温，利用这一特性进行干热处理，可以钝化病毒或杀死病原，达到防病的目的。种子表现为嫌光性，反应部位是种胚，在发芽适温条件下，嫌光性还不能充分显示出来，而在 15～20℃ 温度下充分表现出嫌光性。果汁含有抑制种子发芽的物质，越是未成熟的果汁，抑制作用越强。刚采收的种子发芽率不高，是由于种子周围的抑制物质所致，经储藏 6 个月后抑制物质消失，在第二年播种时不影响发芽率。种子寿命 3 年。

3. 西瓜生育期特征

西瓜的生育期因品种而异，极早熟种仅 80 天，晚熟种可达 130 天，目前栽培的多数品种为 100 天左右。其生育过程可分为四个时期。

（1）发芽期　从种子吸水膨胀、发芽出土、子叶展开到第一真叶显露（破心）时，叫发芽期。一般需 10 天左右，在 25～30℃ 时仅需 7～8 天，15～20℃ 时则需 13～15 天。此期主要依靠种子内储存的营养，子叶展开后光合作用加强，生长中心是下胚轴和主侧根。芽苗的健壮标准：下胚轴粗，较短，直立，侧根多，色白，子叶平展，肥大厚实，色深绿，叶脉明显。弱苗则表现为下胚轴细长（俗称高脚苗或窜杆子），软弱易弯腰；子叶不平展，叶薄色浅。产生弱苗的原因多为温度偏高，超过 25℃，湿度大，光照不足。

（2）幼苗期　从破心后到 5～6 片真叶展开叫幼苗期。此期长短与栽培条件有关，在 20℃ 条件下一般为 30 天左右。到 2 片真叶展开时，约经 13 天，子叶停止生长。幼苗期的生长中心是根系和茎顶端。此期末顶端已有 8～9 个稚叶和 2～3 个叶原基，低节位出现侧芽，下胚轴停止生长。幼苗健壮特征：茎粗壮，叶肥大、厚实、深绿，叶脉明显，叶柄较粗短，子叶节以上密被茸毛。干、鲜重量大，是丰产苗的特征。

苗龄诊断：幼苗期30天为正常苗，25天为生长快，20天以下为徒长苗，35天为生长慢，40天以上为僵苗。僵苗特征是老化瘦小，根黄褐色，叶不平展，色发灰、暗无光。其原因较复杂，主要有以下一些原因：低温、干旱苗造成叶面发灰无光泽；营养不良造成苗弱小发黄；在遭受盐碱为害时，会出现叶尖发黄；温度较高时容易使得叶片变小，叶上部出现黄边，枯干部分显白色；遇到大风时，叶片出现青枯色；在遭遇到施肥过多或药害时，下胚轴呈现蒜头状。

（3）伸蔓期　从5～6叶展开（又称团棵期）至坐果节位雌花开放，叫伸蔓期。在20～25℃条件下需25～29天，节间伸长，由直立转为匍匐生长，速度加快。根系继续旺长，但伸展速度逐渐缓慢。伸蔓期结束时，西瓜的根系已基本形成，叶面积为最大值的55%左右。此期生长的中心是茎顶端。伸蔓期健壮特征，除品种间差异外，高产西瓜蔓粗壮，直径达5～7mm，叶片肥大厚实呈三角形。成熟长、宽相近，可达15～18cm，节间长稍大于叶柄长。叶柄、节间、叶长三者比例近7∶8∶10。全身密被茸毛。

徒长的特征：叶柄粗明显大于茎粗，柄长大于叶长；叶片薄而狭长上冲，色深绿有光泽；茸毛稀疏；茎顶粗扁高扬头。通常采用控制肥水，及时重压蔓或顶的措施进行抑制。当徒长严重时，可采取主蔓摘心的方法，以侧蔓代替主蔓。营养缺乏的特征：缺氮叶柄短，叶小色浅，叶面中午向内卷；缺磷叶薄色浅；缺钾蔓叶软，叶脉不明显。

（4）结果期　自理想坐果节位雌花（第二、三个）开放到果实成熟，叫结果期。早熟种需28～30天，中熟种30～35天，晚熟种需35～40天，可分为三个阶段。

1）坐果期。从开花到幼果茸毛稀疏，也叫胎毛期。在20～25℃条件下，需5～6天，此时营养生长与生殖生长并进，但以营养生长为主，蔓叶继续旺长。中期蔓叶与果实激烈争夺养分，即果实细胞分裂增殖阶段。如果此阶段营养生长过旺，会造成化瓜。遇到极度干旱，或阴、雨、光照不足，低温，都会影响坐果和幼果生长。此阶段要控制营养生长，缓施果肥水，及时辅助授粉，整枝压蔓，做瓜台促进坐瓜。

2）膨果期。从退毛到果实定个，一般需20～25天，生长中心是果实，蔓叶生长日趋缓慢，根的生长日趋停止，但根毛仍不断更新。膨果前段称幼果膨大期，约为7天，瓜皮有光亮，花纹不明显，是果实细胞增殖与膨大并进，决定瓜个大小时期，生长速率很高，应在退毛后幼果为鸡蛋大小时重施果肥，巧浇水。膨果后段叫粉霜期，约为15天，果皮花纹明显，着生蜡质白粉。瓜瓤细胞迅速膨大，瓜皮细胞增殖并膨大，表现出品种特征。膨果期结束时瓜的体积（定个）、重量已达85%，瓜瓤已变色，但色浅含糖低不可食用。

3）成熟期。果实定个到成熟采收，一般需5～7天，此期主要是瓜内糖分的积累转化，营养生长基本停止，瓜瓤、种子表现出品种特征。

结果期的特征诊断：坐果期子房、花冠肥大，果柄粗，叶柄、节间、叶长比例协调，视为健壮、易坐瓜。主蔓果位雌花开放时距蔓顶30～40cm为健壮，超过50cm为营养生长较盛，要注意控制，超过60cm为徒长要严控。低于20cm为营养不良要促。蔓顶早晚扬头直立，午间平展为适宜。头大（蔓顶粗扁），终日高扬直立，为长势强、难坐瓜。蔓终日趴地不扬头，为长势弱，虽能坐瓜，但难成大瓜。结果期叶面积大小、素质、维持时间长短，对瓜的大小、多少起决定性作用。一般情况下，结5kg以上的大瓜，坐果期单株叶面积0.2～0.3m²，有30片成叶，幼果膨大期有40片成叶，叶面积0.5～0.7m²，粉霜期达50片成叶，叶面积0.7～0.9m²。高产田粉霜期成叶离地面30～35cm，叶面积指数（叶面积/地面积）以 1.5 ~ 1.8 为适宜，而且叶片不早衰。

五、任务实施的作业

1. 叙述西瓜根系特征特性与生产育苗关系。
2. 叙述西瓜茎的分枝习性在生产中的应用。
3. 叙述西瓜花的构造与果实发育关系。

任务 12　西瓜设施生产管理

一、任务实施的目的

掌握设施西瓜生产棚室温度、湿度调控，肥水管理，植株调整，生长调节剂应用，病虫害防治等技能。

二、任务实施的地点

园艺实训基地，设施蔬菜栽培实训室。

三、任务实施的用具

温度、湿度计，复合肥，塑料捆扎绳，剪刀，农药，喷雾器。

四、任务实施的步骤

1. 棚室温度、湿度调控

（1）缓苗期　定植到活棵 3 ~ 5 天内白天保持 30℃ 左右，不高于 33℃，土壤温度在 18℃ 以上。一般进行闷棚管理。缓苗期闭棚保温不排湿，在高温高湿环境中促进缓苗。春季生产，缓苗期以保温为主，排湿服从保温，缓苗后注意通风排湿。

（2）伸蔓期　缓苗后进行大温差管理，白天保持 25 ~ 28℃，夜间不低于 15℃，白天超过 30℃ 时通风。空气相对湿度保持 60% 左右。

（3）开花坐果期　开花后温度可适当提高，白天保持 28 ~ 32℃，夜间不低于 15 ~ 18℃，昼夜温差在 10 ~ 15℃ 时最好。开花授粉时要求空气相对湿度为 70% ~ 75%。每次浇水后都要通风，以降低湿度。

2. 肥水管理

（1）缓苗期　缓苗期间一般不浇水。基肥不足，幼苗长势差，定植缓苗后，可追一次提苗肥，每株穴浇 0.3% ~ 0.5% 的尿素水 1kg。

（2）甩蔓期　瓜苗开始甩蔓，浇一次水，促进瓜蔓生长。之后到坐果前不再浇水，控制土壤湿度，防止瓜蔓旺长。坐果前不追肥。若长势较差，蔓长 30cm 左右时，追施腐熟的饼肥或三元复合肥每亩 5 ~ 8kg，促进甩蔓。

（3）开花坐果期　开花授粉时要求空气相对湿度为 70% ~ 75%。注意通风换气，每次浇水后都要通风，以降低湿度。坐果后，田间大多数植株上的幼瓜长到鸡蛋大小时，结合浇坐瓜水，冲施硫酸钾三元复合肥 30kg/667m²，或尿素 15 ~ 20kg/667m²，硫酸钾 10 ~ 15kg/667m²，作为膨瓜肥。果实膨大期要进行 1 ~ 2 次的叶面喷肥，可喷 0.3% ~ 0.4% 的磷酸二氢钾和0.4%尿素溶液。二茬瓜生长期间，根据瓜蔓长势，适当追施1～2次肥。坐果后在近根部点施浇水，并增加浇水次数，保持土壤湿润。采摘前7～10天结束浇水。头茬瓜收获结束后，及时浇水促进二茬瓜生长。

3. 植株调整

（1）整枝压蔓　采用双蔓整枝法，即留一条主蔓一条侧蔓，以主蔓结瓜为主。多余侧枝尽早摘除或采用三蔓整枝，即留一条主蔓两条侧蔓，以主侧蔓同时结瓜。主蔓伸长30cm左右时进行压蔓。将主蔓与行向保持45°向西瓜行两侧延伸，在瓜蔓不断延伸过程中，用土块每间隔3～5节压一块，以固定主蔓，在压蔓的同时摘除多余的侧枝。

（2）引蔓、吊蔓、整枝　在幼苗高20cm左右时，用塑料撕裂膜在苗基部扎住，上部牵引固定在立柱上方铁丝上，瓜蔓不断伸长时及时进行人工辅助理蔓、引蔓，促进攀缘向上生长。每一株留一条主蔓和一条强壮的侧蔓，多余侧蔓用剪刀从分枝处剪去。

（3）人工授粉　在雌花开放后，于上午9时至10时进行人工辅助授粉，将当天开的雄花花粉涂抹在当天开的雌花柱头上，对已授粉的雌花，第二天进行重复授粉，可提高坐果率。授粉后，用颜色作出标记，以记清授粉时间，便于今后采收。抗病苏蜜西瓜在开花授粉30～32天就可采收。大果冰淇淋、早佳（84－24）、京欣二号等从开花到果实成熟需28天左右。

（4）护瓜与摘心　立体生产的小型西瓜在幼瓜直径10cm以上，重量在0.5kg左右时，采用专用塑料网袋托瓜吊瓜。果实座住后，在幼果前7～8叶摘心，去除顶端优势，减少田间后期荫蔽。常规生产在果实"退毛"到"定个"期，用干净的稻、麦草做成草垫垫在瓜的下面，防地下害虫啃食和病菌危害。同时还要翻瓜，使果实着色均匀。

（5）病虫害识别防治

1）主要病虫害调查识别。

①主要害虫。蚜虫、白粉虱的调查识别。

②主要病害。灰霉病及其他病害的调查识别。

2）药剂防治。农药选择与使用。

五、任务实施的作业

1. 会进行西瓜设施生产的温度、水分调节。

2. 会识别西瓜生产的病虫害并进行预防。

子项目3　甜瓜设施生产

知识点：掌握甜瓜设施生产特点，设施栽培技术。

能力点：会制订甜瓜生产计划，掌握生产育苗、整地作畦、定植、植株调整、有害生物防控等相关基本技能。

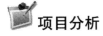

项目分析

该任务主要是掌握设施甜瓜生产的基本知识及生产的基本技能，重点是综合生产技能的训练与提升。

项目实施的相关专业知识

甜瓜因味甜而得名，由于其清香袭人故又名香瓜。甜瓜是夏令消暑瓜果，其营养价值可与西瓜媲美。甜瓜主要以成熟的果实作鲜果消费，外观美丽，香气浓郁，是人们盛夏消暑瓜果中的高档品。此外，厚皮甜瓜还可用以加工瓜汁饮料，发酵酿酒，晾晒瓜干；薄皮甜瓜还可加工成腌渍品或酱渍品。甜瓜市场需求量很大，全国各地均有生产，设施生产规模次于西瓜生产。

一、生产概述

1. 喜温性

甜瓜是耐热植物，要求温度高，白天 25～35℃，夜间 15～20℃ 条件下生长最为适宜。种子发芽的最低温度为 15℃，最适合温度 28～32℃，根系伸长最低温度为 10cm，深地温最低保持在 10℃ 以上，开花期最低温度为 18℃，最适合温度为 25～28℃。甜瓜对低温最敏感，遇霜即死，气温 10℃ 停止生长，气温 5℃ 受寒害。甜瓜对高温的适应力强，35℃ 时生长良好，短时间 40℃ 也有光合作用。

2. 喜光性

甜瓜是喜光作物，每天需 10～12h 光照来维持正常的生长发育。日光充足的，植株生长健壮，病害少，品质好，育苗期短日照，可以促进雌花形成。

3. 耐旱性

甜瓜是耐旱作物，有发达的毛系根，吸水能力较强；甜瓜极不耐涝，土壤水分过多，根系缺氧，容易染病。幼苗期对空气相对湿度要求为 50%～60%，开花坐果期要求在 80% 左右。甜瓜耐旱，不耐涝，坐果期和膨大期为水分敏感期，需要供应适当的水分，才能获得较高的产量。

4. 需肥量性

按无公害标准生产，不能用大量的化肥，应以农家肥为主，多施猪粪、鸡粪、牛马粪等；化肥以活性腐殖酸有机肥、有机无机复混肥、硫酸钾为主，少施磷肥，严禁施氯离子肥料，这样的施肥方法产出的甜瓜产量高、品质好。

5. 对土壤的适应性

甜瓜最适宜种植在通透性良好的壤土和沙壤土上，沙壤土甜瓜易发苗、生长快、成熟早、品质好，但植株易早衰。土壤的 pH 以 6～6.8 为宜，甜瓜耐轻度盐碱地。

6. 忌重茬

重茬生产土传性病害严重，生产上可采用嫁接育苗的办法解决土传性病害。应与非葫芦科作物实行 3 年以上的轮作。

7. 产量高、经济效益高

甜瓜是喜温性植物，生长发育需要有较高的温度，设施覆盖能满足其温度要求，可以提早成熟提早上市。设施生产昼夜温差大有利于糖分积累。早春生产，每亩产量 4000～5000kg，经济效益高。

二、生产茬口

设施甜瓜生产主要是春季生产，其生产季节茬口安排见表3-4，春季早熟生产覆盖方式见表3-5。

表3-4 设施甜瓜生产季节茬口安排

季节茬口	播种期	定植期	供应期	备注
温室春早熟生产	12月上、中旬~第二年1月上旬	1月中、下旬~2月上、中旬	4月上、中旬	吊蔓式生产
大棚春季早熟生产	2月上、中旬	3月上、中旬	5月上、中旬	常地爬式生产

表3-5 大棚甜瓜春季早熟生产覆盖方式

覆盖方式	播种期	定植期	收获期
三层覆盖生产	2月上、中旬	3月上、中旬	5月中、下旬
二层覆盖生产	2月中、下旬	3月中、下旬	5月下旬~6月初

三、生产品种选择

我国栽培的甜瓜品种，因品种特性不同和适应性不同一般可分为薄皮甜瓜和厚皮甜瓜两大类型，设施生产要求早熟性好、抗病耐湿性强、适应性广、易于栽培、可进行设施栽培、商品性状好、外观艳丽、含糖量高、口感风味好、单瓜较大、产量较高、较耐储运的品种。

1. 薄皮甜瓜

株型较小，叶色深绿，小果型，单瓜重0.3~1.0kg，果形有圆形、梨形、卵形和筒形等，果皮光滑而薄，无网纹，有的有棱，皮色有白色、黄色、绿色、花色等类型，可连皮食用，一般肉厚2.5cm以下，可溶性固形物含量为10.0%~13.0%。常用品种有青皮绿肉、黄皮白肉系列品种，如白雪公主、白沙蜜、美国甜瓜王等。

2. 厚皮甜瓜

植株长势较旺，叶片较大，叶色浅绿，果型较大，单瓜重1.5~5.0kg，果形有圆形、高圆形或椭圆形等，果皮较厚，不能食用，有些有网纹。肉厚2.5cm以上，可溶性固形物含量为12.0%~17.0%。种子较大，品质好，耐储运，晚熟品种可储藏3个月以上。厚皮甜瓜对环境条件要求较高，喜干燥、炎热、温差大和强日照，栽培上表现为不耐湿、不抗病，不适宜露地栽培，只能在早春或秋冬保护地内栽培。常用的光皮品种有伊丽莎白、玉露、王冠等。网纹甜瓜品种有天蜜、华冠等。

四、生产技术要点

1. 生产育苗

（1）育苗方式、数量、播种期 在棚室中采用50孔穴盘基质育苗或8cm×10cm塑料营养钵加电热线育苗，普通大棚育苗也可采用大棚加上小拱棚草帘覆盖保温的方式育苗。温室春季早熟生产于12月上中旬至第二年1月上旬播种育苗，大棚春提前甜瓜一般在2月上中旬播种育苗。播种数量要注意有20%的安全苗。

（2）育苗流程 用55℃温汤浸种，将种子放入55℃温水中不停地搅拌，直到水温降至30℃左右时，浸种4~6h，捞出后沥干水分，在28~30℃条件下催芽48h即可出芽、播种。选用50孔穴盘，商品基质装盘播种，每孔播种1粒已发芽的种子，覆土或基质1~2.0cm厚，排盘浇水，覆盖地膜保湿，加盖小拱棚。为了提高地温，在育苗床可铺设地热线。播种后至幼苗出齐前应保持日温 28～32℃，夜温不低于 20℃，争取 3～4 天出齐。幼苗出土后应注意通风，适当降低温度，白天控制在 20～25℃、夜间控制在 12～16℃，防止幼苗徒长。定植前一周左右适当降低温度，白天控制在 15～20℃、夜间控制在 5～8℃，进行幼苗锻炼，提高幼苗抗性。当幼苗长到 3～4 片叶，株高 10～12cm，苗龄约 30 天时即可定植。

2. 定植

（1）整地 吊蔓生产在定植前 10～15 天，浇水造墒，深翻，整平耙细。扣棚烤地、草苫昼揭夜盖，提高设施内的温度。结合整地，每 667m² 施腐熟的圈肥 5～6m³、腐熟鸡粪 2000kg、过磷酸钙 50kg。起垄前，在垄底撒施氮、磷、钾三元复合肥（15-15-15）60kg 或磷酸二铵 40kg、硫酸钾 20kg。按小行距 60～70cm，大行距 80～90cm 的不等行距做成马鞍形垄。宽垄沟要深，窄垄沟要浅。宽垄垄底至垄面高度为 25～30cm，窄垄垄底至垄面高度为 15cm。垄上铺设一条或两条滴管带并覆盖地膜提高土温。常规生产按行距 150cm 作畦，沟宽 40cm、畦高 20cm，畦面平整后铺设滴管带，覆盖地膜准备定植。

（2）定植时间、密度 10cm 地温稳定在 15℃以上时进行定植，选择晴天上午进行。按 45～55cm 的株距栽苗。大果型品种每亩栽植 1500～1800 株，小果型品种每亩栽植 2000 株左右。定植后浇定植水。闭棚缓苗。

3. 定植后管理

（1）温、湿度调控 定植后维持白天设施气温 30℃左右，夜间 17～20℃，以利于缓苗。开花坐瓜前，白天室温 25～28℃，夜间 15～18℃，室温超过 30℃时要进行放风。坐瓜后，白天室温要求 28～32℃，不超过 35℃，夜间 15～18℃，保持 13℃以上的昼夜温差，同时要求光照充足，以利于果实膨大和糖分积累。

（2）整枝

1）薄皮甜瓜整枝方式。生产上可采取以下三种方法进行整枝。

①双蔓整枝。适用于温室、大棚甜瓜吊蔓栽培。主要方法是：主蔓二叶一心至三叶一心时掐尖，在下部留两条健壮子蔓吊起，每条子蔓上每留一个瓜，瓜前选留两条侧枝（孙蔓），每个孙蔓上留 3 片叶摘心，保证平均有 7～9 片功能叶促进果实发育。每个子蔓上最多可留 4 个瓜，全株可留瓜 8 个。

②三蔓整枝。适用于露地及保护地不吊蔓栽培形式。主要方法是：主蔓三叶一心至四叶一心时掐尖，每株留 3 条健壮子蔓，第一条子蔓可在第三个叶片处留一瓜，第二条子蔓在第二个叶片处留瓜，第三条主蔓可在第一个叶片处留瓜。每个子蔓上留 3～4 个孙蔓，每个孙蔓上留 3 个叶片后摘心，全株留 3 个瓜，果实成熟与上市比较集中。全株有叶片 50 多片，平均每个瓜有 17～20 片功能叶片，保证叶片光合产物满足膨瓜及糖分积累，促进果实正常的生长发育。

③四蔓整枝。适用于露地及保护地不吊蔓栽培形式，主要特点同三蔓整枝。方法是：主茎四叶一心至五叶一心时掐尖，每株留 4 条健壮子蔓，第一条子蔓可在第四个叶片处留 1 个瓜，第二条子蔓在第三个叶片处留瓜，第三条主蔓可在第二个叶片处留瓜，第四条子蔓在第一个叶片处留瓜。每个子蔓上留 3～4 个孙蔓，每个孙蔓上留 3 个叶片后摘心，全株留 4 个瓜。

2）厚皮甜瓜的整枝方式。中早熟品种的整枝方式：中早熟品种单瓜重一般在 1.5kg 以下，成熟期为 35～42 天，根据其栽培季节和环境的不同，可采取以下整枝方式。

日光温室冬春茬栽培一般采用以母蔓作主蔓、单蔓双层留瓜的方式，即在母蔓11～14节留第一层瓜，留瓜1个；在母蔓20节以上留第二层瓜，留瓜1～2个。这种留瓜方式，既可提早采收上市，又可获得较高产量，因而效益较好。大、中拱棚春早熟栽培可采用以双子蔓作主蔓，一次留双瓜的方式，即在幼苗长至5片真叶时摘心，留两条健壮、长势相当的子蔓作主蔓，各在子蔓8～12节上留瓜1个。春早熟栽培，由于厚皮甜瓜在拱棚内适宜的生长期较短，难以做到多次留瓜，而拱棚内的通风透光条件优于温室大棚，即使在与温室相同的栽培密度下，双蔓整枝也可使植株正常生长，留双瓜可大幅度提高早春茬的产量。

日光温室秋延迟栽培宜采用以子蔓为主蔓，单蔓单瓜的整枝留瓜方式，即在幼苗4～5片真叶时摘心，留一个健壮子蔓作主蔓，在子蔓10～15节处授粉，留1个瓜。中晚熟品种的整枝方式，中晚熟品种单瓜重一般在1.5kg以上，成熟期42～50天。中晚熟品种拱棚春早熟栽培和冬暖大棚秋延迟栽培时，可采用上述中早熟品种的整枝方式，也可采用以母蔓作主蔓、单蔓单瓜的整枝方式，即在母蔓12～15节授粉留瓜。

温室冬春茬早熟栽培，最好采用以子蔓作主蔓、单蔓双瓜的整枝方式，即在幼苗5片真叶时摘心，留一个健壮子蔓作主蔓，在子蔓10～14节授粉，留两个长势相当或同日授粉相邻节位的瓜，这样可适当早收，还可保证瓜的品质和产量。

（3）人工授粉　厚皮甜瓜在生产上有单层留瓜和双层留瓜等不同留瓜方式。单层留瓜是在茎蔓的第12～15节留瓜；双层留瓜是在茎蔓的第12～15节及第22～25节各留一瓜。在预留节位的雌花开放时，于上午9～11时取当日开放的雄花，去掉花瓣，将雄花的花粉轻轻涂抹在雌蕊的柱头上，每株须连续授3～4朵花。

（4）定瓜与吊瓜　当幼果长到核桃至鸡蛋大小时，要选留瓜，即定瓜。一般小果型品种（指单瓜重小于0.75kg的品种），每株双蔓上各留1个瓜，而大果型品种（单瓜重超过0.75kg的品种），每株只留1个瓜。留瓜的原则是：幼瓜果形周正，无畸形，符合品种的特征；生长发育速度快，瓜大小相近时，留后授粉的瓜；节位适中。在幼瓜长到250g左右时，及时吊瓜。将细麻绳用活结系到瓜柄靠近果实的部位，绳挂在上面铁丝上，将瓜吊到与坐瓜节位相平的位置上。

（5）肥水管理　定植后至伸蔓前，瓜苗需水量少，要控制浇水，水分过多会影响地温的升高和幼苗生长。若室温偏高，缓苗水浇得不足，植株表现缺水时，可选晴天上午膜下灌水，并注意提高室温。

伸蔓期每667m^{2}施尿素15kg、磷酸二铵10kg、硫酸钾5kg，施肥后随即浇水。预留节位的雌花开花至坐果期间控制浇水，防止植株徒长而影响坐果。定瓜后进入膨瓜期每亩可追施硫酸钾10kg、磷酸二铵20～30kg，随水冲施。隔7～10天再浇一次大水，至采收前10～15天不再浇水。双层留瓜时，在上层瓜膨大期第三次追肥，每亩施硫酸钾15～20kg、磷酸二铵15～20kg。除施用速效化肥外，也可在膨瓜期随水冲施腐熟的鸡粪，每亩300kg或腐熟的豆饼100kg。生长期内可叶面喷施2～3次0.3%磷酸二氢钾，使植株叶片保持良好的光合能力。

（6）CO_2施肥　冬春季节因温度低，放风少，若有机肥施用不足，温室内易发生CO_2亏缺，可进行CO_2施肥，使室内CO_2的浓度达到1000mg/L左右。

4. 病虫害防治

调节不同生育时期的适宜温度，避免低温和高温伤害。科学施肥，平衡施肥，增施腐熟的有机肥。日光温室内设置黄板诱杀白粉虱、蚜虫、美洲斑潜蝇等，也可释放丽蚜小蜂控制白粉虱。在霜霉病发病初期，进行高温闷棚，即选择晴天，密闭薄膜，使室内温度上升到40～43℃（以瓜秧顶端为准），维持1h，处理后及时缓慢降温。处理前土壤要求潮湿，必要时可在前两天灌一次水。必要时结合进行药剂防治。

5. 采收、包装

（1）采收 甜瓜品种繁多，成熟期也不尽相同。一般薄皮甜瓜早熟品种授粉后22～25天成熟，中晚熟品种35～40天成熟；厚皮甜瓜早熟品种35～45天成熟，中熟品种45～55天成熟，晚熟品种65～70天成熟。甜瓜成熟的特征表现为：瓜皮花纹清晰，充分显示其品种固有色泽，网纹品种则网纹硬化突出；果柄处茸毛脱落，果脐附近开始发软；白兰瓜等品种果蒂处产生离层，瓜蒂开始自然脱落；开始发出本品种所特有的香味；果实放水中会半浮于水面。

为提高品质和耐储运性，采摘前的4～5天应停止灌水和施肥。就近销售和短途运输的瓜，可在清晨采摘九至十成熟的瓜；长途外销的瓜，宜在下午16时至17时采摘八至九成熟的瓜；冬藏用的瓜，多采摘八至九成熟的瓜。甜瓜采收时要用小刀或剪刀切除，留2～3cm长瓜柄。采摘必须轻采轻放，并用纸或软棉布擦拭干净瓜面的水滴及污物。

（2）分级、包装

1）分级。按照国家或地方所制定的标准进行。如果无上述标准，也可根据不同的甜瓜品种，制定出相应的企业分级标准。经过分级后的甜瓜应分开包装，并标出级别。

2）包装。采收后应尽快套上尼龙发泡网袋，减少撞伤，然后装箱（需专门制作包装箱）。大型果每箱装3个，中型果装5～6个，小型薄皮甜瓜可装8～12个（或更多）。装箱时，瓜间用瓦楞纸隔开，箱面贴有标签，包装箱必须留有通气孔。包装箱必须坚固、耐压，最好经过防潮处理。

6. 储藏保鲜

（1）薄皮甜瓜储藏保鲜 选一阴凉通风处并打扫干净，在地面和四周撒上石灰粉，接着在地面或架子上铺一层稻草或麦秸，然后将套上泡沫网套的瓜轻轻摆放3～4层，这样可储放15～20天。将套上泡沫网套的瓜先装入竹筐或柳条筐内（不要装满，上部留一些空间），再把筐交叉叠放于阴凉通风的室内，保持室温16～18℃，相对湿度80%～85%，可储藏20～25天。将套上泡沫网套的瓜装入有通气孔的纸箱内，经预冷后交叉叠放于冷藏库，保持温度4～5℃，相对湿度80%～85%，可储藏2～3个月。以上三种方法适用于就近、短期销售时采用。

（2）厚皮甜瓜储藏保鲜

1）防腐处理。用55～60℃的温水浸瓜1min，然后用0.2%次氯酸钙或0.1%特克多、多菌灵等浸瓜1min，晾干后套上泡沫网套待储。

2）储藏。

①涂膜储藏。用0.1%托布津等浸瓜2～3min，捞出晾干后再用稀释4倍的1号虫胶涂抹瓜面，以形成一层半透明膜，晾干后包装入箱，放于温度2～3℃、相对湿度80%～85%的环境下储藏，可储藏3～4个月。

②冷库储藏。将经防腐和预冷处理的瓜装入有通气孔的纸箱内，交叉叠堆于冷库内，早、中熟品种保持库温5～8℃，晚熟品种3～4℃，保持冷库相对湿度85%～90%，可储藏

4~5个月。

③地窖储藏。选晚熟品种最好。瓜预冷后，每层隔板只摆放1层瓜，以后定期翻瓜，防止瓜与木板接触处腐烂。入窖初期要打开全部通气孔和门窗，当气温下降到0℃时即关闭窖门和通气孔，并保持窖温2~4℃，相对湿度85%~90%。此法可将瓜储藏至第二年4~5月。

任务13　甜瓜形态特征观察

一、任务实施的目的

认识并了解甜瓜的营养器官、生殖器官形态特征，生育期特征。为甜瓜生产田间诊断管理提供依据。

二、任务实施的地点

园艺实训基地，设施蔬菜栽培实训室。

三、任务实施的用具

米尺、观察记录表。

四、任务实施的步骤

1. 营养器官形态特征观察

（1）根　由主根、各级侧根和根毛组成，比较发达，主根可深入土中1m，侧根长2~3m，绝大部分侧根和根毛主要集中分布在30cm以内的耕作层。根除了从土壤中吸收无机盐和水分外，还直接参与有机物质的合成。据研究，根中直接合成的有18种氨基酸。

（2）茎　草本蔓生，茎蔓节间有不分杈的卷须，可攀缘生长。茎蔓横切面为圆形，有棱，茎蔓表面具有短刚毛，一般薄皮甜瓜茎蔓细弱，厚皮甜瓜茎蔓粗壮。每一叶腋内着生侧芽、卷须、雄花或雌花。分枝性强，子蔓、孙蔓发达。蔓匍匐在地面上生长时，还会长出不定根，也可以吸收水分和养料，并可固定枝蔓。

（3）叶　叶着生在茎蔓的节上，每节1叶，互生。甜瓜叶为单叶，叶柄短，上被短刚毛。叶形大多为近圆形或肾形，少数为心脏形、掌形。叶片不分裂或有浅裂，这是甜瓜与西瓜叶片明显不同之处，甜瓜叶片更近似于黄瓜叶片。甜瓜叶片的正反面均长有茸毛，叶背面叶脉上长有短刚毛，叶缘呈锯齿状、波纹状或全缘状，叶脉为掌状网脉。甜瓜叶片的大小，随类型和品种而异，通常叶片直径为8~15cm，但有些厚皮甜瓜品种的叶片在保护地栽培时直径可达30cm以上。

2. 生殖器官形态特征观察

（1）花　花为雌雄花同株，虫媒花，雄花是单性花，雌花大多为具雄蕊和雌蕊的两性花，也称为结实花。也有少数品种在低节位的雌花为单雌花，到高节位后恢复为两性花。另外还有极少数品种雌花为单雌花。甜瓜结实花常单生在叶腋内，雄花常数朵簇生，同一叶腋的雄花次第开放，不在同一日。结实花着生习性一般以子蔓或孙蔓上为主，孙蔓及上部子蔓第一节着生结实花，气温合适时一般在上午10时前开花，如果气温偏低则开花时间延迟。

85

（2）果实　瓠果，由受精后的子房发育而成。果实可分为果皮和种腔两部分，果皮由外果皮和中内果皮构成。外果皮有不同程度的木质化，随着果实的生长和膨大，木质化的表皮细胞会撕裂形成网纹。甜瓜的中、内果皮无明显界限，均由富含水分和可溶性糖的大型薄壁细胞组成，为甜瓜的主要可食部分。种腔的形状有圆形、三角形、星形等，三心皮一室，内充满瓤子。甜瓜果实的大小、形状、果皮颜色差异很大，是鉴定品种的主要依据。通常薄皮甜瓜个小，单瓜重在1kg以下。果实形状有扁圆形、圆形、卵形、纺锤形、椭圆形等。果皮颜色有绿、白、黄绿、黄、橙等。外果皮上还有各种花纹、条纹、条带等，丰富多彩。甜瓜的果柄较短，早熟类型甜瓜果柄常熟后脱落。果实成熟后常散发出香气。

（3）种子　甜瓜果实一果多胚，通常一个瓜中有300～500粒种子。种子形状为扁平窄卵圆形，大多为黄白色。种皮较西瓜薄，表面光滑或稍有弯曲。甜瓜种子大小差别较大，薄皮甜瓜种子小，千粒重5～20g；厚皮甜瓜种子大，千粒重可达30～60g。甜瓜种子的解剖构造与西瓜相似，均由种皮、子叶、胚三部分组成，不含胚乳。在干燥低温密闭条件下，能保持发芽力10年以上，一般情况下寿命为5～6年。

3. 生育期特征

甜瓜从播种到收获开始需85～120天。结瓜多，收获期长者历时25天左右，所以全生育期长者可达110～145天，从播种到收获顺序经历以下几个时期：

（1）发芽期　从种子萌动露出胚根、子叶展平到破心为发芽期，需经7～10天。主要依靠种子内部储藏的养分生长，生长量小。

（2）幼苗期　从破心到第五片真叶出现为幼苗期，需25～35天。以叶的生长为主，茎呈短缩状，植株直立。幼苗期生长量较小，生长速度缓慢。但这一阶段是幼苗花芽分化、苗体形成的关键时期。第一片真叶出现后花芽分化就开始了，2～4片真叶期是分化旺盛的时期，到5片真叶初期主蔓可分化20多节，一棵植株可分化幼叶138片，侧蔓原基27个，花原基100多个。

（3）伸蔓期　此期从第五片真叶出现到第一结瓜部位雌花开放，历时20～25天。此期地上部分和地下部分均生长旺盛，生长量迅速增加，根系迅速向垂直和水平方向扩展，吸收量不断增加；侧蔓不断发生，迅速伸长；叶片不断增加，叶面积不断扩大，一个生长点一天就能增加一片新叶。同时花芽进一步分化发育。

（4）结果期　由第一朵雌花开放到果实成熟为结果期。此期又可分为开花坐果期、果实肥大期和成熟期三个时期。

1）开花坐果期。雌花开放到幼果迅速肥大，约7天，是植株由营养生长为主开始向生殖生长为主过渡的时期，果实的生长优势逐渐形成。

2）果实肥大期。果实迅速膨大到停止膨大为止的一段时期。此期长短与品种有关。早熟品种13～15天。这时植株生长量达到最大，植株的生长以果实肥大为主。此期是果实生长最快的时期，每天增重50～150g，果肉细胞迅速膨大，营养物质源源不断地向果实运输，是决定果实产量的关键时期。

3）成熟期。果实停止膨大进入成熟期。这时根、茎、叶的生长趋于停止，果实的体积停止增长，但果实重量仍有增加。这一时期果实除继续累积营养物质外，最主要的特征是内部储藏物质的转化，糖分中特别是蔗糖的含量大幅度增加。

整个结果期，薄皮甜瓜经 20～35 天，厚皮甜瓜经 30～50 天才能成熟。未熟采收会降低含糖量和风味。

五、任务实施的作业

1. 叙述甜瓜形态特征。
2. 叙述甜瓜茎的分枝习性在生产中的应用。

任务 14　甜瓜设施生产管理

一、任务实施的目的

掌握设施甜瓜生产温度、湿度调控，肥水管理，植株调整，生长调节剂应用，病虫害防治等技能。

二、任务实施的地点

园艺实训基地，设施蔬菜栽培实训室。

三、任务实施的用具

温度、湿度计，复合肥，塑料捆扎绳，剪刀，农药，喷雾器。

四、任务实施的步骤

1. 温、湿度调控

定植后维持白天室内气温 30℃ 左右，夜间 17～20℃，以利于缓苗。开花坐瓜前，白天室温 25～28℃，夜间 15～18℃，室温超过 30℃ 时要进行放风。坐瓜后，白天室温要求 28～32℃，不超过 35℃，夜间 15～18℃，保持 13℃ 以上的昼夜温差，同时要求光照充足，以利于果实膨大和糖分积累。

2. 整枝、吊蔓

当幼苗长至 4～5 片真叶时，进行摘心，选留 1 条健壮的子蔓生长，其余侧蔓抹去。早、中晚熟品种不必摘心，中晚熟品种瓜蔓可用尼龙绳或麻绳牵引，将茎蔓缠在绳上，并及时除掉其余的侧蔓。厚皮甜瓜栽培的多数品种采用单蔓整枝，小果型品种也可采用双蔓整枝。

3. 人工授粉

厚皮甜瓜生产，在预留节位的雌花开放时，于上午 9～11 时取当日开放的雄花，去掉花瓣，将雄花的花粉轻轻涂抹在雌蕊的柱头上，每株须连续授 3～4 朵花。

4. 定瓜与吊瓜

当幼果长到核桃至鸡蛋大小时进行。小果型品种每株双蔓上各留 1 个瓜，大果型品种每株留 1 个瓜。留瓜的标准是：幼瓜果形周正，无畸形，符合品种的特征；生长发育速度快，瓜大小相近时，留后授粉的瓜；节位适中。在幼瓜长到 250g 左右时，及时吊瓜。将细麻绳用活结系到瓜柄靠近果实的部位，绳挂在上面铁丝上，将瓜吊到与坐瓜节位相平的位置上。

5. 肥水管理

（1）定植后至伸蔓前　瓜苗需水量少，要控制浇水，水分过多会影响地温的升高和幼苗生长。若室温偏高，缓苗水浇得不足，植株表现缺水时，可选晴天上午膜下灌水，并注意提高室温。

（2）伸蔓期　每亩施尿素 15kg、磷酸二铵 10kg、硫酸钾 5kg，施肥后随即浇水。预留节位的雌花开花至坐果期间控制浇水，防止植株徒长而影响坐瓜。

（3）定瓜后进入膨瓜期　每 $667m^2$ 可追施硫酸钾 10kg、磷酸二铵 20~30kg，随水冲施。隔 7~10 天再浇一次大水，至采收前 10~15 天不再浇水。双层留瓜时，在上层瓜膨大期第三次追肥，每亩施硫酸钾 15~20kg、磷酸二铵 15~20kg。除施用速效化肥外，也可在膨瓜期随水冲施腐熟的鸡粪，每亩 300kg 或腐熟的豆饼 100kg。生长期内可叶面喷施 2~3 次 0.3% 磷酸二氢钾，使植株叶片保持良好的光合能力。

6. CO_2 施肥

冬春季节因温度低，放风少，若有机肥施用不足，温室内易发生 CO_2 亏缺，可进行 CO_2 施肥，使室内 CO_2 的浓度达到 1000mg/L 左右。

7. 病虫害识别防治

（1）主要病虫害调查识别

1）主要害虫。蚜虫、白粉虱的调查识别。

2）主要病害。白粉病、灰霉病及其他病害的调查识别。

（2）药剂防治　农药选择与使用。

五、任务实施的作业

1. 会进行甜瓜设施生产的温度、水分调节。
2. 会识别甜瓜生产的病虫害并进行预防。

子项目4　西葫芦设施生产

知识点：掌握西葫芦设施生产特点，设施栽培技术。

能力点：会制订西葫芦生产计划，掌握生产育苗、整地作畦、定植、植株调整、有害生物防控等相关基本技能。

项目分析

该任务主要是掌握设施西葫芦生产的基本知识及生产的基本技能，重点是综合生产技能的训练与提升。

项目实施的相关专业知识

西葫芦原产于南美洲，别名笋瓜、小白瓜，其营养丰富、风味独特、食用范围广，是市场上深受消费者喜欢的蔬菜品种。在我国北方地区西葫芦的生产面积仅次于黄瓜，是设施生产调节北方蔬菜淡季供应的重要蔬菜之一。

一、生产概述

1. 喜温性

西葫芦对温度的要求比其他瓜类低些。种子发芽最适温度为 25～30℃，13℃以下不发芽；生长发育的温度为 18～25℃。开花结果期，白天适温 22～25℃、夜温 15～18℃，低于15℃高于 32℃均影响花器官正常发育；果实发育最适温度为 20～23℃，但受精的果实在 8～10℃的夜温下，也能长成大瓜。根系伸长最低温度为 6℃，最适温度为 15～25℃。温度高于32℃时易感染病毒病。

2. 需水性

西葫芦根系强大，具有较强的吸水力和抗旱力。叶片大而多，蒸腾作用旺盛，结瓜期需水量大，易因缺水引起落花、落果，土壤含水量在 85% 左右时，最适宜于西葫芦生长，但幼苗期需适当控水防徒长。

3. 喜光、耐弱光

对光照的适应能力也很强，喜强光，又耐弱光，光饱和点为 50000lx。进入结果期需较强光照，若遇弱光，易引起化瓜，达不到丰产目的。

4. 雌花形成与单性结实性

花单性，雌雄同株。当幼苗期有 1～2 片真叶时，低温（昼夜温度 10～30℃）、短日照（8～10h），雌花分化的多且节位低，花肥大正常。西葫芦单性结实率低，冬季和早春昆虫少时需人工授粉。

5. 需肥特性

西葫芦属葫芦科一年生蔬菜作物，主、侧根均较发达，主要根群分布在 10～30cm 耕层内，侧根横向生长达 50～80cm，吸收养分和水分能力强，既耐旱耐贫瘠，又耐土壤肥沃。在肥沃沙壤土栽培，最易获高产。西葫芦对大量元素的吸收量以钾最多，氮次之，钙居中，磷和镁最少。在设施栽培西葫芦时，肥水要充足，方可获得丰产。

6. 产量高，反季节供应、经济效益高

西葫芦是喜温性植物，生长发育需要有较高的温度，大棚覆盖能满足其温度要求，可以提早成熟提早上市。西葫芦早春生产，不仅品质好产量也高，嫩瓜每 667m² 产量 4000～5000kg。大棚生产的产品上市早，具有显著的季节性差价，为生产带来显著的经济效益。大棚春提前西葫芦在 4 月下旬即可上市，上市期在露地蔬菜上市以前，温室蔬菜的采收接近尾声，这个时期是蔬菜供应淡季，种植效益较好。

7. 安全性

大棚的保护作用可避免自然灾害对生产的影响。早春在完全覆盖条件下生产，病虫害发生不严重，不需要使用化学农药，产品食用安全性高，基本能达到绿色食品标准要求。

8. 不宜连作

西葫芦设施生产连作病虫害发生严重，化学防治会增加产品中农药残留量，影响产品安全质量，应与非葫芦科作物实行 3 年以上的轮作。

二、生产茬口

棚室西葫芦生产方式见表 3-6。大棚西葫芦春季早熟生产方式见表 3-7。

表3-6　棚室西葫芦生产方式

项　　目	播种期	定植期	收获期
日光温室冬春茬生产	10月末～11月初	11月末～12月初	2月低～6月初
大棚春季早熟生产	1月中下旬～2月上、中旬	3月上、中旬	4月初～6月初

表3-7　大棚西葫芦春季早熟生产方式

项目	播种期	定植期	收获期
多层覆盖生产	1月中、下旬	2月中、下旬	4月中、下旬～6月下旬
三层覆盖生产	2月上、中旬	3月上、中旬	5月中、下旬～6月下旬
二层覆盖生产	2月中、下旬	3月中、下旬	5月下旬～6月下旬

三、生产品种选择

大棚栽培的西葫芦品种应选择植株矮小、株型紧凑、雌花节位低、叶片较小、耐寒性较强、耐低温弱光、坐瓜能力极强、产量高、生长发育快的短蔓型早熟品种。生产上应用较多的品种有早青一代、潍早1号、纤手、早抗嫩玉、京香蕉、京葫8号、京葫12号等。

（1）京香蕉　它为特色西葫芦品种。中早熟。直立丛生，生长健壮。果实金黄色，光泽度好，外观漂亮，长圆筒形，果长20～25cm，果茎4～5cm，收获期长，产量高，适合各种保护地栽培。

（2）京葫8号　它为早熟品种，长势中等，株形好。耐低温弱光。坐瓜能力极强，产量高。瓜为翠绿细纹，长筒形，长22～24cm、粗5～6cm。光泽好，商品性佳。适合南方冬、春露地，北方早春大棚、秋延露地种植。

（3）京葫12号　它为中早熟品种，长势强劲，株形半开展。耐寒及耐低温弱光性好。连续结瓜能力强，产量高。瓜为浅绿细花纹，长筒形，长22～25cm、粗5～6cm。光泽亮丽，商品性好，适合北方冬季温室、早春大棚，南方冬、春露地种植。

四、生产技术要点

1. 生产育苗

在棚室中采用50孔穴盘基质育苗或8cm×10cm塑料营养钵育苗。每667m² 需要种子500g。日光温室冬春茬生产于10月末～11月初播种育苗，大棚春提前西葫芦一般在2月中下旬播种育苗。用55℃温汤浸种，将种子放入55℃温水中不停地搅拌，直到水温降至30℃左右时，浸种4～6h，捞出后沥干水分，在28～30℃条件下催芽48h即可出芽、播种。

大棚内做宽度1～1.2m、深15cm的槽形苗床；选用50孔穴盘，商品基质装盘播种，每孔播种1粒已发芽的种子，覆土或基质1～2.0cm厚，并覆盖地膜保湿，加盖小拱棚。为了提高地温，在育苗床可铺设地热线。播种后至幼苗出齐前应保持日温28～32℃，夜温不低于20℃，争取3～4天出齐。幼苗出土后应注意通风，适当降低温度，白天控制在20～

25℃、夜间 12~16℃，防止幼苗徒长。定植前一周左右适当降低温度，白天控制在 15~20℃、夜间 5~8℃，进行幼苗锻炼，提高幼苗抗性。当幼苗长到 3~4 片叶，株高 10~12cm，苗龄约 30 天时即可定植。

2. 定植

（1）定植准备　定植前 10~15 天应扣棚烤地，提高地温。结合整地每亩施优质腐熟农家肥 5000kg、过磷酸钙 50kg、硫酸钾复合肥 40kg，按照大行距 70~80cm、小行距 50cm 作畦，畦高 15~20cm，畦面覆盖地膜。

（2）定植期　大棚早春茬西葫芦定植时间应该在棚内最低温度稳定在 11℃以上，地温稳定在 13℃以上时进行，华北地区一般在 3 月中下旬定植，即当地晚霜结束前 35~40 天。

（3）定植方法　定植应选在晴天上午进行，在畦面上按 50~60cm 穴距开穴栽苗，用湿土封穴并把膜口封严，分株浇稳苗水。每亩定植 2500 株左右。

3. 田间诊断管理

（1）生育期诊断与管理

1）缓苗期诊断、管理。定植后封闭棚室提高温度，促进生根缓苗。白天保持 25~28℃，夜间保持 15~18℃，晴天中午前后温度超过 32℃，大棚放风降温，防止高温危害。缓苗后适当控制温度，促进健壮生长。白天保持 25℃，夜间 15℃左右。外界的日平均温度达到 20℃以上时可定植。浇足定植水后，一般到坐瓜前不浇水。定植水不足、地面偏干时，可在瓜苗明显生长后适量浇水，但要避免浇水过多，引起徒长。缓苗期不施肥。

2）初花期诊断、管理。初花期指的量植株 4~5 片叶至根瓜形成，为蹲苗阶段。这期间以蹲苗为中心，小拱棚白天揭膜，夜间盖，日温控制在 20~25℃，夜间温度为 13~15℃。通风排湿，湿度控制在 55%~60%，防止秧苗徒长。在 5 月上旬去掉小拱棚。根瓜形成前不浇水，施足基肥后，结瓜前不追肥。

3）结果期诊断、管理。结果期是指根瓜形成到拉秧，营养生长与生殖生长并进期。这期间如果最低气温在 15℃以上时，可以揭除棚膜。揭膜以前要进行 3~5 天的大通风炼苗。到第一瓜坐住后，浇催瓜水，同时追施尿素 15kg；进入结瓜盛期，要每 7~10 天浇一次水，每浇两次水追一次肥，结合浇水追施尿素 15~20kg，磷酸二氢钾 20kg。西葫芦蔓长为 20cm 左右，发生倒伏前，采取吊蔓措施，防止茎蔓倒伏。为改善通风透光条件、减少营养消耗，及时去掉病、老、黄叶，并将其带到棚外深埋或焚烧，以防病害传播。西葫芦为虫媒异花授粉，开花结果早期，大棚内湿度大，昆虫少，雌花授粉不良，可在进行人工授粉的同时，用 2，4-D 涂抹瓜柄或幼瓜，能起到保瓜的作用，且生长速度加快，产量提高。用 2，4-D 蘸花，在蘸花液中加入 50% 速克灵 2000 倍液防人为传播灰霉病。

（2）长势长相诊断与管理

1）缺氮表现为：叶片小，上位叶更小；从下向上逐渐变黄；叶脉间黄化，叶脉突出，后扩展至全叶；坐果少，膨大慢。生产上可施用酵素菌沤制的堆肥或充分腐熟的新鲜有机肥，采用配方施肥技术施肥。当田间出现缺氮症状时，埋施充分腐熟发酵好的人粪肥，也可把碳酸氢铵、尿素混入 10~15 倍有机肥料中，施在植株两旁后覆土、浇水，此外也可喷洒 0.2% 尿素溶液。

2）缺磷时植株矮化但不明显。苗期缺磷，叶色深绿，植株发硬、矮化，叶片小，稍向上挺。定植以后停止生长，叶色深绿，后期叶面上出现褐色斑。果实成熟晚。土壤中含磷量低于30mg/100g，应在土壤中增施过磷酸钙。生产过程中发现缺磷时，可以用500倍磷酸二氢钾液或200倍过磷酸钙浸提液喷洒植株或浇灌根部。

3）生育前期缺钾，表现为叶缘现轻微黄化，后扩展到叶脉间。生育中后期缺钾，表现为中位叶附近出现上述症状，后叶缘枯死，叶向外侧卷曲，叶片稍硬化，呈深绿色；瓜条短，膨大不良。土壤中缺钾时可用硫酸钾补充，每亩平均施入3～4.5kg，1次施入。应急时也可叶面喷洒0.2%～0.3%磷酸二氢钾或1%草木灰浸出液。

4）缺钙症状表现为距生长点近的上位叶片小，叶缘枯死，叶形呈蘑菇状或降落伞状，叶脉间黄化，叶片变小。生产上可深施过磷酸钙肥料，使其分布在根系层内，以利吸收；应急时也可喷洒0.3%氯化钙水溶液，每3～4天喷1次，连续喷3～4次。

（3）西葫芦病虫害诊断与防治　病害主要有灰霉病、白粉病、病毒病等，虫害有蚜虫、白粉虱等，生产上宜采取综合防治的方法。

4. 采收、包装及储藏

（1）采收　西葫芦以鲜嫩、顺直的幼果为产品，西葫芦设施生产当幼果长至0.25～0.5kg时应采收上市。特别是第一、二个果实更应及早采收，可防止坠秧，保证高产。正常的西葫芦植株在根瓜采收后主蔓上应有2～3个幼瓜和1～2个正在开放的雌花，开放的雌花前有2～4片展开叶，植株长势中等。如果植株长势太弱或坐瓜太多时要疏去部分幼瓜。通过控制采收强度，平衡植株营养生长与生殖生长，使瓜田植株生长势整齐一致。

（2）包装　西葫芦分级及包装在早晨低温高湿时进行。采收后按大小进行分级，分级预冷后用包装纸包裹整个瓜体，整齐码入衬有塑料薄膜的包装箱内。每箱净重以10～15kg为宜，最多不超过20kg。就近销售的也可用竹筐包装。西葫芦果皮脆嫩，在整个过程中应轻拿轻放，防止挤伤、压伤、碰伤。储藏及运输期温度以8～12℃为宜。

（3）储藏保鲜

1）窖藏。窖藏的西葫芦宜选用主蔓上第二个瓜，根瓜不宜储藏。生长期间尽量避免西葫芦直接着地，并要防止阳光曝晒。采收时谨防机械损伤，特别要禁止滚动、抛掷，否则内瓤振动受伤易导致腐烂。西葫芦采收后，宜在24～27℃条件下放置2周，使瓜皮硬化，这对成熟度较差的西葫芦尤为重要。

2）堆藏。在室内地面上铺好麦草，将瓜蒂向外、瓜顶向内依次码成圆锥形，每堆15～25个瓜，以5～6层为宜。也可装筐储藏，瓜筐堆放以3～4层为好，不宜太满。堆码时应留出通道。储藏前期气温较高，晚上应开窗通风换气，白天关闭遮阴。气温低时关闭门窗防寒，温度保持在0℃以上。

3）架藏。在空屋内，用竹、木或钢筋做成分层的储藏架，架底垫上草袋，将瓜堆在架子上，或用板条箱垫一层麦秸作为容器。此法的透风散热效果比堆藏好，储藏容量大，便于检查，其他管理办法同堆藏法。

4）嫩瓜储藏。嫩瓜应储藏在温度5～10℃及相对湿度95%的环境条件下，采收、分级、包装、运输时应轻拿轻放，不要损伤瓜皮，按级别用软纸逐个包装，放在筐内或纸箱内储藏。临时储存时要尽量放在阴凉通风处，有条件的可储存在适宜温度和湿度的冷库内。在冬季长途运输时，还要用棉被和塑料布密封覆盖，以防冻伤。一般可储藏2周。

任务15　西葫芦形态特征观察

一、任务实施的目的

认识并了解西葫芦的营养器官、生殖器官形态特征，生育期特征。为西葫芦生产田间诊断管理提供依据。

二、任务实施的地点

园艺实训基地，设施蔬菜栽培实训室。

三、任务实施的用具

米尺、观察记录表。

四、任务实施的步骤

1. 西葫芦营养器官形态特征观察

（1）根　直根系，生长速度较快，吸收能力强。主侧根均较发达，主要根群分布在10～30cm耕层内，主根扭曲，侧根垂直生长达50～80cm、水平达40～65cm。

（2）茎　蔓生，茎粗最大为4.1cm左右，五棱，绿色，被茸毛。有矮生、半蔓生、蔓生三大品系，多数品种主蔓优势明显，侧蔓少而弱。矮生品种节间短，主蔓长度通常在50cm以下。

（3）叶　单叶，大型，掌状深裂，互生（矮生品种密集互生），叶面粗糙多刺，呈墨绿色，有的品种叶片绿色深浅不一，近叶脉处有银白色花斑。最大叶片长为30cm左右、宽为35cm左右。叶柄长而中空。

2. 西葫芦生殖器官形态特征观察

（1）花　花单性，雌雄同株。花单生于叶腋，鲜黄或橙黄色。雄花花冠钟形，花萼基部形成花被筒，花粉粒大而重，具黏性，风不能吹走，只能靠昆虫授粉。雌花子房下位，具雄蕊但退化，有一条环状蜜腺。单性结实率低，冬季和早春昆虫少时需人工授粉。花为半日花，上午开花。第一雄花开放节位在第3～4叶腋间，第一雌花开放节位在第4～5叶腋间。

（2）果实　瓠果，形状有圆筒形、椭圆形和长圆柱形等多种。幼果与熟果的果皮因品种不同而异，嫩瓜皮色有白色、白绿色、金黄色、深绿色、墨绿或白绿相间；老熟瓜的皮色有白色、乳白色、黄色、橘红或黄绿相间等。

（3）种子　种子长椭圆形，扁平、黄白色，陈种子灰白色。每果有种子300～400粒，种子为白色或浅黄色，长卵形，种皮光滑，千粒重130～200g。寿命一般为4～5年，生产利用上限为2～3年。

3. 西葫芦生育期特征

（1）发芽期　种子萌动到第一片真叶出现，第一片真叶展开标志发芽期结束，由异养阶段过渡到自养阶段。此时期内秧苗的生长主要是依靠种子内部储藏的养分生长，在温度、水分等适宜条件下，历时5～7天。

（2）幼苗期　从第一片真叶显露到4～5片真叶长出是幼苗期，大约需25天。这一时期幼苗生长比较快，植株的生长主要是幼苗叶的形成、主根的伸长及各器官（包括大量花芽分化）形成，是为产量形成打基础的时期。

（3）初花期　从第一雌花出现、开放到第一条瓜（即根瓜）坐瓜为初花期。从幼苗定植、缓苗到第一雌花开花、坐瓜一般需 20～25 天。初花期是为大量开花结果打基础的时期，生产上既要防止徒长，又要防止坠秧，保持地上部与地下部、营养生长与生殖生长平衡。

（4）结果期　从第一条瓜坐瓜到采收结束为结果期。结果期的长短是影响产量高低的关键因素。结果期的长短与品种、栽培环境、管理水平及采收次数等情况密切相关，一般为40～60 天。在日光温室或现代化大温室中长季节栽培时，其结果期可长达 150～180 天。

五、任务实施的作业

1. 叙述西葫芦营养器官特征特性与生产关系。
2. 叙述西葫芦生殖器官特征特性与生产关系。
3. 西葫芦生育期特征与生产关系。

任务 16　西葫芦设施生产管理

一、任务实施的目的

掌握设施西葫芦生产棚室温度、湿度调控，肥水管理，植株调整，生长调节剂应用，病虫害防治等技能。

二、任务实施的地点

园艺实训基地，设施蔬菜栽培实训室。

三、任务实施的用具

温度、湿度计，复合肥，塑料捆扎绳，剪刀，赤霉素，2，4-D，乙醇、5% 氢氧化钠溶液，1% 酚酞指示剂，毛笔，广口瓶，台秤，农药，喷雾器。

四、任务实施的步骤

1. 温室生产管理

（1）温、湿度调控　缓苗阶段不放风，密闭温室薄膜以提高温度，促使早缓苗。白天室温应保持在 25～30℃，夜间 18～20℃，晴天中午室温超过 30℃时，可利用顶窗少量放风。缓苗后白天室温控制在 20～25℃，夜间 12～15℃。控制浇水，多次中耕，促进植株根系发育，有利于雌花分化和早坐瓜。坐瓜后，白天温度保持在 22～26℃，夜间 15～18℃，最低不低于 10℃，加大昼夜温差，有利于营养积累和瓜的膨大。深冬季节，白天要充分利用阳光增温，控制较高的温度，实行高温养瓜，室内气温达 30℃时才进行放风；夜间增加覆盖物保温，在覆盖草苫后可再盖一层塑料薄膜。清晨揭苫后及时擦净薄膜上的碎草、尘土，以增加透光率。深冬期间，晴天阳光照到采光屋面时及时揭开草苫，下午室温降至 20℃时盖苫。温室内湿度大时，可在揭苫后放风 30～40min。连续阴天时，午前揭苫，午后早盖。大雪天，清扫积雪后中午短时揭苫。久阴乍晴时，间隔揭苫，不能猛然全部揭开，以免叶面灼伤。2月中旬以后，随着温度的升高和光照强度的增加，搞好放风降温。应根据天气情况等灵活掌握放风口的大小和放风时间的长短。进入4月下旬以后，利用天窗、后窗及前立窗进行大放风，不使室温高于30℃。

（2）植株调整　当西葫芦蔓长为20cm左右，发生倒伏前吊绳引蔓。用一根细尼龙绳或塑料皮，一端系在瓜苗上方的铁丝上，一端打宽松活结系到瓜苗基部，并将瓜蔓缠绕到上面。低温期晴天上午10时后、下午15时前吊蔓，有利于使缠蔓造成的伤口愈合，避免其感染病害。高温期应于下午瓜蔓失水变软时缠蔓，避免损害茎叶。吊蔓、缠蔓时及时去掉侧枝，摘除下部的老叶、黄叶。去老、黄叶时，伤口离主蔓远一些，防止病菌从伤口处侵染。在上午9时~10时，摘取当日开放的雄花，去掉花冠，轻轻涂抹在雌花柱头上。一朵花可连续给3~4朵雌花授粉。在雄花不足时，用20mg/L浓度2，4-D或30~40mg/L的防落素涂抹初开雌花的花柱头或花柄，提高坐瓜率。人工授粉后再用激素涂花柄，坐瓜效果更好。

（3）肥水管理　缓苗后到根瓜坐住前控制浇水，多次中耕，以促根控秧。根瓜坐瓜后每667m²追施磷酸二铵30kg或氮磷钾三元复合肥（15-15-15）35kg，垄侧开浅沟施入，覆土，整细垄面，覆盖地膜，膜下浇透水。深冬期间，约20天浇一次水，并采取膜下浇暗水的方式，随水每亩冲施氮磷钾三元复合肥（15-15-15）10~15kg，或鸡粪300kg。选择晴天上午浇水，避免在阴雪天前浇水。浇水后在室温上升到28℃时，开放风口排湿。如果遇阴雪天或室内湿度较大时，可用粉尘剂或烟雾剂防治病害。2月中旬以后，每间隔10~15天，浇1次水，随水每亩追施氮磷钾三元复合肥（15-15-15）15kg或腐熟人粪尿、鸡粪300kg。植株生长后期可叶面喷洒0.3%磷酸二氢钾或0.5%尿素。

（4）CO_2施肥　冬春季节因放风少，若有机肥施用不足，易发生CO_2亏缺，可进行CO_2施肥，常用碳酸氢铵加硫酸反应法，碳酸氢铵的用量，深冬季节每平方米3~5g，2月中、下旬后每平方米5~7g，使室内CO_2的浓度达到1000mg/L左右。

2. 大棚生产管理

缓苗期注意查苗补苗，发现死苗及时拔除，补栽新苗。定植缓苗期注意保温防寒促缓苗，缓苗后，白天温度控制在20~24℃，夜间8~12℃。当外界最低气温稳定在10℃以上时，白天应加大通风量，以降低棚内湿度。

浇水定植后浇一次缓苗水，以后控水蹲苗，中耕保墒，当根瓜长到10cm大时开始浇催瓜水，根瓜采收后，应保持土壤见干见湿。追肥结合浇水，坐瓜初期追施尿素，每667m²用量10kg。结瓜盛期隔水追肥，选用含钾高氮冲施肥或腐殖酸类冲施肥。植株调整及时打杈，摘掉畸形瓜及老叶；根瓜早摘以免坠秧。保花保果及授粉西葫芦大棚栽培时，由于昆虫较少，须人工授粉。在开花期早上8时~10时，采摘雄花，撕去花瓣，在开花的雌花柱头上轻轻涂抹即可，或用30~40mg/kg防落素喷花。

3. 病虫害识别防治

（1）主要病虫害调查识别

1）主要害虫。温室白粉虱的调查识别。

2）主要病害。霜霉病、灰霉病的调查识别。

（2）药剂防治　农药选择与使用。

五、任务实施的作业

1. 会进行西葫芦设施生产的温度、水分调节。
2. 会识别西葫芦生产的病虫害并进行预防。

复习思考题

1. 简述瓜类蔬菜设施生产特点。
2. 本地区设施瓜类蔬菜的主要生产季节与生产方式是什么？
3. 设施瓜类蔬菜生产流程与核心技术是什么？
4. 设施冬、春季节瓜类蔬菜生产对品种要求有哪些？
5. 拟定一份20万元效益目标的大棚西瓜生产计划与生产方案。
6. 控制瓜类蔬菜生产重茬障碍的途径有哪些？

豆类蔬菜设施生产

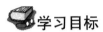 学习目标

通过学习掌握菜豆、豇豆的生物学特性，掌握菜豆、豇豆播种及田间管理技术，了解设施豆类蔬菜育苗技术。

工作任务

能熟练掌握当地的菜豆、豇豆的生长发育环境，并能进行管理，熟练地操作菜豆、豇豆的插架或吊蔓工作。

子项目1　菜豆设施生产

知识点：菜豆的植物学特征、菜豆生产的特点、菜豆的田间管理。

能力点：会认识当地常见的菜豆种类；会根据菜豆的植物学特征，了解设施栽培管理技术；对当地设施菜豆生产情况进行调研，发现存在的问题并就发展设施菜豆生产提出可行性建议。

项目分析

该任务主要是掌握菜豆的植物学特征；学会根据菜豆的植物学特征，了解设施栽培管理技术；对当地发展设施菜豆生产提出可行性建议。要完成该任务必须具备园艺植物学知识，具有掌握设施园艺和植物生理学的能力，才能高效优质栽培。

项目实施的相关专业知识

菜豆，别名芸豆、茴香豆，属于蝶形花科菜豆属。菜豆原产于美洲的墨西哥，我国在16世纪末才开始引种栽培。菜豆适宜在温带和热带高海拔地区种植，比较耐冷喜光，属于异花授粉短日照作物，菜豆根系发达，叶绿色，总状花序，开花多，结荚不多。

菜豆营养丰富，蛋白质含量高，食用部分含有6%蛋白质、10%纤维素、1%~3%糖，既是蔬菜又是粮食作物，是出口创汇的重要农副产品。

一、生产概述

1. 喜温性

菜豆属于喜温蔬菜，不耐霜冻，适宜在温带和热带高海拔地区种植，矮生种的耐低温能力比蔓生种强，生长发育以 20℃ 左右最适宜。当气温低于 5℃ 时开始受冻，遇霜冻地上部分死亡。生长发育要求无霜期 120 天以上，发芽的最适宜温度为 20 ~ 25℃，适宜生长的温度为 18 ~ 20℃，幼苗在土温 13℃ 时缓慢生长，发根少，但根短而粗，高于 30℃ 或低于 15℃ 授粉结实困难，气温和地温对根瘤也有影响，低于 13℃ 几乎不能形成根瘤。

2. 喜光性

菜豆属于异花授粉、短日照作物，生长发育要求阳光充足，如果遇弱光开花结荚数会减少，菜豆春、秋季节都可种植。日照时间越短，阳光足，菜豆开花、结荚、成熟时间越提前。反之，日照延长，阳光不足，菜豆开花、结荚、成熟时间延迟，枝叶徒长，甚至不能开花结荚或开花结荚数量减少。

我国栽培的矮生品种和蔓生品种大多数呈中光性，南北互引可实现开花结实。短日照能促进其开花。菜豆对光强要求较高，光饱和点为 20000 ~ 25000lx，光补偿点为 1500lx。光照过弱使幼苗徒长，开花结果期光照弱，导致花果数量减少。菜豆的叶有自动调节接受光照的能力。光弱时叶面与光线呈垂直状态，光强时与光线平行。

3. 土壤营养性

菜豆对土壤条件要求较高，适于有机质丰富、土层深厚、排水良好的壤土，喜欢湿润的壤土或沙壤土。菜豆对养分的需要，在初期对氮、钾吸收量大，开花结荚时期对磷的需要量不大，但缺磷易造成植株及根瘤生长不良，导致开花结荚减少。嫩荚伸长时需大量的钙。菜豆根系比较发达，适于在土层深厚和排水良好的中壤类型的土壤种植，对黏重和排水不良的土壤生长发育不良。土壤酸碱度以中性和弱酸性为好，最适 pH 为 6.2 ~ 7.0，不耐盐碱。矮生品种菜豆生育期短，施肥宜早，可以促进发枝。蔓生菜豆生育期长，需多次追肥。硼和钼对根瘤菌的形成和活动有促进作用。

4. 需水性

菜豆根系入土较深，有较强的抗旱力。菜豆开花结荚期连续干旱或阴雨都会引起落花落荚，在全生育期内，菜豆要求比较充足而均匀的水分。开花结荚期是需水分最多的时期，此时如果缺水，对产量影响较大。而在我国南方雨水较多的地区，天然降雨通常能满足要求，可以不灌水。最适的土壤湿度为田间持水量的 60% ~ 70%。土壤湿度低于 45% 根系生长恶化，花期推迟，结荚少而小。长期高温干旱时，品质下降。最适的空气湿度为 65% ~ 75%，过高的空气湿度和土壤湿度，是引起炭疽病、疫病及根瘤病的重要原因。菜豆怕涝，大雨后要及时排水。

5. 生长周期

（1）发芽期　发芽期从为种子萌动到基生叶展开的 12 天。苗期幼根的生长速度快于茎叶，出苗后 10 天左右根部开始形成根瘤，主侧根上都可以形成根瘤，开花结荚期是形成根瘤的高峰期，进入收获期，根瘤形成逐渐减少，固氮能力也开始下降。

（2）幼苗期　幼苗期为从基生叶展开到 4 ~ 6 片真叶展开，此期以营养生长为主，同时进行花芽分化。

（3）抽蔓期　抽蔓期为从 4 ~ 6 片真叶展开到现蕾开花。

（4）开花结荚期　开花结荚期为从开花到采收结束，此期结荚终止，可以连续 30 ~ 70 天。

6. 价值高

（1）营养价值 菜豆营养丰富，鲜豆还含丰富的维生素C。从所含营养成分看，其蛋白质含量高于鸡肉，钙含量是鸡肉的7倍，铁为4倍。

（2）食用价值 菜豆嫩荚约含蛋白质6%，纤维10%，糖1%～3%。干豆粒约含蛋白质22.5%，淀粉59.6%。鲜嫩荚可作蔬菜食用，也可作脱水或罐头制品。

（3）药用价值 现代医学分析认为，菜豆还含有皂苷、尿毒酶和多种球蛋白等独特成分，具有提高人体血身的免疫能力，增强抗病能力，激活淋巴T细胞，促进脱氧核糖核酸的合成等功能，对肿瘤细胞的发展有抑制作用，逐渐受到医学界的重视。

7. 轮作性

菜豆生长期长，产量高，上市量也大。菜豆耐旱力较强，但怕涝，可选择土层深厚、通气和排水良好的沙壤土或壤土栽培较适宜，为了减轻病害发生，宜与其他蔬菜轮作2～3年。菜豆对盐害敏感，在盐碱地上不适宜栽培，选作菜豆春季栽培的地块，在上年秋茬作物收获后进行土壤深翻，可经历寒冬后冻死土中的害虫，第二年春天解冻后即行整地，以提高土温、保持水分，有利于种子发芽、根系生长和根瘤菌活动。

二、生产茬口

根据菜豆对于温度与光照的反应，春、秋两季都可播种，并以春播为主，当春季地温稳定在10℃以上时就可以进行播种。北方地区一般在4月上中旬，长江以南地区3月下旬至4月上旬开始播种，华南地区2月下旬开始播种。秋播一般在7月中旬播种，蔓生种可提前播种。

菜豆从播种到开花所需积温，矮生种为700～800℃，蔓生种为860～1150℃。气温越高，生育越快，采收越早，但生长期短，产量低。所以，应根据气候特点，适期播种。

春播早菜豆用冬闲地，早菜豆收获后可种秋白菜，多数越冬蔬菜如菠菜、白露葱等。中熟或晚熟品种可在5月和6月初错开播种。玉米间作晚熟菜豆可先播玉米，待出苗后再播菜豆。早熟矮生品种也可在7月上旬露地播种，9月下旬供应。中熟蔓生品种（双季豆等）一年可播种两茬。也可以利用早黄瓜架拉秧前套种双季豆，一次插架、两次利用。在保护地中分为春、秋两季栽培。需注意与其他蔬菜作物轮作2～3年以上。设施菜豆生产方式与茬口安排见表4-1。

表4-1 设施菜豆生产方式与茬口安排

生产方式		播种期	定植期	收获期
日光温室生产	秋冬茬	7月下旬	直播	9月下旬～10月下旬
	夏茬	6月中旬	直播	8月上旬～9月上旬
大棚生产	春夏茬	3月上旬	3月下旬～4月上旬	6月下旬～7月上旬

三、生产品种

根据菜豆茎蔓生长习性不同可分为以下三类。

1. 蔓生种

主蔓无限生长可达2～3m（下部花先开，渐及上部）的为蔓生种，其蔓较长，需要搭架栽培，为无性生长类型，能陆续开花结实，成熟期较迟，有较长的采收期，产量较高。主要品种有白粒四季豆，黑粒四季豆，花白四季豆，丰收1号等。

2. 矮生种

植株矮生而直立，栽培时不需要搭架，为有限生长类型，开花较早，生育期较短，收获期集中，产量较低，较耐低温，适合于早熟保护地栽培。主要品种有优胜者，黄荚三月豆，圆荚三月豆，象山泥鳅豆，黑球芸豆，施美娜等。

3. 半蔓生种

半蔓生种是介于蔓生种和矮生种之间的中间类型。其蔓长不超过1m，荚小，产量低，栽培少。

四、生产技术要点

菜豆的栽培季节应以避开霜季和不在最炎热季节开花结荚为原则。由于菜豆根系再生能力弱，春季栽培一般多用干籽直播，南方地区在12月便可利用阳畦、塑料拱棚等设施育苗。育苗的播种期根据定植期和定植苗龄来确定，定植期要求地温稳定在10℃以上，最低气温为3~4℃。定植苗龄不宜过大，以免严重伤根，以25天左右为宜。

1. 大棚春季生产菜豆技术要点

（1）确定播期　早春往往是低温阴雨天气较多的季节，菜豆露地直播容易烂种死苗。为了防止这种情况，常在保护地内提前育苗，然后定植，北方地区从20世纪70年代后期以来春菜豆栽培也普遍采用营养钵或营养土方育苗，取得了早熟、高产的好效果，嫩荚上市时间可比直播栽培提早7~10天。春季生产可早育苗，品种可用蔓生种或矮生种，在大棚内播种育苗，苗龄为20~25天，约在3月中旬播种。

（2）种子处理　播种前将菜豆种子晾晒1~2天后，放于1%福尔马林溶液中淘洗20min，用清水漂净，再置温水中浸泡3~4h，取出沥干播种。浸种时间不宜过长，否则易使细胞内蛋白质等生长物质外渗流失，影响发芽。播种时选粒大饱满、有光泽、无病虫害和机械损伤的种子。

（3）无公害生产场地要求　无公害菜豆生产过程中不得使用化学合成的农药、肥料、除草剂和生长调节剂等物质，以及基因工程生物及其产物，而必须遵循自然规律和生态学原理，采取一系列可持续发展的农业技术，协调种植及种、养关系，促进生态平衡、物种的多样性和资源的可持续利用。在无公害菜豆生产中必须建立严密的组织管理体系，如生产协会、龙头企业，并统一按照生产技术规程操作。所生产的无公害菜豆产品要经过有机认证机构鉴定认可，并获得有机产品证书。

1）完整性。菜豆基地的土地应是完整的地块，其间不能夹有进行常规生产的地块，但允许夹有有机转换地块；无公害菜豆基地与常规地块交界处必须有明显标记，如河流、山丘、人为设置的隔离带等。

2）转换期。按照无公害蔬菜生产方式进行菜豆生产。将菜豆常规生产转为无公害生产应有转换期，转换期的开始时间从提交认证申请之日算起。无公害菜豆的转换期一般不少于24个月。如果无公害菜豆种在新开荒的、长期撂荒的、长期按传统农业方式耕种的或有充分证据证明多年未使用禁用物质的农田，也应经过至少12个月的转换期。转换期内必须完全按照无公害农业的要求进行管理。经1年无公害转换后的田块中生长的菜豆，可以作为无公害转换菜豆销售。

3）缓冲带。如果基地的无公害地块缺乏天然隔离带，有可能受到邻近的常规地块污染影响，则必须在无公害和常规地块之间设置缓冲带或物理障碍物，保证无公害地块不受污染。缓冲带要求在 10m 以上。

4）确保肥源。在大力发展畜牧业的基础上，在田间或村庄建立以秸秆、人畜、家禽为来源的有机肥堆肥场、沼气池，以确保菜豆肥源。

5）轮作。无公害菜豆生产基地应采用包括绿肥在内的 2 种作物进行轮作。避免以豆科蔬菜为前茬，前茬作物宜栽培施有机肥多而耗肥较少的瓜类（如黄瓜、西瓜、甜瓜等）、马铃薯以及能减轻菜豆病害的大蒜、圆葱等。前茬作物收获后，要彻底打扫清洁田园，将病残体全部运出基地外，销毁或深埋，以减少病虫害基数。

（4）播种技术　每穴播种子 3 粒，播时浇足底水，上覆 5cm 细土，然后盖地膜保温，床温保持在 18 ~ 20℃，发芽出土后及时揭去地膜。如果有寒潮侵袭时，还要盖保温设施。一星期左右长出真叶后，白天一般不盖棚，以防幼苗徒长。定植前 2 ~ 3 天，夜间也不盖棚，以锻炼幼苗。苗龄 15 ~ 20 天即可定植。

（5）合理定植　蔓生种行距 50 ~ 60cm、株距 30 ~ 40cm，每亩苗数 0.8 万 ~ 1.0 万株。矮生种行距为 35 ~ 45cm、株距 35cm，每亩苗数 1.7 万 ~ 2.4 万株。用种量蔓生种为每亩 2.5 ~ 3kg，矮生种为每亩 3.5 ~ 5.0kg。为了培育壮苗，可采用营养钵或护根钵育苗，然后栽培，获得菜豆早熟丰产，提早 10 天左右上市。

（6）苗期管理　播种前数日适当浇水润畦，浇水量不可太多，以免烂种。春播菜豆生育前期温度低，主蔓生长缓慢，可扩大行距、缩小株距，这样既可争取良好的光照，又有利于侧枝发生。播后盖 5cm 左右厚的细土。整个苗期一般不浇水，播后温度维持在 20 ~ 25℃，子叶展开后白天温度保持 15 ~ 20℃，夜间 10 ~ 15℃。定植前 4 ~ 5 天逐渐放风锻炼，夜间温度降为 8 ~ 12℃，同时加强中耕以保墒。晚霜后定植，密度与直播栽培相同。定植后浇定根水，以利缓苗，浇水量要小。菜豆苗期适宜生长发育温度指标见表 4-2。

表 4-2　菜豆苗期适宜生长发育温度指标

时期	日平均温度/℃	夜平均温度/℃
播种至齐苗	20 ~ 23	11 ~ 14
齐苗至炼苗前	16 ~ 24	10 ~ 13
炼苗阶段	15 ~ 18	6 ~ 9

早春菜豆也可采用大田地膜覆盖栽培。地膜覆盖可以提高土温，促进早熟。直播时，如果土壤干旱，要提前 4 ~ 5 天浇水保墒。

（7）施肥管理　肥料充足的情况下，蔓生种抽蔓期开始追肥，开花结荚后重施追肥，隔 7 ~ 8 天追 1 次腐熟的人粪尿。矮生种生育期短，开花早，生长势弱，宜早追肥。

菜豆对氮、磷、钾三要素的吸收量，以氮、钾吸收较多，磷吸收较少，还吸收较多的钙。应本着花前少施、花后多施、结荚盛期重施的原则进行追肥。施用氮肥，苗期宜少量、抽蔓至初花期要适量，但要视植株生长情况而定。生长势旺的，氮肥施用要控制，开花结荚以后氮、磷、钾要适当配合，使钾多于氮。开花后用 0.3% 磷酸二氢钾、0.1% 硼砂、0.3%

钼酸铵混合液进行根外喷施，每隔 8～10 天喷 1 次，连喷 2～3 次，其增产效果显著。同时，还应有针对性地喷施微量元素肥料，根据需要可喷施一定浓度叶面肥防止早衰。设施栽培可增施二氧化碳肥料，浓度为 800～1000mg/kg。在生产中不应使用未经无害化处理和重金属元素含量超标的城市垃圾、污泥和有机肥。

（8）间苗、补苗　当菜豆长出第一对初生叶时，要及时查苗、间苗及补苗。幼苗期补苗 1～2 次，第一对初生叶受损伤或脱落的苗以及弱苗、畸形苗、丛生苗，都必须去掉。在播种时要在菜田边角播上一些备用或营养钵育苗，以作补苗之用。

（9）中耕松土　在封垄前都要勤中耕松土，尤其是在苗期及定植后，中耕松土能保摘和提高地温，促早发棵。土垄一般不再中耕。

（10）水分管理　除播种时浇足底水外，苗期一般不浇水。定植时浇压根水一次，3～4 天后再浇一次缓苗水。而后至第一花序结荚前不浇或少浇水。盛花期则需要勤浇水，直至采收结束，都要保持土壤湿润。但地下土壤水分上升或过湿时，易引起基部叶黄化和脱落，导致落花落荚。

（11）植株调整　菜豆抽蔓后要及时搭架。架的形式有人字形架、倒人字形架和四角形架三种，其中以人字形架为好。架要搭得高，搭得牢，防止塌架。架搭好后，及时把蔓绕在架上。

（12）菜豆采收　一般在开花后 10～15 天，豆荚饱满，颜色由绿变为浅绿色，种子未显现时及时采收。即豆荚的长和粗达到最大限度、豆粒刚刚鼓起时采收，及时采收可提高品质和产量，采收过早则影响产量；矮生种从播种到采收，春播 50～60 天，采收时间约 15 天，蔓生菜豆生长较慢，播种到采收需 60～80 天，采收过迟可使豆荚纤维增多，品质下降，还会影响植株生长，使其落花落荚。

早熟栽培的菜豆在 4 月下旬采收，矮生种亩产 500～800kg，连续采收 15～20 天，蔓生种可连续采收 30～45 天，亩产 1000～2000kg。

（13）主要病虫害防治

1）豆荚螟：主要以幼虫蛀入荚内取食豆粒为害，荚内蛀孔外还堆积排泄的粪粒。其可为害菜豆、扁豆、豇豆、豌豆及大豆等。旱年害虫发生重于雨水多的年份。防治方法：调整播种期，使荚期避开成虫盛发期；在成虫盛发期和卵孵化盛期喷药，可用 90% 晶体敌百虫 700～1000 倍液或青豆一遍净乳油 2000 倍液或 20% 杀灭菊酯 3000～4000 倍液，隔 3～5 天喷 1 次，连喷 2～3 次。

2）蚜虫：主要寄主有蚕豆、豇豆，以吸取汁液为害，引起植株生长势减弱，严重时停止生长，还传播病毒病。防治方法：以药剂防治为主，常用药剂有 40% 乐果乳油 1500 倍液、10% 吡虫啉可湿性粉剂 1000 倍液或 50% 避蚜雾 3000 倍液，连喷 2～3 次。

3）细菌性疫病（叶烧病）：可为害多种豆类，主要为害叶片、茎蔓和豆荚。高温多雨、缺肥、杂草多、虫害重的田块发病严重。防治方法：选用耐病品种；消毒种子；田间始发病时用抗菌剂 401 2000 倍液、1:1:200 波尔多液或 80% 代森锌可湿性粉剂 800 倍液，每 7 天喷雾 1 次；53% 金雷多米尔水分散粒剂 600 倍液，或 72% 克露 800 倍液，连喷 2～3 次。

4）炭疽病：主要发生在近地面的豆荚上，初由褐色小斑点扩大为近圆形斑，病斑中央凹陷，可穿过豆荚侵害种子，边缘产生同心轮纹。防治方法：实行轮作；种子消毒；增施磷钾肥；发病初用 1∶1∶200 波尔多液，或 50% 多菌灵，或 80% 代森锌可湿性粉剂 800 倍液，或炭枯宁 800 倍液，或 25% 施保克 1000 倍液，每隔 5~7 天喷 1 次，连喷 2~3 次。

5）锈病：主要为害叶片、茎和荚，以叶片受害最重，初期为黄白色小斑点，后渐成为黄褐色凸起的小疱，病斑表皮破裂，散出铁锈色粉末。后期产生较大的黑褐色凸斑，表皮破裂，会露出黑色粉粒。高温高湿条件发病严重。防治方法：轮作倒茬；发病后用 25% 粉锈宁 2000 倍液或 40% 敌唑酮 4000 倍液，或无锈园 1000 倍液，每 20 天喷 1 次，连喷 2~3 次。

2. 大棚秋菜豆生产技术要点

（1）播种 播期应与露地错开，一般应根据从播种到采收所需日数和采收期天数，及大棚内早霜日期决定。秋菜豆从播到收需 55~60 天，采收期 30 天左右，所以播期应在棚内霜期的前 85~90 天。播种方法均以干籽直播，播时底墒要足，施足底肥。然后按株行距 55cm×25cm，每穴 4~5 粒种子。

（2）定植 前茬作物拉秧后，清洁田园，将土壤深翻一遍，晒 3~5 天后再施底肥，亩施有机肥 5000kg，撒匀后翻入土中，整地做成垄，双行密植时，行距 65cm、穴距 35cm，两行交叉栽。栽苗时可开沟顺水栽苗，再覆土，也可以先栽苗后浇明水。

（3）科学管理 菜豆定植后的 2~3 天内，应中耕培土使土壤疏松，提高地温，促进根系生长，中耕的同时适当向根茎部培土，以利于根茎部不断发生侧根。出土后促进根系生长，防止地上部徒长。现蕾时松土、追肥、插架，进行最后一次培土，然后灌水。结果期每 7 天左右灌 1 次水，随水追 2~3 次肥。外温夜间降至 16℃ 以下时，放下周围薄膜，白天 26℃ 以上时再放风。

（4）收获 当嫩荚充分长大而种子刚开始膨大时，应及时采收，增加采收次数，可提高产量，延缓植株衰老。在采收盛期要摘除下部老叶，以改善下层光照和通风条件，减少病害。

1）鲜食菜豆采收时间。秋菜豆一般在开花后 10~15 天开始采收，采收期为 60~70 天。采收过早，产量低；采收过晚，嫩荚易老化。结荚前期和后期 2~4 天采收 1 次，结荚盛期 1~2 天采收 1 次。

2）加工菜豆采收时间。作速冻出口的菜豆，要按产品规格要求，比鲜食的提早 3~5 天采收。采收的标准为豆荚颜色由绿转为白绿，表面有光泽，种子尚未显露或略为显露。一般 1~2 天采收 1 次。

（5）病害防治

1）炭疽病。该病最适发病条件是 17℃ 的温度和 100% 的湿度。温度超过 27℃，湿度低于 92%、低于 13℃，可抑制病势。防治措施：①可控制温、湿度；②种子消毒；③药剂防治：百菌清、甲基托布津、代森锌等。

2）锈病。高温高湿为其发病主要因素，防治上可注意排湿防涝，用 25% 粉锈宁 2000 倍液、代森锌、多菌灵等防治。

3. 菜豆落花落荚的原因

（1）开花结荚习性 在合理密度（20cm×50cm）条件下，植株基部结荚率高于中、上部，种植过密则相反。另外，花序之间也存在竞争，前一花序结荚多，则后一花序落花落荚严重，反之相反；同一花序内基部 1~4 朵花结荚率较高，其余花或荚多数脱落。蔓性菜豆前期落花主要是由于植株营养生长和生殖生长不协调引起的；中期落花在于花与花之间争夺养分；后期落花则与植株衰老和不良环境有关。

（2）温度　菜豆花粉发育的最适温度为 15～25℃，低于 10℃ 或高于 32℃，花粉都会丧失活力，引起落花。此外，高温引起植株生长衰退，造成落花落荚。

（3）光照　菜豆品种多为中光性，日照长短与开花结荚关系不大。光照影响开花结荚的主要方面在于光照强度，日照减少、光照强度降低，植株开花结荚明显降低。

（4）肥水　在适宜温度条件下，空气相对湿度以 94%～100% 为适宜，相对湿度过低，花粉的发芽率下降，落花增加；空气湿度过高，尤其遇长时间强降雨，会降低柱头黏液浓度，引起落花。另外，土壤湿度较大，植株生长旺盛，开花多，落花也多，湿度过大，还会引发渍害，造成落叶、落花、落荚；土壤湿度过低，则花少、荚少，且荚内发育不完全的种子多，造成荚小产量低。

菜豆开花结荚期对氮、磷、钾的吸收显著增加，缺乏营养会因生殖器官之间的养分竞争而引起落花落荚；但营养过剩，尤其氮素过多，也会招致茎叶徒长，引发落花落荚。

（5）病虫危害　虫害主要是豆野螟蛀食花、荚，病害如锈病、叶斑病为害叶片，造成叶片早衰、脱落，光合营养供给不足，都会引起落花落荚。

4. 菜豆落花落荚的防治措施

（1）结合当地气候，适时播种　争取菜豆有较长的适宜生长季节，保证开花结荚期有适宜的温度，如长江流域春菜豆适宜的播期为 2 月中旬至 3 月上旬，保证 3 月中下旬移栽；秋菜豆 7 月下旬至 8 月上旬直播。

（2）合理密植　采取适当的搭架方式，保证株间通风透光，生长后期摘老叶，对旺盛植株可摘心、打腰杈。

（3）肥水管理　要求花前少施肥，花后适量，结荚期重施，不偏施氮肥，增施磷、钾肥。田间灌溉不过干过湿，干旱时引水串沟不浸厢，不在中午而在傍晚灌水；雨天要清沟排渍，保证雨住田干。

（4）适时采收　减少养分消耗，并在采收后重施追肥 2～3 次，可以促进菜豆翻花，延长采收期，提高产量。

（5）及时防治病虫害　对豆荚螟，可在开花时每隔 10～15 天用 5% 锐劲特 500 倍液喷药 1 次；锈病可用 15% 粉锈宁 1500 倍液防治；叶斑病选用 70% 甲基托布津 800 倍液防治。

任务 17　菜豆形态特征观察

一、任务实施的目的

了解菜豆的类型，掌握菜豆的形态特征。

二、任务实施的地点

园艺实训基地、设施蔬菜栽培实训室。

三、任务实施的用具

菜豆植物或开花结荚期标本，放大镜。

四、任务实施的步骤

1. 菜豆的形态学特征

（1）根 主根系发达，深达90cm，易老化，根系与根瘤菌共生，再生能力弱，吸收能力较强。

（2）茎 茎较细弱，有左旋性缠绕生长，分枝较强。

（3）叶 叶为心脏形的。初生叶为单叶对生，以后真叶为三出复叶，互生。

（4）花 花为总状花状，花梗发生于叶腋或茎侧顶端。有2~8朵花，花冠蝶形，有白色、黄色、红色、紫色等。蔓性种抽出侧枝之节，花芽多不发育。矮生种在主枝叶腋抽出各侧枝，其生长点就是花芽。

（5）果实和种子 果实为荚果，荚长10~20cm，圆柱形或扁圆柱形，直的或稍弯，嫩荚为绿色，少数有紫色斑纹，成熟时转为黄白色，完全成熟时黄褐色，种子较大，多数为肾形，有白、黑、红、黄和花斑纹等，种皮比较薄。取菜豆蔬菜的开花结荚期植株，利用相关工具，观察其茎、叶、花和果实等特征，并记录相关数据。

2. 菜豆的类型

根据前面观察的菜豆形态特征，总结菜豆蔬菜的形态异同点，做出检索表。

3. 观察菜豆的分枝与开花结果习性

选用不同类型的菜豆，在开花结荚期，观察植株的主茎和分枝的生长特性、分枝节位和数目，花序的数目和结荚情况，最后做出总结。

五、任务实施的作业

1. 比较不同类型菜豆的形态异同点。
2. 叙述菜豆的开花结荚习性。

任务18 菜豆育苗技术

一、任务实施的目的

了解菜豆蔬菜的生长发育特点和环境要求，掌握设施育苗技术。

二、任务实施的地点

园艺实训基地、设施蔬菜栽培实训室。

三、任务实施的用具

菜豆、育苗工具等。

四、任务实施的步骤

每5~6个学生为一小组进行操作记录。

1. 育苗设施

根据季节不同，选用温室、大棚、温床等设施育苗。

2. 营养土要求

pH 为 5.5 ~ 7.5，有机质 2.5% ~ 3%，有效磷 20 ~ 40mg/kg，速效钾 100 ~ 140mg/kg，碱解氮 120 ~ 150mg/kg，养分全面。孔隙度约 60%，土壤疏松，保肥保水性能良好。配制好的营养土应均匀铺于播种床上，厚度 10cm。

3. 种子质量

菜豆种子质量指标应达到纯度 ≥97%、净度 ≥98%、发芽率 ≥95%，水分 ≤12%。

4. 用种量

每 667m² 栽培面积的用种量：蔓生种用种 2.5 ~ 3kg；矮生种用种 4 ~ 5kg。

5. 种子处理

菜豆种子播前应进行晾晒。育苗移栽的菜豆应进行温汤浸种。晾晒后的种子用 55℃ 水浸泡 15min，不断搅拌；使水温降至 30℃ 继续浸种 4 ~ 5h 捞出待播。

6. 育苗移栽

将浸泡后的种子点播于营养钵（袋）中，每钵（袋）2 ~ 3 粒。

7. 苗期管理

（1）温度　菜豆喜温，苗期各阶段适宜温度管理指标见表 4-3。

表 4-3　苗期温度管理指标

时期	日温/℃	夜温/℃
播种至齐苗	20 ~ 25	12 ~ 15
齐苗至炼苗前	18 ~ 22	10 ~ 13
炼苗	16 ~ 18	6 ~ 10

（2）水分　视栽培季节和墒情适当浇水。

（3）炼苗　育苗移栽菜豆，于定植前 5 天降温、通风、控水炼苗。

五、任务实施的作业

1. 根据菜豆生长发育规律，描述播种前要做哪些准备工作？
2. 分析菜豆壮苗培育的基本条件。

子项目 2　　豇豆设施生产

知识点：豇豆的植物学特征、豇豆生产的特点、豇豆的栽培技术。

能力点：会认识当地常见的豇豆种类；会根据豇豆的植物学特征，了解设施环境调控技术；对当地设施豇豆生产情况进行调研，发现存在的问题并就发展设施豇豆生产提出可行性建议。

 项目分析

该任务主要是掌握豇豆的植物学特征；学会根据豇豆的植物学特征，了解设施环境调控技术；对当地发展设施豇豆生产提出可行性建议。要完成该任务必须具备园艺植物学知识，

具有掌握设施园艺和植物生理学的能力，才能高效优质栽培。

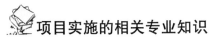

豇豆属于豆科一年生攀缘植物，又名豆角、长豆角、带豆等，原产于亚洲东南部热带地区。茎有矮性、半蔓性和蔓性三种。南方栽培以蔓性为主，矮性次之。豇豆在我国的栽培历史悠久，南北各地均有栽培。叶为三出复叶，自叶腋抽生 20～25cm 长的花梗，先端着生 2～4 对花，白色、红色、浅紫色或黄色，一般只结两荚，荚果细长，因品种而异，长为 30～70cm，色泽有深绿、浅绿、红紫或赤斑色等。豇豆是夏秋主要蔬菜之一，对蔬菜的周年供应特别是 7～9 月蔬菜淡季供应起重要作用。

一、生产概述

1. 喜温性

豇豆生长发育喜温暖环境，不耐霜冻，生长适宜温度为 20～30℃，15℃ 以下则生长缓慢，5℃ 以下较长时间低温产生冻害，生长明显受抑制。耐高温，在夏季 35℃ 时仍能开花和结荚，也不落花，但品质不佳。

2. 需水性

豇豆较耐旱而不耐涝，前期应适当控水，当主蔓上约有一半花序开始结荚时，要充分浇水以保证土壤湿润。南方春季雨水较多，不必灌水，而夏、秋两季高温干旱，应注意施肥灌水，以减少落花落荚，并防止蔓叶生长早衰，以延长结果提高产量。

3. 土壤营养性

豇豆对土壤适应性广，只要排水良好、土质疏松的田块均可栽植，豆荚柔嫩，结荚期要求肥水充足。前期施肥宜少，定植成活后约 1 周时追施 1 次稀薄腐熟有机肥即可。现蕾至成熟期，每 7～10 天施肥 1 次，注意增加磷、钾肥的比例，连续施肥 2～3 次。在施足基肥的基础上，幼苗期需肥量少，要控制肥水，尤其注意氮肥的施用，以免茎叶徒长，分枝增加，开花结荚节位升高，花序数减少，形成中下部空蔓不结荚。盛花结荚期需肥水多，必须重施结荚肥，促使开花结荚增多，并防止早衰，提高产量。

4. 中光性

豇豆属于短日照作物，但作为蔬菜栽培的长豇豆多属于中光性，对日照要求不甚严格，如红嘴燕、之豇 28-2 等品种，南方春、夏、秋季均可栽培。

5. 攀缘性

豇豆是攀缘植物，所以在幼苗长到 30cm 以上时需要及时搭建高度约为 2m 的架子，材料通常选用芦苇、细竹竿、细木条等，其顶部枝头具有缠绕攀爬习性，会自行向上攀爬。

6. 营养价值高

（1）营养价值　豇豆含丰富的维生素 B、维生素 C 和植物蛋白质，能使人头脑宁静，调理消化系统，消除胸膈胀满。豇豆可防治急性肠胃炎、呕吐腹泻，有解渴健脾、补肾止泄、益气生津的功效。豇豆能提供易于消化吸收的优质蛋白质，适量的碳水化合物及多种维生素、微量元素等，可补充机体的招牌营养素。豇豆中所含的维生素 C 能促进抗体的合成，提高机体抗病毒的作用。

（2）药用价值　种子含大量淀粉，脂肪油，蛋白质，烟酸，维生素 B。鲜嫩豇豆含抗坏血酸（维生素 C）22mg。

（3）食用价值　豆科草本植物豇豆的种子或荚果，又称饭豆、腰豆、长豆、裙带豆、浆豆。在我国大部分地区有栽培。秋季采收成熟的荚果，除去荚壳，收集种子备用；或于夏、秋季采摘未成熟的嫩荚果鲜用。豇豆叶有清热解毒的作用。

7. 生长周期

豇豆自播种至豆荚成熟，大致可分为四个时期，即种子发芽期、幼苗期、抽蔓期和开花结荚期。各时期主要特征如下：

（1）种子发芽期　从种子萌动到第一对真叶展开的过程与菜豆相同。子叶出土不进行光合作用，当真叶展开才可进行光合作用。发芽过程中水分不能过多，否则容易烂种，土壤板结和低温也易造成烂种，种子发芽所需要的水分一般不超过种子量的 50%。因此，发芽期要保证疏松的土壤环境。

（2）幼苗期　自第一对真叶展开至 7~8 片叶为幼苗期。幼苗期节间短，茎直立，根系也逐渐开展。以后节间不能直立生长而需要缠绕生长，同时腋芽开始萌动进入抽蔓期。幼苗期如果遇连阴雨天，气温较低，容易坏根抑制生长，重则死苗。夏季高温季节要注意遮阴。

（3）抽蔓期　从 7~8 片真叶展开到现蕾为抽蔓期。此时期主蔓迅速伸长，根瘤也开始形成。抽蔓期要求有较高的温度和较长的光照时间。如果满足生长适宜条件，茎蔓粗壮，侧蔓生长也较快，如果温度低、阴雨天多，茎蔓生长较弱。土壤水分大不利于根瘤的形成。抽蔓期为 10~15 天。

（4）开花结荚期　从植株现蕾后到种子成熟采收结束，一般为 50~60 天。早熟品种在 3~4 节主蔓抽出第一花序节位，大多数品种在 7~9 节。豇豆在开花结荚期，一方面开花结荚，另一方面营养器官继续生长，由于生长量大，生长迅速，需要协调好营养生长和生殖生长的关系，否则会造成茎叶生长不良，影响开花结荚，因此，必须采取相应措施精细管理。

二、生产茬口

豇豆生产要加强轮作，茬口安排见表4-4。

表4-4　设施豇豆生产方式与茬口安排

生产方式		播种期	定植期	收获期
日光温室生产	冬春茬	2月下旬~3月上旬	3月中旬	4~5月
	秋冬茬	8月下旬~9月上旬	9月下旬~10月上旬	12月~第二年1月
蔬菜大棚生产	夏茬	5月下旬	直播	7月

三、生产品种

1. 品种特性

（1）蔓生型　主蔓、侧蔓均为无限生长型，主蔓高达 3~5m，具左旋性，栽培时需设支架。叶腋间可抽生侧枝和花序，陆续开花结荚，生长期长，产量高。例如：早熟品种有红嘴燕、之豇 28-2、广州铁线青、龙眼七叶子、贵州青线豇；中熟品种有四川白胖豆、武汉白鳝鱼骨、广州大叶青；晚熟品种有四川白露豇、广州金山豆、浙江 512、贵州胖子豇、江西八月豇、广州八月豇、28-2 豇豆、之豇特长 80 等。

（2）矮生型　主茎 4~8 节后以花芽封顶，茎直立，植株矮小，株高 40~50cm，分枝较多。生长期短，成熟早，收获期短而集中，产量较低。如南昌扬子洲黑子和红子，上海、南京盘香豇，厦门矮豇豆，武汉五月鲜等。

2. 选用品种

豇豆喜温耐热，生长季节长，从晚春断霜后早秋霜来临前，按不同季节选择相应品种进行春、夏、秋三季栽培，以延长供应期。春季早熟栽培要选对日照要求不严格的品种，如五月鲜、红嘴燕、之豇 28-2 等品种于春、夏、秋都可栽培；而八月豇、盘香豇、江苏毛芋红和浙江 512 等品种对日照要求严格，只能秋季栽培，在短日照条件下开花结荚，春、夏季栽培的生长期延长，茎叶旺盛，结荚期推迟，产量不高。

四、生产技术要点

1. 确定播期

豇豆春季播种时间宜在当地晚霜前，此时土壤 10cm 地温应稳定在 10~12℃。秋季播种时间宜在当地早霜来临前。而秋播最迟时间以结荚盛期处于平均气温 25℃以上时，以免前期生长不良，后期荚果受冻，产量下降。长江流域露地直播或育苗移植期为 4 月下旬至 7 月中旬，6 月下旬至 11 月上旬上市；华南地区冬季气温较高，从 3 月上旬至 9 月上旬均可播种，5~12 月分批采收上市。长江流域于 3 月中下旬利用冷床育苗，4 月中下旬定植，结合地膜覆盖栽培；华南地区可利用简易塑料薄膜小棚，于 2 月下旬播种，出苗后保持膜内温度 18~22℃，于 1 片复叶时定植于大田（苗期 10~15 天），可提早上市，增加产量，解决早春淡季供应问题。

2. 营养土配制

营养土要求 pH 为 5.5~5.7，有机质 2.5%~3%，每千克营养土含有效磷 20~40mg、速效钾 100~140mg、碱解氮 120~150mg，营养全面。孔隙度约 60%，土壤疏松，保肥保水性能良好。将配制好的营养土均匀地铺于播种床上，厚度为 10cm。对于工厂化穴盘或营养钵育苗的，营养土配方为 2 份草炭加 1 份蛭石。普通苗床或营养钵育苗的营养土配方为无病虫源的田土 1/3，腐熟马粪、草炭土或草木灰 1/3，腐熟农家肥 1/3。不宜使用未发酵的农家肥。

3. 种子处理

将筛选好的种子晾晒 1~2 天，严禁曝晒。用种子重量 0.5% 的 50% 多菌灵可湿性粉剂拌种子，防治枯萎病和炭疽病，或用硫酸链霉素 500 倍液浸种 4~6h，可防治细菌性疫病。一般每亩栽培面积用种量为 2.5~3.5kg。

4. 育苗技术

时间宜选择晴天或"冷尾暖头"，干籽播种，一般情况下，育苗移栽可比直播增产 25%~35%。豇豆易出芽，一般不需要浸种催芽，育苗的苗床底土宜紧实，以铺 6cm 厚壤土最好，以防止主根深入土内，多发须根，移苗时根群损伤大。所以当苗有一对真叶时即可带土移栽，不宜大苗移植。有条件的可用营养钵或穴盘育苗，每钵两苗或三苗。豇豆壮苗标准：子叶完好、无病虫、叶色深绿，叶片肥厚、健壮，适应性强，第一对真叶微展。

（1）春季育苗　播种时，种子覆土厚度为 2~3cm，然后覆盖小拱棚保温。幼苗出土后，加强通风降温，防止徒长。当第一对真叶露出而未展开时，即可定植到大田。密度为每亩 3300~3800 穴，每穴 3 株。

（2）夏秋育苗　多采用直播，播种前要浇足底水，然后锄松表土，每穴播种 3～4 粒，盖土 3cm 左右，为了防止土壤水分蒸发，最好盖上少量禾草。出苗前无须浇水，否则会引起烂种。

5. 定植

（1）整地施基肥　豇豆设施应结合整地作畦，施足基肥，尤其要增施磷钾肥，一般每亩应施腐熟的堆、杂肥 5000kg 左右，有条件的还应在畦面上沟施少量饼肥或鸡粪作基肥，条施与撒施相结合。

（2）种植畦式　在我国北方为平畦，畦宽约 1.3m，南方为高畦，畦宽（包沟）1.2～1.4m，沟深 25～30cm，以利于排水。每畦可种植双行，以便插架采收。

（3）合理密植　合理密植是增产关键之一，如早熟品种之豇 28-2，采用畦宽（连沟）1.3～1.4m，种植两行，穴距 20～23cm，春栽每穴 3 株，每亩保持 13000～15000 株，平均亩产量达 2500kg。密植度又根据栽培季节、品种和栽培方式的不同而有不同。如夏秋季气温高、日照足、雨水少，植株生长快，生育期短，每亩穴数或每穴株数可相应增加；如采用地膜覆盖，肥水条件好，植株生长旺盛，每穴留 2 株；晚熟品种如罗裙带、乌豇、八月豇等蔓叶多、分枝性强，不宜种植太密，应相应增加穴距至 30～33cm，每穴 2 株，苗栽 7000～7500 株。定植后浇缓苗水，深中耕蹲苗 5～8 天，促进根系发达。

6. 科学管理

（1）植株调整

1）插架引蔓。当植株长到 17～33cm，即将抽蔓时，要及时插架。一般用竹竿插成"人"字形，架高 2.2～2.3m，每穴插一根，并向内稍倾斜，每两根相交，上部交叉处放竹竿作横梁，呈人字形，在晴天中午或下午引蔓上架。豇豆引蔓上架一般在晴天中午或下午进行，不要在露水未干或雨天进行，避免蔓叶折断。引蔓要按反时针方向进行。搭架形式有以下几种：

①丛植式：每畦邻近四穴的支架顶部扎成一架，每架株数多，后期相互遮阴，对结荚不利。

②人字架：每畦对称两穴的支架顶部扎成一束呈人字形架，上边再加一横竹竿连接各人字架。此种搭架形式简便，通风透光较好，在南方地区广泛应用。

③直立式：每穴插一小竹竿，直立向上，每行用一横竹竿串连成排，通风透光良好。

④倒人字架式：此种形式是以人字架为基础，将其人字交叉点由原来在离地 1.3m 处下降到 82cm，使架杆的 2/3 在交叉点以上，形成倒人字形，这种形式使叶分布均匀，植株结荚部位 70% 以上在架外侧的畦沟上方，通风透光良好，产量较高。

2）抹芽打顶。第一花序以下侧枝长到 3cm 长时，应及时摘除，以保证主蔓粗壮。主蔓第一花序以上各节位的侧枝留 2～3 片叶后摘心，促进侧枝上形成第一花序。当主蔓长到 15～20 节，达到 2～2.3m 高时，剪去顶部，促进下部侧枝花芽形成。

3）整枝方法。基部抹芽，主蔓第一花序以下各节位的侧芽一律抹掉，促进开花。主蔓中上部各叶腋中花芽旁混生叶芽时，应及时将叶芽抽生侧枝打去。当主蔓长为 2m 以上时打顶，以便控制生长，促副花芽的形成，同时也利于采收。

（2）查苗补苗　当第一对初生叶出现时，就应到田间逐畦查苗补苗。补栽的苗最好用纸钵于温室、大棚内提早 3～4 天播种育好苗。若育苗移栽，则应在缓苗后进行补苗。

（3）肥水管理　豇豆齐苗或定植缓苗后，一般进行一次中耕、松土和追肥，每亩浇施20%腐熟人粪尿750kg左右。当苗高达到25～30cm高时，每亩用尿素15kg，兑水淋施。第一花序开始结荚后，宜加大追肥量，经常保持土壤湿润。一般用30%～40%腐熟人粪尿淋施，每隔5～7天追1次肥，连追3次。

（4）中耕松土　直播时苗出齐或定植缓苗后每隔7～10天进行1次中耕，松土保墒，蹲苗促根，伸蔓后停止中耕。

（5）病虫害防治　主要病虫害有猝倒病、立枯病、锈病、炭疽病、白粉病、病毒病、蚜虫、豆荚螟、茶黄螨、红蜘蛛、潜叶蝇、白粉虱和烟粉虱等。其防治方法如下：

1）农业防治。针对当地主要病虫，选用高抗多抗品种。创造适宜的环境条件。培育适龄壮苗，提高抗逆性。控制好温度、空气湿度、适宜的肥水、充足的光照和二氧化碳。通过放风和辅助加温，调节不同生育时期的适宜温度。深沟高畦，严防积水，清洁田园，避免浸染性病害发生。

2）耕作改制。尽量实行轮作制度，如与非豆类作物轮作3年以上。有条件的地区应实行水旱轮作，如水稻与蔬菜轮作。

3）科学施肥。测土平衡施肥，增施充分腐熟的有机肥，少施化肥，防止土壤盐渍化。

4）物理防治。

①设施防护。在放风口用防虫网封闭，夏季覆盖塑料薄膜、防虫网，进行避雨、遮阴、防虫栽培，减轻病虫害的发生。

②黄板诱杀。设施内悬挂黄板诱杀蚜虫等害虫。黄板规格为25cm×40cm，每亩放30～40块。

③银灰膜驱避蚜虫。铺银灰色地膜或张挂银灰膜膜条避蚜。

④高温消毒。棚室在夏季宜利用太阳能进行土壤高温消毒处理。

⑤杀虫灯诱杀害虫。利用频振式杀虫灯、高压汞灯和双波灯诱杀害虫。

5）生物防治。一是积极保护、利用天敌，防治病虫害。二是用生物药剂。主要采用农抗120、印楝素、农用链霉素、新植霉素等生物农药防治。

6）化学防治。保护地优先采用粉尘剂和烟剂。注意轮换用药，合理混用，严格控制农药安全间隔期。

7. 采收技术

春播豇豆在开花后8～10天即可采收嫩荚，夏播的开花后6～8天采收。当荚条粗细均匀，荚面豆粒未鼓起，达商品荚标准时，为采收适期。采收时，要保护好花序上部的花，不能连花柄一起采下。一般盛荚期每天采收一次，后期可隔一天采收一次。长豇豆播种后，约经60天（春播）或40天（夏播）开始采收嫩荚，而开花后经7～12天，荚充分长成，组织柔嫩，种子刚刚显露时应及时采收，此时采收质柔嫩，产量高。

豇豆每花序有两对以上花芽，通常只结一对豆荚。如果肥水充足，及时采收和不伤花序上其他花蕾时，可使一部分花序多开花结荚，这样可以提高结荚率，增加产量，采摘初期每隔4～5天采一次，盛果期每隔1～2天采一次，采收期共30～40天。

8. 留种技术

留种株选择具有本品种特征、无病、结荚节位低、结荚集中而多的植株，成对种荚大小一致，籽粒排列整齐，以选留中部和下部的豆荚作种，及时去除上部豆荚，使籽粒饱满。当果荚种壁充分松软，表皮萎黄时即可采收，挂于室内阴干后脱粒，晒干后乘热将种子装入缸内，密封储藏或在缸内滴入数滴敌敌畏和放置数粒樟脑丸密封储藏，防止豆蟓危害。如少量种子，亦可将豆荚挂于室内通风干燥处，不必脱粒，至第二年播种前取出后脱粒即可，种子生活力一般为 1 ~ 2 年。

9. 储藏技术

刚刚采摘的鲜豇豆，应及时保鲜收藏，一般采用塑料袋密封保鲜。温度应保持在 10 ~ 25℃之间，若温度过低，烹饪出来的味道很差，也炒不熟；温度过高，会使豇豆的水分挥发太快，形成干扁空壳，影响烹饪的味道，也容易腐烂变质。

干品的收藏，用刚刚采摘的新鲜豇豆，经沸水煮至熟而不烂时捞出沥干，在太阳下晒干或用机械烤干；用时拿出经凉水浸泡至软备用，其味甘而鲜美，回味无穷。

任务 19　豇豆浸种催芽

一、任务实施的目的

了解豇豆种子浸种，催芽方法及变温催芽技术。

二、任务实施的地点

园艺实训基地、设施蔬菜栽培实训室。

三、任务实施的用具

豇豆种子、恒温箱、培养皿、温度计、纱布、镊子等。

四、任务实施的步骤

根据豇豆种子早、中、晚熟特性，采取一般浸种、温汤浸种与热水烫种等方法进行浸种。并按照豇豆种子发芽要求的温度设置不同的温度组合，在变温条件下进行催芽，并设置对照组。分别统计发芽率和发芽势。

五、任务实施的作业

1. 统计豇豆种子的发芽率和发芽势。
2. 采用变温催芽有什么特点？

任务 20　豇 豆 定 植

一、任务实施的目的

了解豇豆生物学特点和定植成活技术。

二、任务实施的地点

园艺实训基地、设施蔬菜栽培实训室。

三、任务实施的用具

豇豆幼苗、定植工具等。

四、任务实施的步骤

1. 整地施肥

根据土壤肥力和目标产量确定施肥总量。磷肥全部作基肥，钾肥的 2/3 作基肥，氮肥的 1/3 作基肥。基肥以优质农家肥为主，2/3 撒施，1/3 沟施，深翻 25～30cm，按照当地种植习惯作畦。

2. 棚室消毒

棚室在定植前要消毒，每亩设施用 80% 敌敌畏乳油 250g 拌上锯末，与 2～3kg 的硫黄粉混合，分 10 处点燃，密闭一昼夜，放风后无味时定植。

3. 定植

当 10cm 土层最低土温稳定在 12℃时，为春提早豇豆栽培的适宜定植期，此时也是春夏露地豇豆栽培的适宜播种期。露地春夏和设施春提早栽培每亩 3000～3500 穴，露地夏秋和设施秋延后栽培种植每亩 3500～4000 穴，每穴播种 4～5 粒，出苗后每穴定苗两株。

五、任务实施的作业

简述豇豆定植成活要点。

 复习思考题

1. 分析菜豆落花落荚的原因及防治措施。
2. 简述菜豆的生长发育环境。
3. 简述豇豆的生长发育过程。

项目❺

白菜类蔬菜设施生产

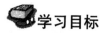学习目标

通过学习，掌握白菜类设施蔬菜生产特点、生产流程与栽培技术；会制订白菜类设施蔬菜生产计划；掌握育苗、定植、田间诊断与管理等相关基本技能。

工作任务

能熟练掌握白菜类设施蔬菜生产计划，以及育苗、定植、田间诊断与管理等相关基本技能。

子项目1 大白菜设施生产

知识点：掌握白菜类设施生产特点、设施栽培技术。

能力点：会制订白菜类生产计划，掌握嫁接育苗、整地作畦、定植、有害生物防控等相关基本技能。

项目分析

该任务主要是掌握白菜类设施生产的基本知识及生产的基本技能，重点是综合生产技能的训练与提升。

项目实施的相关专业知识

大白菜，别名结球白菜、包心菜等，为十字花科、芸薹属，二年生草本植物，起源于我国。我国品种资源也很丰富。它的单产高，一般每667m² 产量3500~4000kg，高产的可达5000kg以上。大白菜是以柔嫩的叶丛或叶球、花球为食用器官的蔬菜。其营养丰富、易栽培、产量高、耐储运，是我国大部分地区主要蔬菜之一。大白菜为半耐寒性蔬菜，对温度的适应性较广，在种植上具有好管理、投入少、产量高的特点，利用设施进行大白菜栽培发展较迅速，效益较好。

一、生产概述

1. 喜冷凉性

发芽期适宜温度为20~25℃，生长适宜温度为10~22℃。不耐热，25℃以上生长不良。有一定的耐寒性，喜冷凉气候，但10℃以下生长缓慢，5℃以下生长停止，可短期忍耐-2

~0℃的低温，当温度降到 -5 ~ -2℃时受冻害。大白菜属于种子春化型蔬菜，一般萌动的种子在 2 ~ 5℃条件下，10 ~ 15 天可以通过春化作用。

2. 长日照植物

大白菜属于长日照植物，但对日照时数要求并不严格。低温通过春化后，在日照时数为 12h 以上，18 ~ 20℃的温度可抽薹开花。遇阴雨低温、日照低的年份，产量低、品质差。

3. 喜湿性

大白菜喜湿，营养生长时期，适宜的土壤湿度为 80% ~ 90%，适宜的空气湿度为 65% ~ 80%。

4. 需肥量较大

大白菜产量高，需肥量比较大，一般生产 5000kg 大白菜，约吸收氮 7.5kg、磷 3.5kg、钾 10.0kg。大白菜以叶为产品，需氮较多，钾次之，磷最少。大白菜生长期间还需要较多的钙和硼。通常缺钙时易发生干烧心病；缺硼会在叶柄内侧出现木栓化组织，由褐色变为黑褐色，叶片周边枯死，结球不良。大白菜对土壤的要求不严格，除了过于疏松的沙土以及排水不良的黏土外，其他土壤均可栽培大白菜，以肥沃壤土、沙壤土等的栽培效果为最好，适宜中性偏酸的土壤。

5. 不宜连作

大白菜忌连作，生产中应与非十字花科作物实行 3 年以上的轮作，与葱、蒜、豆类、瓜类、茄果类茬地或粮食作物轮作为好。

6. 产量高，反季节供应、经济效益高

大白菜单产高，一般每 667m² 产量为 3500 ~ 4000kg，高产的可达 5000kg 以上。

7. 安全性

棚室保护作用可避免自然灾害对大白菜生产的影响。

二、生产茬口

东北地区春大白菜生产茬口见表 5-1。

表 5-1 东北地区春大白菜生产茬口

栽培方式		播种期	定植期	采收期
大棚栽培	春季早熟栽培	3 月上旬	4 月上旬	5 月下旬 ~ 6 月上旬
露地栽培	春季早熟栽培	4 月上旬	5 月上、中旬	6 月下旬 ~ 7 月上旬

三、生产品种

大白菜喜温暖凉爽的气候，耐寒性、耐热性弱，根据栽培季节，主要分为春季耐抽薹品种、夏季耐热品种和秋季耐储藏品种三类。春温室、春大棚大白菜栽培季节早，室外温度低，易发生未熟抽薹现象，因此，选用晚抽薹性强且早熟、抗病的良种是春温室大白菜栽培成败的关键。可根据市场需求及消费习惯的不同选用京春 99、改良京春绿、改良京春白、京春黄、京春旺等品种。

（1）京春 99 它为极早熟春大白菜一代杂交种，定植后 45 ~ 50 天收获。晚抽薹性较强，抗病毒病、霜霉病和软腐病，品质好。外叶绿，叶球中桩合抱，球高 24cm，球最大直径 16.4cm，球形指数 1.5，单球重 2.1kg，每 667m² 平均产 5500~6000kg。该品种植株紧凑，适宜密植，适合作中小型大白菜生产。

（2）改良京春绿　它为春大白菜一代杂交种，定植后 60 天左右收获。晚抽薹性强，抗病毒病、霜霉病和软腐病，品质佳。外叶深绿色，叶球合抱，球内叶浅黄色，球高 27.3cm，球最大直径 19.8cm，球形指数 1.4，单球重 2~3kg，每 667m² 平均产 5500~7000kg。

（3）改良京春白　它为春大白菜一代杂交种，定植后 60 天左右收获。晚抽薹性强，抗病毒病、霜霉病和软腐病，品质佳。外叶深绿色，稍皱，叶球合抱，球内叶浅黄色，球高 29.3cm，球最大直径 20.3cm，球形指数 1.4，单球重 2.5~3.5kg，每 667m² 平均产 6500~8000kg。

（4）京春黄　它为春大白菜一代杂交种，定植后 60 天左右收获。晚抽薹性强，抗病毒病、霜霉病和软腐病，品质佳。外叶深绿色，叶皱，球内叶黄色，叶球合抱，球高 30.3cm，球最大直径 17.3cm，球形指数 1.8，单球重 2.5~3.5kg，每 667m² 平均产 6500~8000kg。

（5）京春旺　它为春大白菜一代杂交种，定植后 65 天左右收获。晚抽薹性强，抗病毒病、霜霉病和软腐病，品质佳。外叶深绿色，球内叶浅黄色，叶球合抱，球高 31.7cm，球最大直径 17.3cm，球形指数 1.8，单球重 3.0~3.5kg，每 667m² 平均产 7000~9000kg。

四、生产技术要点

1. 大棚春大白菜生产技术

（1）大白菜设施育苗

1）育苗时期。选择条件较好的加温温室育苗，夜间需加盖草帘或保温被，最低夜温不低于 13℃。播种期较定植期提前 25~30 天，北京及其周边地区一般于 1 月中旬至 2 月初播种。东北地区可采用温室育苗，于 3 月上、中旬播种，4 月上、中旬定植于大棚。西南地区于 2 月中旬前后在保护地育苗，3 月中、下旬带土定植在大田。

2）育苗方法。采用塑料营养钵（直径 8cm）育苗或营养土方育苗均可。营养土配方可采用草炭和田间土等量混合，或由腐熟粪和田间土按 3∶7 比例混合而成。将营养钵装土并码放于平畦内，播种前浇透水，每钵播种 3~4 粒种子，每 667m² 地的育栽苗子用种量 50g。播种后覆 0.5cm 左右薄层细土，插小拱棚保温、保湿。

3）苗期管理。

①温度。出苗后白天温度为 20~25℃，注意通风降温，最高温度控制在 25℃ 左右。及时通风间苗，当两片子叶展开后每钵留 2~3 株苗，有 1~2 片真叶时定苗，每钵留 1 株壮苗。夜间应保持在 12℃ 以上，避免 10℃ 以下低温。适宜苗龄为 30~35 天，定植前 10 天低温炼苗。

②肥水。浇水要见干见湿，适当浇氮、磷、钾复合肥营养液 3~5 次；间苗后喷施 1 次 500 倍液的代森锌杀菌剂，以防猝倒病的发生；此后视苗色深浅适当喷施 1~2 次叶面肥。

（2）大白菜设施整地作畦与定植

1）整地作畦。大棚春大白菜在定植前 20~30 天烤地增温，土壤化冻 20cm 以上时整地施肥。每 667m² 施入腐熟有机肥 4000kg、磷钾复合肥 30kg、磷酸二铵 10kg，翻地 20cm 深，精耕细耙。南方一般做成南北向小高畦（图 5-1），畦宽 1m，定植前盖地膜。畦上栽两行，行距 50cm、株距 33cm，每 667m² 定植 3500~4000 株。北方一般为垄作栽培，垄宽 60cm、垄高 10cm，棚内株距 30cm，穴栽，每 667m² 栽植 3300～3500 株。每穴定植 1 株壮苗，浇足温水，培土以不埋住心叶为度，并覆盖地膜。

2）定植。当棚内温度稳定在 12℃、露地气温稳定在 13℃ 以上时定植，以免通过春化而抽薹。华北地区于 2 月中旬至 3 月初定植日光温室，苗龄 25～30 天，叶片数为 4～6 片。定植前一天给苗床浇透水，日光温室夜间需加盖草帘或保温被。华北地区于 2 月底至 3 月初定植大棚，定植叶片数为 4～6 片，定植前一天给苗床浇透水。

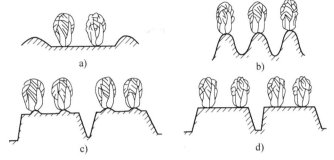

图 5-1 大白菜栽培畦的形式
a）低畦 b）垄畦 c）改良小高畦 d）高畦

（3）生产管理

1）温度管理。大棚春大白菜生产最低夜温保持在 10～13℃，白天前期在保温的基础上每天小放风除湿，减少霜霉病发生，中后期加大通风降温和除湿，棚内最高气温维持在 25℃ 左右。采用小拱棚栽培的，随着气温回升，扎破棚膜逐步加大通风量，当外界最低气温稳定在 15℃ 以上时，可全部撤掉棚膜，撤去小拱棚。去膜后及时中耕除草，提高地温，促进根系发育。

2）肥水管理。定植后 2～3 天浇缓苗水，苗期应少浇水；定植水浇过后，宜浅中耕，增温保墒，促发根缓苗，缓苗后每隔 7～8 天浇 1 次水；包心期隔 1 天浇 1 次水，小水勤浇；结球后浇水不宜过多，保持地面见干见湿，以免高温高湿诱发软腐病；收获前 7 天停止浇水。结合浇缓苗水追施提苗肥，每 667m² 施尿素 15kg，随即中耕保墒；莲座期可用 0.2% 磷酸二氢钾和 0.2% 尿素进行叶面施肥，同时还可喷施 0.7% 氯化钙，促进包心并防止干烧心；开始包心时结合浇水，每 667m² 追施稀粪 700～800kg 或速效氮肥 15～20kg；结球中期，每 667m² 追施复合肥 20kg，追肥后应及时浇水。

3）放风除湿。春大棚、小拱棚大白菜定植后前期白天在保温的基础上每天小放风除湿，减少霜霉病发生；中后期夜间保温，白天要特别注意通风降温和除湿，待最低气温升至 13℃ 以上时充分打开周边棚膜，昼夜通风，夜间不再保温，白天最高气温维持在 25℃ 左右。

（4）大白菜采收与采后处理 春大白菜成熟时应及时采收，春大棚、春温室大白菜在 4 月中下旬至"五一"节收获，小拱棚大白菜在 5 月底至 6 月初收获，过熟易引起抽薹及叶球腐烂。

（5）大白菜设施生产主要病虫害诊断

1）主要虫害诊断与防治。

①斜纹夜蛾（又叫麻麻虫、荷叶虫），以初孵幼虫群集在叶背面啃食为害，只留下上表皮和叶脉，受害叶好像"纱窗"状。幼虫长大后，食叶片成缺刻，严重时可将全叶吃光，甚至咬断幼嫩茎秆。斜纹夜蛾具有杂食性、暴发性、繁殖力强的特点，且老龄幼虫抗药性又强，故防治上应狠抓杀蛾灭蛹，摘除卵块，及时防治 1、2 龄幼虫。

②菜青虫。防治方法可用灭幼剂喷防，每 667m² 用 25% 灭幼脲 3 号悬浮粉剂 25mL 兑水 50L，或用菊酯类农药，2.5% 溴氰菊酯（敌杀死）乳油 15～20mL 兑水 50L，稀释混合均匀

后喷雾。

2）主要病害诊断与防治。

①软腐病，又叫烂疙瘩。多半在包心期开始发病，发病初期外叶在太阳光照射下，多呈萎垂状，但早晚仍然恢复，随着病情的发展，这些病叶不再恢复，露出叶球。病斑呈水浸状，病部组织变褐、腐烂和黏滑，有臭味。生产上实行轮作，有条件的地方以水旱轮作为宜。不要施带病的有机肥料。通过深翻晒白，控制病菌的来源。实行高畦栽培，有利于排水防涝，可以减轻病害的发生。做到施足底肥，及时追肥，使苗期生长旺盛，增强抗病能力。及时拔除病株，可以减少菌源，防止病菌蔓延。特别是在灌水前应及时检查处理，避免造成伤口，以防病菌侵入。选用抗病品种，一般青帮品种和杂种一代抗病力较强。药剂防治可选用农用链霉素每小包加水 100kg 或 70% 敌克松 600 倍液灌根；也可用 20% 龙克菌 600 倍液或 47% 加瑞农 800 倍液，每 7 天喷 1 次，连喷 2～3 次。

②霜霉病。秋季在 9 月初到 11 月，为发病高峰期。在发病盛期时段，早晚温差大、多雾重露、晴雨相间、相对湿度较高的易发病。连作地、地势低洼积水、湿度大、排水不良的田块发病较早较重。生产上实行深沟高畦、短畦栽培方式，施足有机基肥并适当增施磷钾肥，促进植株生长健壮。从莲座中期开始，及时清除田间病株老叶，以减少再侵染的菌源。药剂可用 2% 克露可湿性粉剂 1000 倍液、77% 可杀得可湿性粉剂 600～800 倍液、25% 甲霜灵可湿性粉剂 600～800 倍液、70% 丙森锌（安泰生）可湿性粉剂 700 倍液等喷雾防治，注意交替用药。

③黑腐病。它可引起叶斑或黑脉。叶斑多从叶缘向病腐内扩展，形成 "V" 字形黄褐色枯斑。该病烂时不臭，有别于软腐病。生产上应加强栽培管理，适时播种，不宜播种过早，合理浇水，适期蹲苗；注意减少伤口；收获后及时清洁田园。发病初期喷洒 72% 农用硫酸链霉素可溶性粉剂或新植霉素 100～200mg/kg，或氯霉素 50～100mg/kg，或 50% 氯溴异氰尿酸（消菌灵）可溶性粉剂 1200 倍液或 12% 松脂酸铜乳油 600 倍液或 14% 络氨铜水剂 350 倍液、50% 可杀得 1000 倍液。但对铜剂敏感的品种须慎用。

2. 温室春大白菜生产技术

温室春大白菜栽培季节早，室外温度低，易发生未熟抽薹现象，故应选择早熟、抽薹晚、抗病性强的优良品种。可根据市场需求及消费习惯的不同选用京春 99、改良京春绿、改良京春白、京春黄等品种。

（1）播种育苗　选择条件较好的加温温室育苗，夜间需加盖草帘或保温被，最低夜温不低于 13℃。采用塑料营养钵（直径 8cm）育苗或营养土方育苗均可。

1）播种期。播种期较定植期提前 25～30 天，华北地区一般在 1 月中旬至 2 月初播种。

2）营养土配制。采用草炭土和田间土等量混合，或由腐熟粪和田间土按 3:7 比例混合而成。将营养土装入营养钵并码放在平畦内。

3）播种。播种前浇透水，每钵播种 3～4 粒种子，每 667m² 需育栽苗的用种量为 50g。播种后覆 0.5cm 左右薄层细土，插小拱棚保温、保湿。出齐苗后，再覆一次薄层细土。

4）苗期管理。间苗 1～2 次，当两片子叶展开后每钵留 2～3 株苗，1～2 片真叶时定苗，每钵留 1 株苗；晴天上午视土壤情况浇水，促进幼苗健壮生长；白天注意通风降温，最高温度控制在 25℃ 左右。

（2）整地作畦　整地时施优质农家肥 3000kg/667m²，翻耕入土。做成南北向小高畦，畦宽1m，定植前覆盖地膜。畦上栽两行，行距50cm、株距33cm，每亩定植3500～4000株。

（3）定植　华北地区于2月中旬至3月初定植，苗龄25～30天，生长出4～6片真叶时定植在日光温室。定植前一天苗床浇透水，日光温室夜间需加盖草帘或保温被。

（4）定植后管理

1）温度管理。最低夜温保持在10～13℃，白天前期在保温的基础上每天小放风除湿，减少霜霉病发生，中后期加大通风降温和除湿，温室内最高气温保持在25℃左右。

2）肥水管理。温室春大白菜管理以促为主，追肥分两次进行，缓苗后每667m²可追施尿素10kg、复合肥10kg，撒入沟内，随后浇水。进入结球期后，再随水追施硫酸铵20kg/667m²。施肥、浇水一般在晴天上午进行，收获前一周停止浇水。

（5）采收　4月中下旬，春大白菜成熟时应及时采收，过晚易引起抽薹及叶球腐烂。

3. 大白菜的采收与储藏

（1）大白菜的采收标准与品质　大白菜的采收以叶球紧实为采收标准。一般春播和夏播大白菜由于采收期处于高温季节，因此采收一定要及时。春播大白菜如果采收过晚，中心柱会伸长甚至抽薹，球内的花蕾容易腐烂且易引发干烧心病。夏播大白菜如果采收过晚，球内容易引发软腐病而导致腐烂。品质基本要求为包紧，无叶帮，无青叶、飞叶，无虫伤，无腐烂，单株重在1.25kg左右。

（2）大白菜储藏保鲜

1）储藏温度、湿度。适宜的储藏温度为0～1℃，相对湿度为85%～90%。

2）储藏方法。

①窖藏。在华北、东北和西北一带主要利用地窖储藏大白菜。选择地势高、交通便利的地方挖一个长方形的窖身，窖顶用木料、秸秆和泥土作棚盖。根据入土深浅可分为地下式和半地下式两种类型。华北及东北南部温度较高或地下水位较高的地区，多采用半地下式棚窖，一般窖的地下深度为1～1.5m，地上堆土墙高1～1.5m，窖宽4～5m，长以不超过50m为宜。窖顶由支柱撑起，用木材、竹竿等作横梁，上面铺成捆的秸秆，再覆土踩实，窖顶的覆盖总厚度约为0.4m。顶上开天窗用以排气，侧墙上开进气孔。排气和进气窗口的面积应根据当地的气候而定。东北中部、北部及西北大部冬季较为寒冷，多采用地下式棚窖。窖深常以当地冻土层深度为标准，一般窖深超过冻土层0.2m时可达到0℃的窖温。窖顶覆盖总厚度多在0.6m以上。一般在窖顶上每隔4～5m设一个通风口，起排气和进气的作用。上述两种窖的出入口常设在窖顶，储量大的棚窖也可在南侧或东侧开设窖门，有坡道与窖顶相连。棚窖一般每年拆建一次，但窖顶如果用灰渣、水泥、油毡等作防水层，窖的四周并设有排水沟时，也可连续使用2～3年。

储藏时，将经过晾晒的大白菜运至窖旁后摘除黄帮烂叶。如果此时气温较高，可将菜在窖外根对根地码成长形或圆形进行预储，预储可以除去菜体的田间热，可以避免入窖后造成窖温的急剧上升。预储时要注意适当地倒菜，并在温度低于零下时给菜堆加覆盖物，以避免遭受冻害。在大白菜不受冻的前提下，入窖时间越晚越好，入窖太早，会因窖温过高引起腐烂和脱帮。

②堆藏。长江中下游和华北南部冬季不太寒冷的地方多采用堆藏的方法储藏大白菜。在露地或室内先用竹竿搭成人字形架，按架杆的倾斜方向将大白菜堆成两列，两列的底部相距1m左右，逐层向上堆叠时缩小距离，最后使两列合在一起成尖顶，堆成后为一塔形，塔高

约1.5m。堆放时菜根向里，菜叶（头）向外。每层菜间交叉斜放一些细架杆（托架），以便连接和支撑两列大白菜，使之牢固。堆外覆盖草席，堆的两头挂上席帘，通过席帘的启闭调节堆内的温度和湿度。此外为了防止积水，应在堆的两侧挖排水沟。华北地区还有另一种短期储藏大白菜的堆藏法。即在露地或室内将大白菜根对根、叶（头）向外码成两行，行间应留约半棵菜的通风道。根据天气的变化，或用芦席等覆盖菜堆，或将通风道用菜堵死以利用呼吸热进行防寒。此法简便易行，但储藏期短，消耗大。

③沟藏。北京、辽宁一带常用埋藏的方式储藏大白菜，在露天地上选择地势高的东西方向挖宽约1m、深为0.3~1.0m的浅沟，沟的深度依当地的冻土层厚度以及是否储藏越冬而定，长度随储藏量而定。将挖出的土在沟的四周堆成高0.18~0.2m、厚约0.65m的土墙，使沟的总深度与菜的高度大约相等。将经过晾晒的大白菜根向下一棵一棵紧密地排列在沟内，然后在菜的上面盖上一层菜叶或树叶，以免泥土弄脏菜叶。如果这时气温还较高，可只在上面覆盖少量细土，以后随着气温的逐渐下降分期增加覆土的厚度，最终的覆土厚度为0.5~0.7m。埋藏的大白菜应隔一段时间选点挖出进行检查，发现问题及时处理。埋藏因受地温影响较大，立春后温度开始回升时即应结束储藏。

④通风库储藏。通风库的形式和性能与地窖很相似，为一种砖、木、水泥结构的半永久性库房。与地窖相比隔热性能好，且通风设备完善。通风库的储藏管理方法可参照地窖。大白菜采收后可不经晾晒直接入储。储鲜菜必须用菜架来单层或双层摆菜。鲜菜对库温调节和通风管理要求较高，最好在通风口处架设风机，以强制通风调节库温。储鲜菜也需要在储期内适当翻翻菜，同时需要摘菜。在通风库内可以筐装堆储或码储，其管理同前。此外，大白菜还可以冷藏，冷藏白菜不需要预储，白菜稍晾晒后，立即入库，储藏期间不需要倒菜。在冬季气候温和地区，可堆储白菜。即在田间或销售点附近的背阴处堆成单行或双行的菜垛，堆高约1.5m，天冷时可覆盖苇席或草帘防冻。此法简便，储藏期短，损耗较大。

⑤塑料薄膜气调储藏。上面所介绍的简易储藏法，损耗量较大。而低温、气调和塑料薄膜包装相结合的储藏方法损耗量较小。在0~2℃的低温下，将大白菜放入厚度为0.05mm的聚乙烯塑料袋中密封包装，能够储藏30天且品质良好，储藏期间超过50天时，由于袋内积累了过多的二氧化碳，会出现异臭，如果采用0.03mm的聚乙烯塑料袋包装（不密封），储藏期可以超过50天。如果调节塑料薄膜包装袋内的氧气含量为1%~6%，二氧化碳为0~5%，储藏100天，仍能保持较好的品质。为了防止大白菜的脱帮，可在采收前14天喷生长调节剂2,4-D，浓度为25~50mg/L，也可以在采收后用5mg/L浓度浸根。在保鲜中加入乙烯消除剂，大白菜的脱帮现象也可大大减少。

任务21　大白菜形态特征观察

一、任务实施的目的

认识并了解大白菜的营养器官、生殖器官形态特征，生育期特征。为大白菜生产田间诊断管理提供依据。

二、任务实施的地点

园艺实训基地，设施蔬菜栽培实训室。

三、任务实施的用具

米尺、观察记录表。

四、任务实施的步骤

1. 大白菜营养器官形态特征观察

（1）根 大白菜为直根系，主根粗大，侧根发达，生根能力强。主要根系分布在20～30cm土层内。

（2）茎 大白菜茎在营养生长时期，茎短缩，为4～7cm，肥大呈圆锥形；生殖生长时期，短缩茎顶端抽生花茎，浅绿至绿色，表面有明显的蜡粉，高60～100cm，有1～3次分枝。

（3）叶 大白菜为异形变态叶，按其发生的先后顺序，大白菜的叶分别如下（图5-2）：

1）子叶。2枚，对生，肾形，无叶柄。

2）基生叶。2枚，长椭圆形，有明显的叶柄，无叶翅，对生，着生于短缩茎基部，与子叶方向垂直呈"十"字形。

3）中生叶。互生叶片倒披针形至倒阔卵圆形，有叶翅，无叶柄，着生短缩茎中部，是主要的同化器官并保护叶球；第一叶环的叶较小，为幼苗叶，椭圆形，有叶柄；第二三叶环叶较大，叶片薄，皱而多脉，为莲座叶，倒阔卵圆形，无明显叶柄，有明显叶翅。

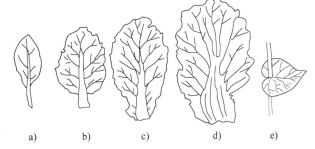

图5-2 大白菜的叶

a）基生叶 b）幼苗叶 c）莲座叶 d）顶生叶 e）茎生叶

b、c）中生叶

4）顶生叶。也叫球叶或心叶，着生于短缩茎的顶端，互生，构成叶球，外层叶较大，内层叶渐小。其是大白菜的营养储藏器官，也是主要的产品。

5）茎生叶。生殖生长时期着生在花茎上，抱茎而生，先端呈三角形，表面有蜡粉。

2. 大白菜生殖器官形态特征观察

（1）花 大白菜的花为完全花，花瓣4枚，黄色，十字花冠，四强雄蕊，虫媒花，总状花序。

（2）果实 大白菜的果实是长角果，圆筒形，先端陡缩成"果喙"。成熟时纵裂，种子易脱落。

（3）种子 大白菜的种子为球形微扁，红褐色至灰褐色，少数黄色。千粒重2～3.5g，使用年限为1～2年。

3. 大白菜生育期特征

春播大白菜当年可开花结籽，表现为一年生植物。秋播大白菜为典型的二年生植物，全生育期分为营养生长时期和生殖生长时期，与生产关系比较密切的为营养生长时期，从播种到形成叶球，需要50～110天。

（1）发芽期 从种子萌动到2片子叶展开，真叶显露（俗称"破心"）时结束。一般需要 3~4 天。2 片基生叶展开与 2 片子叶交叉垂直排列，又俗称"拉十字"。

（2）幼苗期 从破心到第一片叶环的叶片全部展开（俗称"团棵"）。早熟品种展开 5 片叶片，需 12~13 天；中晚熟品种展开 8 片叶片，需 17~18 天。此期形成大量根系。

（3）莲座期 从团棵到第二三个叶环形成。早熟品种长成 10 片莲座叶，需 20~21 天；中晚熟品种长成 16 片莲座叶，需 27~28 天。莲座末期心叶开始抱合，称"卷心"。莲座期叶片迅速扩大，同化功能旺盛，根系也迅速扩展，大量吸收肥水，为良好的生长结球打下基础。管理的关键在于既要促莲座叶充分生长，又要防止其旺长影响球叶分化。

（4）结球期 从球叶开始抱合到叶球形成。早熟品种需 25~30 天，中晚熟品种需 45~55 天。其可分为结球前期、中期和后期。结球前期，外层叶片生长迅速并向内弯曲，形成叶球的轮廓，称为"抽筒"；中期，内层球叶迅速生长充实叶球内部，称为"灌心"。前期和中期是大白菜产量形成的关键期，产量的 80%~90% 在这两个时期内形成。后期，叶球的体积不再增加，内叶缓慢生长继续充实叶球，称为"壮心"。外叶养分向内叶运转，外叶衰老、变黄。

（5）休眠期 大白菜叶球形成后，遇到低温，生长发育受到抑制。被迫休眠时期，依靠叶球储存的养分和水分生活。此期继续形成花芽和幼小的花蕾，为转入生殖生长做好准备。

（6）抽薹期 冬眠后的种株，第二年春从开始抽薹到开始开花，约需 15 天。

（7）开花期 从开始开花到全株谢花约需 30 天。

（8）结荚期 谢花后，果荚生长，种子发育成熟时果荚枯黄，需 25 天左右。

4. 大白菜叶球的形态结构类型

大白菜叶球是一肥大的顶芽，是由许多球叶抱合而成，有迭抱、褶抱、拧抱等抱合形式。

（1）迭抱 叶球顶部的叶片上半部向内折叠，叶球平顶。

（2）拧抱 叶球顶部的叶片旋拧而抱合，叶球细长圆筒形。

（3）褶抱 叶球顶部的叶片边沿裥褶而抱合，叶球卵圆形。

五、任务实施的作业

1. 叙述大白菜根系特征特性与生产育苗关系。

2. 叙述大白菜叶的形态与叶球发育的关系。

任务 22　大白菜设施生产管理

一、任务实施的目的

掌握设施大白菜生产棚室温度、湿度调控，肥水管理，植株调整，生长调节剂应用，病虫害防治等技能。

二、任务实施的地点

园艺实训基地、设施蔬菜栽培实训室。

三、任务实施的用具

温度、湿度计，复合肥，台秤，农药，喷雾器等。

四、任务实施的步骤

1. 棚室温度、湿度调控

（1）通风与保温　缓苗期闭棚保温，幼苗定植后棚室密闭 3 ~ 4 天，不放风，提高室内气温和地温，白天气温保持在 25℃ 左右，最低夜温保持在 10 ~ 13℃。中后期夜间保温，白天要注意通风降温和排湿，待最低气温升至 13℃ 以上时打开大棚周边棚膜，昼夜通风，夜间不再保温。

（2）排湿　缓苗期闭棚保温不排湿，如果棚室温度超过 28℃ 以上需通风排湿，减少霜霉病发生。

2. 肥水管理

（1）第一次施肥浇水　在缓苗后施肥，每 667m² 施尿素 10kg，撒于沟内，随后浇水。追肥灌水结束后将垄头地膜封严，防止水分蒸发，提高室内空气湿度。每次追肥灌水后要放风排湿。晴天加强放风。

（2）第二次追肥灌水　在进入结球期后，每 667m² 追施硫酸铵 20kg。由于夜间温度较低，施肥、浇水一般在晴天上午进行，收获前一周停止浇水。

3. 病虫害识别防治

（1）主要病虫害调查识别

1）主要害虫调查识别。斜纹夜蛾和菜青虫的调查识别。

2）主要病害调查识别。软腐病、霜霉病和黑腐病的调查识别。

（2）药剂防治　农药选择与使用。

五、任务实施的作业

1. 会进行大白菜设施生产的温度、水分调节。
2. 会识别大白菜生产的病虫害并进行预防。

子项目 2　结球甘蓝设施生产

知识点：掌握结球甘蓝设施生产特点、设施栽培技术。

能力点：会制订结球甘蓝生产计划，掌握整地作畦、定植、植株调整、有害生物防控等相关基本技能。

项目分析

该任务主要是掌握结球甘蓝设施生产的基本知识及生产的基本技能，重点是综合生产技能的训练与提升。

项目实施的相关专业知识

结球甘蓝，简称甘蓝，别名洋白菜、卷心菜等，为十字花科芸薹属二年生蔬菜，适应性强，易栽培，产量高，耐储运。我国各地均有栽培，一年内可多茬栽培，供应期长。

一、生产概述

1. 喜凉爽性

结球甘蓝喜凉爽，较耐低温，生长适温范围较宽，在月均温 7～25℃ 的条件下都能正常生长与结球。种子发芽适宜温度为 18～20℃，最低为 2～3℃。幼苗能长期忍受 −2～−1℃ 低温，生长适温为 15～20℃。叶球生长适宜温度为 17～20℃，25℃ 以上结球不良。结球甘蓝是冬性较强的绿体或幼苗春化型植物。早熟品种的幼苗具有 7 片真叶，最大叶宽为 6cm 以上，茎粗达到 0.6cm 以上；中晚熟品种的幼苗常具有 10～15 片真叶，最大叶宽为 7cm 以上，茎粗达到 1.0cm 以上。结球甘蓝可接受 0～10℃ 的低温，通过春化阶段，一般早熟品种需 45～50 天，中熟品种需 50～60 天，晚熟品种需 70～90 天。

2. 喜光、耐弱光

结球甘蓝是长日照植物，也能适应弱光。低温长日照利于花芽形成，较短的日照对叶球的形成有利。

3. 喜湿性

结球甘蓝要求较湿润的栽培环境，适宜的土壤湿度为 70%～80%，空气湿度为 80%～90%。如果土壤水分不足，相对湿度低于 50% 会严重影响结球和降低产量。如果土壤湿度高于 90%，会造成植株根部缺氧导致病害和植株死亡。幼苗期和莲座期能忍耐一定的干旱。

4. 喜肥、耐肥性

结球甘蓝喜肥、耐肥，整个生长期吸收氮、磷、钾的比例为 3∶1∶4。甘蓝对钙的需求量较多，缺钙易发生干烧心病害。结球甘蓝为喜肥和耐肥作物，对土壤养分的吸收量较一般蔬菜多，幼苗期和莲座期需氮肥较多，结球期需磷、钾肥较多，其比例为 N∶P∶K = 3∶1∶4。所以宜选择保水肥能力强的土壤栽培。结球甘蓝适于微酸到中性土壤，有一定的耐盐碱能力。

5. 安全性

棚室保护作用可避免自然灾害对生产的影响。

二、生产茬口

结球甘蓝适应性强，对温度的适应范围较宽，可进行四季栽培，但在冬春季节因栽培设施不同，其播种期与收获时间也有较大的差异。栽培结球甘蓝都需育苗，不同季节其育苗设施及方法各有不同（表5-2）。

表5-2 不同季节结球甘蓝育苗设施与栽培期

品种类型		育苗设施	播种期	苗龄/天	定植期	采收期
春甘蓝	早熟品种	塑料大棚或小拱棚低畦	11～12 月	30～35	12 月下旬～第二年 1 月	3～4 月
夏甘蓝	早熟或中熟品种	低畦露地	2～3 月	40～45	3 月下旬～4 月	6～7 月
秋甘蓝	中熟品种	高畦荫棚，草帘或遮阳网搭架遮阴	6～7 月	30～35	7～8 月	10～11 月
冬甘蓝	中、晚熟品种	高畦露地	8～9 月中旬	35～40	9～10 月	12 月～第二年 2 月初

三、生产品种

1. 品种要求

（1）春早熟栽培　选用中早熟品种，在冬季或早春育苗，定植在设施或露地上，在春季或初夏收获上市，以早熟、早上市的栽培方式为甘蓝春早熟栽培。这种栽培方式利用的设施较简单，生产成本不高，上市期正值春末夏初蔬菜供应淡季，对均衡蔬菜供应有重要意义，经济效益较高。

（2）夏季栽培　夏甘蓝是在春末夏初露地育苗，定植在露地，于7～9月陆续收获，供应夏季及秋季蔬菜的一种栽培方式。这种栽培方式生产成本很低，对解决高温、多雨夏季的缺菜问题有一定作用。夏甘蓝栽培难度较大，生产面积较小，以长江流域和西南各省较多。

2. 品种特性介绍

按其栽培目的和上市时间的不同而定。设施甘蓝栽培多选用抗寒性和冬性均较强的早熟品种，如金早生、中甘11号、中甘12号、中甘15号、京甘1号、8398、迎春、报春、鲁甘蓝2号、北农早生、鸡心甘蓝、牛心甘蓝、北京早熟等。

四、生产技术要点

1. 春大棚甘蓝生产技术

（1）播种育苗　12月上旬在温室内播种。

1）普通育苗。育苗床选择在未种植过十字花科蔬菜，土壤疏松、富含有机质，通风透光好，地势较高的地块。做成1m或1.2m宽畦，浇透底水，灌水深度以淹没畦面8～10cm为宜，同时准备好过筛的细土备用。待水渗下去后，畦面均匀撒一层0.3～0.5cm厚的过筛细土，然后将干种子均匀撒播在床面上，播种后再均匀覆盖过筛细土0.5cm厚。在两片子叶展开时及时间苗、补苗，保持苗间距1～1.5cm。当苗长至2～3片叶时分苗，苗距为8～10cm。出现大小苗时，将小苗分植在温度较高的温室北侧，大苗分植在温度较低的南侧。寒冷季节分苗，最好采取暗水分苗，即在整平的分苗畦内南北开浅沟，将幼苗按8～10cm的株距码放好，沟内浇水，水渗下后将苗扶正填平土；也可以开沟后先浇水，再浇苗，水渗下后填土。为促进缓苗，分苗后适当提高育苗床温度，白天控制在15～25℃，夜间不低于10℃。缓苗后适当降低温度，最高气温不超过20℃，夜间10℃以上。注意防止幼苗徒长和苗期病害的发生，如果发生幼苗徒长或过嫩，可结合轻中耕松土和适当加大通风量进行控制，白天温度不低于15℃。

2）穴盘育苗。选用72孔或128孔育苗盘，将配制好的营养土装入苗盘穴内，轻压营养土，使穴中基质向下凹0.5～0.8cm，每穴播1粒，上覆0.8～1cm厚的蛭石。播种后苗床温度控制在20～25℃，湿度80%以上。苗出齐后，白天温度保持在20～25℃，夜间10～15℃，最低不得低于5℃。在第一片真叶展开时，将缺苗孔补齐。苗期子叶展开至二叶一心时，水分含量为最大持水量的70%～75%；苗期三叶一心后，结合喷水进行2～3次叶面喷肥。三叶一心到定植，水分含量应保持在60%～65%。温度管理同普通育苗。

（2）定植

1）定植前准备。定植前15～30天盖棚暖地，棚膜宜选择透光、保温性能好、强度大、耐老化的优质薄膜。可在大棚周围挖防寒沟，深度以当地最大冻土层为标准，宽度为30cm，沟内填锯末或柴草，上面覆盖土使之略高于畦面。定植前两周棚内每667m² 施入优质腐熟的有机肥3000kg、磷酸二铵60kg、氯化钾25kg，深翻土地，灌足底墒。整地作畦，平畦宽100cm，高畦畦高10～30cm、畦面宽60～80cm。用幅宽80～100cm的地膜覆盖栽培。

2）定植。当棚内10cm地温稳定在5℃以上，旬平均气温达10℃以上时，即可定植。华北地区在2月下旬至3月上旬定植。定植前7～10天炼苗。选晴天上午定植，双行定植，株行距为（35～40）cm×50cm，每667m² 栽植4500～5000株。定植时可先用打孔器按株距打孔后再进行定植，也可用苗铲临时破膜定植。定植后立即浇水，密闭大棚。

（3）定植后管理

1）缓苗前管理。定植后缓苗前应以增温、保温为主。白天棚温保持在20℃以上，夜间为10℃以上，不低于5℃。寒流天气在棚四周围盖1m高的草苫，可使棚内气温增高1～2℃，无草苫的也可用旧塑料膜代替或在大棚内距棚膜一定距离处挂一层薄膜或无纺布，白天拉开、夜间合拢，能使棚内气温提高2℃以上。

2）缓苗后管理。大棚密闭7～10天后，即开始缓苗，进行通风换气，开始时通风量不宜过大，先从棚的东边开口通风，通风最好在中午进行，注意不要放底风。以后随着外界气温的升高，加大通风量，延长通风时间，使白天棚温保持在15～20℃，夜间温度保持在10～15℃。上午棚温达到20℃以上时通风，下午棚温降到20℃时关闭风口。当外界夜间气温达到10℃以上时，大放风、放底风、昼夜通风。缓苗后，浇一次缓苗水，选晴天的上午进行。中耕可疏松土壤，有利于根系生长和好气性有益微生物的活动。定植7天后，未覆盖地膜的，可进行第一次中耕除草，以后视土壤情况进行第二次中耕除草。植株长大，叶片封地即进入莲座期，不再中耕。

3）莲座期与结球期管理。莲座期与结球期是两个需水需肥高峰期。莲座期适时追肥是丰产的一个重要环节，追肥以氮肥为主，使外叶充分长大，为进入结球期和叶球的生长打下良好的基础。如果莲座期满足不了氮肥的需要，将影响结球和叶球的充分长大。即使进入结球期后再补充足够的氮肥，也会影响叶球的充实，即直接影响叶球的产量。每667m² 每次随水追施硝酸铵15kg或硫酸铵20kg，磷酸二氢钾0.3%叶面追肥，或腐熟人粪尿2000～3000kg。

莲座期温度控制在白天15～25℃，夜间10～15℃，棚内空气湿度80%～90%，土壤湿度70%～80%。随着外界气温的升高，逐渐加大放风口，并延长放风时间，使棚内温、湿度尽量满足植株生长的需求。

进入结球期，心叶内卷形成的小叶球不断增大，当小叶球长到直径为4～5cm时，即进入第二个需肥高峰期，大约在第一个需肥高峰后的20天。此时养分的需求量急速增加，应根据底肥施用量及植株生长情况，追施1～2次肥。每667m² 每次随水追施硝酸铵15kg或硫酸铵20kg，磷酸二氢钾0.3%叶面追肥。

结球期适宜的温度范围是15～20℃，夜间温度10℃左右，棚内空气湿度为80%，土壤湿度为70%～80%。通过放风口大小与放风时间调整棚内的温、湿度。

2. 日光温室早春茬甘蓝生产技术

（1）生产流程　11月上旬在温室内播种。做播种床→浇透底水→撒一层细干土→均匀撒播干种子（用种量3～4g/m²）→覆土0.5～1.0cm→覆膜。

（2）营养土配制　选择1～2年内未种过十字花科蔬菜、土壤表层10～15cm的田园土和充分腐熟的优质有机肥，并补充适量的过磷酸钙、草木灰、饼肥及氮肥。

（3）播种 在育苗床上做成1m或1.2m宽的畦，铺好营养土，浇透底水，待水渗下后，畦面均匀撒一层0.3~0.4cm厚的过筛细土，将干种子均匀撒播于床面上，均匀覆盖0.5cm厚的过筛细土。或者选用72或128孔育苗盘，将配制好的营养土装入苗盘穴内，轻压营养土，使穴中基质向下凹0.5~0.8cm，每穴播1粒，上覆0.8~1cm厚的蛭石。

（4）苗期管理

1）温度管理。播种后，温度提高，日温20~25℃，夜温15℃左右；苗齐后，日温降至18~20℃，夜温10~12℃，一般无须浇水。

2）分苗。幼苗两叶一心时分苗。分苗后适当提高温、湿度以促进缓苗。缓苗后日温18~20℃，夜温10~12℃。幼苗有3片真叶以后，夜温不应低于10℃。不旱不浇水；定植前7~10天进行炼苗；苗龄60天左右。

（5）整地定植 1月中旬在温室内定植。每667m²施用优质农家肥5000kg，过磷酸钙50kg，沟施复合肥25kg。做成宽80~100cm，高15cm的畦。按行距40cm，株距25~30cm定植。

（6）定植后管理

1）温度管理。缓苗期，日温20~22℃，夜温12~15℃；缓苗后，日温15~20℃，夜温10~12℃；莲座后期和结球期，日温15~20℃，夜温8~10℃。

2）肥水管理。莲座期，莲座初期开始浇水，随水追施尿素10kg。然后控水蹲苗。结球期，5~7天浇1次水，追肥2~3次。第一次追肥在包心前，第二次和第三次在叶球生长期，每次追硫酸铵10kg、硫酸钾10kg，同时用0.2%的磷酸二氢钾溶液叶面喷施1~2次。结球后期控制浇水次数和水量。

（7）结球甘蓝采收及采后处理 早熟品种为了提早供应，只要叶球有一定大小和相当的充实程度，就开始分期收获。一般开始3~4天收获1次，以后间隔1~2天收获1次，共收获4~5次。可在1个月内收完。中、晚熟品种必须等到叶球长到最大和最紧密时，才集中1次或分2~3次收完。产量，早熟品种30000~45000kg/hm²，最高者达75000kg/hm²左右，中、晚熟品种每公顷产60000~75000kg，最高者可收获90000kg左右。

（8）设施栽培结球甘蓝未熟抽薹的原因及防治措施 结球甘蓝在未结球或结球不完善时，抽薹开花，称为未熟抽薹或先期抽薹。其主要原因是结球甘蓝幼苗的茎达到了通过春化的直径（粗度）时，经过一段时间的低温和长日照作用通过了春化阶段，分化为花芽，而不分化为球叶，再遇春季气温回升，未结球或结球不紧时抽出花薹。

1）品种。北京早熟、迎春等品种冬性较弱，未熟抽薹率为20%~60%，而中甘11号、中甘12号、中甘8号、中甘15号等品种冬性较强，不易发生未熟抽薹现象。

2）播种期。同一品种的播种期越早，通过春化阶段的机会越多，发生未熟抽薹的概率越大。

3）幼苗大小。定植时幼苗越大，未熟抽薹率越高。因此，在育苗期间必须防止幼苗生长过快。

4）育苗期间温度管理。低温是引发未熟抽薹的重要因素，因为只有满足一定的低温条件，结球甘蓝才能通过春化阶段，发生未熟抽薹现象。

5）定植时间。早熟甘蓝如果定植过早，特别是定植后受到"倒春寒"的影响，很容易发生未熟抽薹现象，但也不宜定植过晚，以防受冻死苗。

防治未熟抽薹现象的措施主要有：选用耐寒性强的品种，如中甘 11 号、中甘 12 号、鲁甘蓝 1 号、8398 等，避免发生未熟抽薹现象；适时播种，适时定植，不要过早播种或提前定植；播种后加强苗期管理，特别是对温度、水分、光照的控制，防止幼苗徒长。

（9）设施结球甘蓝生产病虫害田间诊断与防治

1）病害田间诊断与防治。

①甘蓝霜霉病。其主要为害叶片。病斑为多角形，初为浅绿色，以后变为黄褐色、紫褐色或暗褐色。天气潮湿时，叶背面产生白色霉层，有时叶正面也产生霉层，即病菌的孢子囊及孢子梗。发生严重时，病斑连成片而干枯。

防治方法：选留无病种子和种子消毒。从健株上选种留种；可用种子重量 0.4% 的 50% 福美双可湿性粉剂拌种，也可用 50% 代森铵水剂 200 倍液浸种 15min，然后用清水洗净药液晾干备用。实行轮作，但要避免与十字花科蔬菜连作。加强栽培管理，施用腐熟的有机肥。发现病株及时拔除，收获后及时清除病残株深埋，以减少病源。发病初期，喷洒 40% 乙膦铝可湿性粉剂 200 ~ 300 倍液，或 80% 疫霉灵可湿性粉剂 500 倍液等防治，每隔 7 天喷药 1 次，连喷 3 ~ 5 次。

②甘蓝病毒病。苗期发病叶片上出现变黄的圆形斑点，直径为 2 ~ 3mm，后整个叶片颜色变浅或变为深浅相间绿色斑驳。成株发病，除嫩叶现深浅不均斑驳外，老叶背面生有黑色坏死斑点，病株结球晚且松散。

防治方法：选用抗病品种；发现病株及时拔除；播期要避开高温及蚜虫猖獗季节；土温升高要多浇水，保持地温稳定，可防止病毒病的发生；苗期防治蚜虫十分重要；发病初期用 1.5% 植病灵乳剂 1000 倍液喷洒，每 5 ~ 7 天喷 1 次，连喷 2 ~ 3 次。

③甘蓝灰霉病。多从距地表较近的叶片先发病，初时病部水浸状，湿度大时病部迅速扩大，呈褐色或浅红褐色，引起腐烂，病部生有灰色霉状物。茎基部发病，病部变褐腐烂。生有灰色霉状物，从下向上发展，外叶凋萎，扩大到整个叶球，以致腐烂。发病后期病部有时产生近圆形黑色小菌核。病菌随病残体在地上越冬。借风雨传播，由伤口或生活力衰弱部位侵入引起发病。病菌喜温湿条件和弱光，温度 20℃ 左右，相对湿度 90% 以上时，病害易于发生。管理粗放、植株生长衰弱的，病情加重。

防治方法：加强保护地或露地田间管理，严密注视棚内温、湿度，及时降低棚内及地面湿度；棚、室栽培甘蓝类蔬菜在发病期采用烟雾法或粉尘法防治，如施用 10% 速克灵烟雾剂，每 667m² 每次 200 ~ 250g，或喷撒 10% 灭克粉尘剂，每次 1kg；发病后应及时喷洒 50% 速克灵可湿性粉剂 2000 倍液等，每 7 ~ 10 天喷 1 次，连续防治 2 ~ 3 次。

④甘蓝黑斑病。它为甘蓝最常见的病害，危害较重。多发生于外叶及外层球叶上，初时产生黑褐色小斑点，扩展后呈直径 5 ~ 30mm 的灰褐色圆形病斑。病斑有轮纹，但不大明显，湿度大时病斑上有较致密的黑色霉状物。发病重时叶片上病斑常汇合成大斑，导致叶片变黄早枯。茎、叶柄上的病斑为条形，生黑霉。病菌在土壤中、病残体上越冬，也可在留种株上及种子上越冬。病菌在田间借风雨传播，从气孔侵入或直接穿透表皮侵入。病菌 10 ~ 35℃ 范围均可发育，但适温较低，为 17℃ 左右。相对湿度低于 80% 时不发病。高湿、多雨是发病的关键因素。植株生长衰弱的，发病加重。

防治方法：使用无病种子；种子用 0.3% 种子量的 50% 福美双拌种消毒处理；重病地与

非十字花科蔬菜进行两年以上轮作；施足有机肥，增施磷，钾肥，适时追肥、灌水，及时排除田间积水；及时摘除病叶，减少菌源；收获后清洁田园，并深翻土壤；发病初期及时进行药剂防治，可用 50% 扑海因 1500 倍液等药剂。

2）虫害田间诊断与防治。

①甘蓝夜蛾。十字花科蔬菜常遭受甘蓝夜蛾幼虫危害，严重时能将整个田块的蔬菜吃光。甘蓝夜蛾成虫黑色，属于中型蛾类，夜间活动，卵产于叶背呈块状。卵块上黑色的是将要孵化的卵，白色的是卵壳。初孵幼虫有群集生活习性，随后钻入结球甘蓝等作物的叶球内危害。老龄幼虫危害严重，抗药性强，难防治，应在初孵期进行药剂防治。甘蓝夜蛾春、秋季发生量多，一年发生 3 代，以蛹在土中越冬，幼虫期约 1 个月。

适用的防治药剂有 15% 安打胶悬剂 3500 ~ 4000 倍液等，安全间隔期 7 ~ 10 天。15% 安打胶悬剂对部分刺吸式口器害虫有防效，对甜菜夜蛾高龄幼虫防效显著，药后数小时害虫就停止取食，1 ~ 2 天内死亡；持效期达 14 天，应用于叶菜、茄果类蔬菜上安全间隔期 3 天。

②菜粉蝶。又名菜白蝶，幼虫称为菜青虫。菜青虫主要为害青花菜、绿花菜、紫甘蓝、榨菜等甘蓝型名特优十字花科蔬菜，也为害白菜型蔬菜。尤其偏嗜含芥子油糖苷、叶表光滑无毛的甘蓝和花椰菜。以幼虫啃食叶肉为害，重者仅残留叶脉，虫粪污染花菜球茎，降低商品价值。

适用的防治药剂有 0.36% 百草一号植物源农药 600 ~ 800 倍液，安全间隔期 7 天。在小菜蛾发生高峰期可使用阿维菌素系列及其复配剂，苗期使用残效期相对较长的有机磷农药，临近收获期使用安全、低毒的微生物农药 BT、百草一号、病毒制剂奥绿一号等。

③甘蓝蚜。又名菜蚜，主要为害紫甘蓝、青花菜、花椰菜、卷心菜、白菜、萝卜、芜菁等十字花科蔬菜。甘蓝蚜喜在叶面光滑、蜡质较多的十字花科蔬菜上刺吸植物汁液，造成叶片卷缩变形，植株生长不良，影响包心，并因大量排泄蜜露，引起煤污病。此外，还传播病毒病。

防治方法：用黄皿或黄板诱杀有翅蚜，可起到防蚜治病的效果；用 50% 抗蚜威等喷雾；田间间隔铺设银灰膜驱蚜。

3. 结球甘蓝采收与储藏

（1）结球甘蓝的采收标准与品质　夏甘蓝叶球坚实时即可采收，过晚球易开裂和腐烂；秋甘蓝可根据上市陆续采收，但应在 −3 ~ −2℃ 来临前采收完毕。品质基本要求：不带黄叶、烂叶，不带老帮，无抽薹，不带根，干净；不裂球，个头大小均匀，叶球结实，无虫眼和虫粪；早熟品种 0.5 ~ 1.4kg，晚熟品种 2.0 ~ 2.5kg。

（2）储藏保鲜

1）储藏温度、湿度。结球甘蓝的储藏适温为 0℃ 左右，其储藏环境的相对湿度可略低于白菜，空气相对湿度以 80% 左右为宜。

2）储藏方法。

①窖藏。寒冷地区建地下窖，窖深 2.5 ~ 3m。较温暖或地下水位较高的地区可建半地下式窖，窖深 1 ~ 1.5m，地下部土墙高 1 ~ 1.5m。甘蓝入窖前先在窖外堆放 5 ~ 7 天，待热量散尽后，于上午入窖。要堆成塔形垛，宽约 2m、高 1m；或堆成高 70 ~ 100cm、宽 1 ~ 2m 的条形垛。垛间留出走道。初入窖时应加强通风排湿，及时倒垛。寒冷时要保温防冻。春暖后应在晚上通风，白天闭窗降温，保持窖温 0 ~ 1℃，空气湿度 85% ~ 90%。此法主要用于甘

蓝冬储，也可用于夏甘蓝储藏。

②化学储藏。储藏前经 3~4 天摊晾，去除伤、残、病虫植株，然后用 0.3% 的 2，4-D 液蘸根，或用 0.2% 托布津溶液或与 0.3% 过氧乙酸混合蘸根，晾干后可装入筐或箱内，运入冷库中垛藏。需保持库温 0~1℃，可储藏 2 个月以上。此法适于夏甘蓝储藏。

③气调储藏。在储藏库内用塑料薄膜做成袋子或帐子，在袋子或帐子内用充氮气法或通过呼吸作用自然降氧，保持袋子或帐子内含氧量为 2%~5%，二氧化碳含量为 4%~6%，库内温度为 3~18℃。储藏中，每隔 15~20 天翻 1 次堆，擦干袋或帐上和袋或帐底的水珠。此法可储藏甘蓝 3~4 个月。

④假植储藏法。南方等地多采用田间露地越冬以推迟上市的储藏方法。方法是在甘蓝适采期间，用刀撬松根部，破坏一部分须根，以减缓甘蓝生长发育过程。此法可延长采收期 30 天。

⑤冻藏。冬季温度较低，冻土层较厚的地方，在小雪节气前后采收，晾晒 2~3 天，选无裂球、无损伤、无病虫害的健壮叶球码于浅坑内。坑的规格为宽 1.5~2m，深 0.5m。一般码 2~4 层。层数越少，储藏时间越长。大雪节气前后倒堆 2 次，然后覆盖 1 层土，厚约 6cm，大寒节气前后加盖草帘或草秸。如果短期储藏只盖草帘即可。上市前 3~5 天取出解冻。

⑥埋藏。甘蓝埋藏时间为小雪节气至立春节气。埋藏沟的规格为宽 1.5m，深 0.8m。对砍倒后的甘蓝，要晾晒几天，把结球不紧的根朝下假植在沟的下部，把结球较紧实的根朝上，码在上层，然后覆土 6~7cm 厚。随着气温逐渐下降，再陆续覆土 3~4 次，共覆土 30cm 厚。埋藏坑内的温度应保持在 0℃ 左右。

任务 23　结球甘蓝形态特征观察

一、任务实施的目的

认识并了解结球甘蓝的营养器官、生殖器官形态特征，生育期特征。为结球甘蓝生产田间诊断管理提供依据。

二、任务实施的地点

园艺实训基地、设施蔬菜栽培实训室。

三、任务实施的用具

米尺、观察记录表。

四、任务实施的步骤

1. 结球甘蓝营养器官形态特征观察

（1）根　根系与白菜相似，主根基部肥大，圆锥形，其上着生许多侧根。吸收根密集在地表下 30cm 土层内。由于根系浅，抗旱能力不强。根的再生能力强，适于育苗移栽。

（2）茎　营养生长期为短缩茎，短缩茎越短，叶球包合越紧密。生殖生长期抽生为花茎。

（3）叶　分为子叶、基生叶、幼苗叶、莲座叶、球叶、茎生叶等。

1）子叶。肾形，对生。

2）基生叶。对生，与子叶垂直，无叶翅，叶柄较长。

3）幼苗叶、莲座叶。幼苗叶呈卵圆形或椭圆形，互生。之后长出的叶为莲座叶，也叫外叶。随着生长，莲座叶叶片越大，叶柄越短，叶缘直达叶柄基部，形成无柄叶。

4）球叶。结球期发生的叶为球叶，无叶柄，叶片主脉向内弯曲，包被顶芽，形成紧实的叶球。

5）茎生叶。花茎上的叶称为茎生叶，互生，叶片较小，先端尖，基部阔，无叶柄或叶柄很短；真叶多为绿色，叶肉肥厚，叶面光滑。少数品种叶色紫红、叶面皱缩，覆有白色蜡粉，是主要的同化器官。

2. 结球甘蓝生殖器官形态特征观察

（1）花　完全花，浅黄色，十字花冠，总状花序，异花传粉，不同变种、品种间极易天然杂交，采种时应隔离2000m以上。

（2）果实和种子　长角果，圆柱形，表面光滑略似念珠状；种子圆球形，黑褐色或红褐色，无光泽，千粒重3.3～4.5g。萌发年限2～3年。

3. 结球甘蓝生育期特征

结球甘蓝为二年生植物，一般情况下，第一年只生长根、茎、叶等营养器官，并储存大量养分在茎和叶球内，经过冬季低温的春化阶段，到第二年春天通过长日照完成光周期后，抽薹、开花、结实，形成生殖器官。

（1）营养生长时期

1）发芽期。从种子萌动到第一对基生叶展开与子叶形成十字形，称为"破心"，为发芽期。夏、秋季，在适温下需8～10天，冬、春季需15～20天。生长发芽主要依靠种子内储藏的养分萌发，所以选粒大饱满的种子和精细的苗床，是保证出苗好的前提条件。

2）幼苗期。从"破心"到第一个叶环的5～7片叶全部展开，达到"团棵"时为幼苗期。夏、秋季需25～30天，冬、春季需40～60天。此期根据育苗条件，进行肥水管理，培育壮苗。

3）莲座期。从"团棵"到第二、三个叶环的叶片全部展开，展开15～20片叶，为莲座期。早熟品种需20～25天，中熟品种需25～30天，晚熟品种需35～50天。此期叶片和根系生长速度快，应加强肥水管理，为发育成坚实硕大的叶球打好基础。

4）结球期。从开始结球到采收叶球为结球期。早熟品种需20～25天，中熟品种需25～40天，晚熟品种一般为45～50天。此期应加强肥水管理以促进叶球紧实。

5）休眠期。形成叶球后可低温储藏进行强制休眠，依靠本身养分和水分维持代谢。

（2）生殖生长时期　包括抽薹期、开花期和结荚期。

1）抽薹期。从种株定植到花茎长出为抽薹期，需25～40天。

2）开花期。从始花到全株花落时为开花期，一般需30～35天。

3）结荚期。从花落到角果黄熟时为结荚期，需30～40天。

五、任务实施的作业

1. 叙述结球甘蓝根系特征特性与生产育苗关系。

2. 叙述结球甘蓝叶的类型与叶球发育关系。

任务24　结球甘蓝设施生产管理

一、任务实施的目的

掌握设施结球甘蓝生产棚室温度、湿度调控，肥水管理，植株调整，生长调节剂应用，病虫害防治等技能。

二、任务实施的地点

园艺实训基地、设施蔬菜栽培实训室。

三、任务实施的用具

温度、湿度计，复合肥，台秤，农药，喷雾器等。

四、任务实施的步骤

1. 日光温室温度、湿度调控

（1）苗期温度、湿度调控　播种后温度提高，日温 20~25℃，夜温 15℃左右；出齐苗后，日温降至 18~20℃，夜温 10~12℃，一般无须浇水；幼苗两叶一心时分苗，分苗后适当提高温、湿度以促进缓苗。缓苗后日温 18~20℃，夜温 10~12℃。幼苗 3 片真叶以后，夜温不应低于10℃。不旱不浇水；定植前 7~10 天进行炼苗；苗龄 60 天左右。

（2）定植后温度管理　缓苗期，日温 20~22℃，夜温 12~15℃；缓苗后，日温 15~20℃，夜温 10~12℃；莲座后期和结球期，日温 15~20℃，夜温 8~10℃。

2. 肥水管理

（1）莲座期　莲座初期开始浇水，随水追施尿素 10kg。然后控水蹲苗。

（2）结球期　此期 5~7 天浇 1 次水，追肥 2~3 次。第一次追肥在包心前，第二次和第三次在叶球生长期，每次追硫酸铵 10kg、硫酸钾 10kg，同时用 0.2% 的磷酸二氢钾溶液叶面喷施 1~2 次。结球后期控制浇水次数和水量。

3. 病虫害识别防治

（1）主要病虫害调查识别

1）主要害虫调查识别。斜纹夜蛾、菜粉蝶和甘蓝蚜的调查识别。

2）主要病害调查识别。甘蓝霜霉病、甘蓝灰霉病、甘蓝黑斑病和甘蓝病毒病的调查识别。

（2）药剂防治　农药选择与使用。

五、任务实施的作业

1. 会进行结球甘蓝设施生产的温度、水分调节。

2. 会识别结球甘蓝生产的病虫害并进行预防。

子项目3 花椰菜设施生产

知识点：掌握花椰菜设施生产特点、设施栽培技术。

能力点：会制订花椰菜生产计划，掌握嫁接育苗、整地作畦、定植、植株调整、有害生物防控等相关基本技能。

项目分析

该任务主要是掌握花椰菜设施生产的基本知识及生产的基本技能，重点是综合生产技能的训练与提升。

项目实施的相关专业知识

花椰菜又名花菜、菜花，是十字花科芸薹属甘蓝种中以花球为产品的一个变种，为二年生草本植物。花椰菜是由野生甘蓝演化而来，原产于地中海沿岸，其产品器官是着生在短缩茎顶端的花球，花球是由短缩肥嫩的花枝和分化至花序阶段的许多花原基聚合而成，粗纤维少，风味鲜美，营养丰富，耐储藏性能好，较适于长途运输。

一、生产概述

1. 半耐寒性

花椰菜半耐寒，喜温和，忌炎热干旱，不耐霜冻，耐寒及耐热能力均较结球甘蓝弱。种子在2~3℃就能发芽，但发芽适温为25℃；营养生长适温为8~24℃，幼苗生长适温为20~25℃；莲座期生长适温为15~20℃。花球形成期适温为15~18℃，低于8℃生长缓慢，高于25℃，花球形成受阻，花球小而松散，品质和产量下降。在采种生产中导致发育不正常，花粉失去发芽力。遇1℃低温时花球易受冻害。花椰菜种子萌动后即可接受5~20℃低温，通过春化阶段。

2. 喜光稍耐阴

花椰菜为长日照植物，但对日照长短要求不严格，喜光稍耐阴。在营养生长期，较长的日照时间和较强的光照强度有利于植株旺盛生长，提高产量。花球形成期忌阳光直射，否则花球易变黄、松散，产品品质下降。但青花菜若光照不足，容易引起幼苗徒长，花球颜色发黄。

3. 喜湿润，又不耐水

花椰菜喜湿润环境，不耐干旱，在整个生育期中要求充足的水分，尤其是在叶片旺盛生长和花瓣形成期需水更多。如果水分不足，导致植株矮小，叶片少而小，过早形成小花球，降低产量和品质。但土壤水分过多易使根系窒息褐变致死，或引起花球松散，花枝霉烂。

4. 喜肥耐肥性

花椰菜为喜肥耐肥性蔬菜，前期叶丛形成期需要较多的氮肥，花球形成期需要较多的磷、钾肥。缺钾易诱发黑心病；缺硼易引起花球中心开裂，花球变锈褐色，味发苦；缺镁时叶片易黄化；缺钼时叶片出现畸形，呈酒杯状或鞭形。

5. 土壤要求的广泛性

对土壤的要求不严格，沙壤土到一般的黏土都可以栽培，但以土层深厚、土质疏松、富含有机质、保水保肥能力较好的土壤为好，最适宜的土壤 pH 为 6.0～6.7。

6. 不宜连作

忌与同科蔬菜连作，与非同科植物实行 3～5 年轮作，与葱、蒜或粮食作物轮作为好。青花菜的生产特点与花椰菜相似，但耐寒力和耐热力都比花椰菜强，植株在长期霜冻环境中不易受害，花蕾群在炎夏期间也能抽生，但较瘦小，质量较差。所以青花菜栽培期较花椰菜宽，供应期也较长。

7. 开花授粉习性

花椰菜从花芽分化到花球充分长成，需 20～25 天；从花球边缘松散到花茎伸长，需 10 天左右；从花茎伸长到开花，在适温下需 20 天左右。复总状花序，各级花枝上的花由下而上陆续开放，整个花期大约 1 个月，从谢花到角果成熟，需 20～40 天。

8. 雌蕊先熟性

花椰菜雌蕊柱头在开花前 4～5 天至开花后 2～3 天都有接受花粉而受精的能力，开花前 2 天和开花后 1 天的花粉均有较强的生活力。

二、生产茬口

东北地区花椰菜栽培茬口见表 5-3。

表 5-3　东北地区花椰菜栽培季节安排

栽培方式		播种期	定植期	采收期
温室栽培	春季早熟栽培	1 月上旬～下旬	2 月下旬～3 月上旬	4 月下旬～5 月上旬
	秋季延后栽培	7 月上、中旬	8 月中、下旬（密植露地）10 月上旬（定值）	11 月下旬～12 月上旬
大棚栽培	春季早熟栽培	2 月上旬～3 月上旬	3 月下旬～4 月上旬	6 月上、中旬
	秋季延后栽培	6 月中旬	7 月中、下旬（密植露地）9 月下旬（定值）	10 月下旬～11 月上旬

三、生产品种

花椰菜的生育适温范围比较窄，栽培季节和品种选择比较严格。应选用冬性强、早熟、耐寒的春花椰菜类型，如米兰诺、瑞士雪球、法国雪球等品种。

（1）大棚夏菜花　一般在 4～6 月播种，以整株采收为主，适于夏播的品种有四九、石牌等菜花。

（2）大棚秋菜花　在 7 月均可陆续播种或育苗，主要品种有四九油青、大花球等。

（3）温室冬菜花　10 月至第二年 2 月均可播种育苗，一般选用较耐寒而生长期较长的品种，如迟心菜花。

四、生产技术要点

1. 花椰菜春季设施栽培

（1）培育壮苗　一般早熟品种的日历苗龄为 25～30 天，中、晚熟品种的日历苗龄为 35

~40天。壮苗标准是具有5~6片真叶，叶柄短，叶丛紧凑、肥厚，叶色深绿色，茎粗节短，根系发达等。

1）种子处理和播种。可参照结球甘蓝育苗。幼苗管理上"控小不控大"，即小苗可以进行低温控制，大苗不能经受长期低温。每667m²用种量35g左右，每平方米苗床播种4~5g。

2）苗期管理。浇水要见干见湿；白天要加强光照，延长光照时间；夜间温度不要过高。花椰菜育苗期温度管理见表5-4。

表5-4　花椰菜育苗期温度管理

生长发育时期	适宜日温/℃	适宜夜温/℃
播种至齐苗	20~25	15~18
齐苗至分苗	16~20	8~12
分苗至缓苗	18~22	12~15
缓苗至定植前7~10天	15~18	6~10
定植前7~10天	5~8	4~6

3）分苗。当有2~3片真叶时分苗，最好采用营养钵或营养土块保护根系，也可用开沟移植的方法，株行距为（6~8）cm×（6~8）cm。

（2）整地定植　耕地时每667m²施入优质农家肥5000~6000kg，过磷酸钙50kg，复合肥25kg，硼砂和钼酸铵各50g，混入基肥发酵后施入，深翻30cm。北方起垄，垄宽60cm，早、中熟品种株距35~40cm，每667m²定植3500~4000株；南方一般采用深沟高畦栽培，按连沟1.33m整地作畦，深沟高畦，早熟品种株行距50cm×35cm，中晚熟品种株行距以50cm×40cm或50cm×60cm为宜。适宜定植期设施内的地温在5℃以上，定植时应保持土坨完整，尽量减少根系损伤。

（3）定植后管理

1）温度。设施内白天保持20℃以上，夜间10℃以上。7~8天缓苗后，白天超过25℃进行通风；中后期白天保持16~18℃，夜间10~13℃。上午温度达20℃时放风，下午温度降到20℃时闭风，当外界夜间最低气温达到10℃以上时大放风、放底风，并昼夜放风。

2）肥水管理。缓苗后，浇一次水，适度蹲苗，进行2~3次中耕松土，耕深3~4cm；花球膨大期，即花球一露白，开始迅速生长，结束蹲苗，应经常保持地面湿润，每隔4~5天浇一次水，隔水追一次肥，连续追肥2~3次。每667m²可随水追施稀粪500~700kg，追1~2次，尿素和钾肥各10~15kg；花球形成初期根外追肥1~2次，喷洒0.2%~0.5%的硼酸、0.05%~0.1%的钼酸铵混合液。

3）束叶和折叶。花椰菜的花球在阳光直射下，容易由白色变成浅黄色或绿紫色，致使花球松散粗劣，并生长小叶，品质下降。当花球直径达到7~8cm时，在下午将2~3片外叶上端用稻草束缚遮住花球，将花球附近不同方向的2~3片叶主脉折断后，覆盖在花球上，叶变黄时及时更换，使花球洁白致密。

（4）采收　当花球充分肥大，表面洁白鲜嫩，质地光滑，边缘花枝尚未展开和变黄之前及时收获。采收时用刀割下花球，保留花球下面6~7片嫩叶，保护花球以免其受污染或损伤。

2. 冬春日光温室青花菜生产

（1）播种育苗　选用耐寒性强的中晚熟品种，如碧绿1号、碧绿2号、优秀、绿岭等。

可在 9 月下旬至 11 月中旬进行播种。每 667m² 种植面积需育苗床面积约 40m²，施腐熟的堆肥 150kg，氮肥 0.7kg，磷肥 1kg，钾肥 0.7kg。苗床宽 1.3 ~ 1.5m，平畦，条播。条沟深 0.5cm。穴盘育苗用种量为 50g/667m²。苗出齐后，白天温度控制在 20 ~ 25℃，夜间 10 ~ 15℃，最低不得低于 5℃。苗床保持见干见湿。两片子叶展开后及时间苗、补苗，穴盘育苗每穴 1 株，普通育苗保持苗间距 1 ~ 1.5cm。

（2）整地施肥　青花菜（绿菜花）定植前两周整地、施基肥、作畦。一般每 667m² 施腐熟有机肥 1500kg，氮肥 10 ~ 15kg，磷肥 15 ~ 20kg，钾肥 8kg。深翻土地，作平畦，畦宽 1.0 ~ 1.2m。

（3）定植　青花菜定植苗龄为 40 天左右，幼苗具有 4 ~ 5 片真叶，一般在 10 月下旬至 12 月下旬定植。选晴天上午进行双行栽苗，早熟品种株行距 50cm × 50cm，定植株数约为 2400 株/667m²；中、晚熟品种株行距为 50cm × 60cm，定植株数为 2200 株/667m²。定植后立即浇水。

（4）定植后管理

1）缓苗前管理。定植期处于冬季，环境温度不断下降，为了加快缓苗，栽苗后一周内温室不需要放风，使温室内温度白天保持在 20℃ 以上，夜间 10℃ 以上，不低于 5℃。

2）缓苗后管理。温室封闭 7 ~ 10 天后，选晴天上午浇一次缓苗水。缓苗后，在中午气温高时进行通风换气，通风量由小逐渐增大；前期不放底风，使白天室温保持在 15 ~ 20℃，夜间 10 ~ 15℃。上午温度达 20℃ 以上通风，下午降到 20℃ 时，关闭通风口。

定植 7 天左右，进行每一次中耕、除草，以后视土壤情况进行第二次中耕、除草，当植株长大，叶片封满畦面，不再中耕。定植 20 天左右追第一次肥，追施复合肥 25kg/667m²，穴施，浇水。现花球后进行第二次追肥，追施复合肥 15kg/667m²，以促进花球生长，并在叶面喷施 0.1% ~ 0.3% 的硼砂溶液和 0.05% ~ 0.1% 钼酸铵溶液，减少黄蕾、焦蕾发生。浇水视苗情而定，一般每 7 ~ 10 天浇 1 次水。花球生长期要求凉爽的气候条件，白天温度保持 20 ~ 22℃，夜间 10 ~ 15℃。

3）采收前管理。在采收前 1 ~ 2 天浇 1 次水，主花球收获后，侧枝上继续形成侧花球，根据土壤肥力条件和侧花球生长情况，加强肥水管理，以便多次采收。通常在每次采摘花球后施肥 1 次，以便收获较大的侧花球和延长收获期。一般选留健壮侧枝 3 ~ 4 个，抹掉细弱侧枝，减少养分消耗。青花菜在花球形成期必须具备一定光照条件，才能使花球深绿鲜艳，品质好，并获得高产，切不可像管理花椰菜那样束叶盖花球。

（5）采收　青花菜的适收期很短，花球的形成也不一致，应适时分次采收。采收的标准为花蕾充分长大，色泽翠绿，花蕾颗粒整齐，质地致密，不散球，尚未露出花冠。采收时间以清晨和傍晚为好，用锋利的小刀斜切花球基部带嫩花茎 12 ~ 15cm。青花菜不耐储运，采收后应及时包装销售，运输过程应防振防压。

（6）花椰菜设施栽培异常花球产生的原因与预防措施

1）僵化球。它产生的主要原因是在植株幼龄期遇到低温或肥料缺乏、干旱、伤根等，抑制了植株的生长，提早形成了僵小的花球。另外，秋季品种春种，也容易形成僵化球。

2）多叶散花球。它产生的主要原因是花芽分化后，出现连续 20℃ 以上高温，导致植株从生殖生长返回营养生长，在花球中长出许多小叶，花球松散。

3）花球周围小叶异形。球内茎横裂成褐色湿腐，有时花球表面呈水浸状，严重时初期顶芽坏死，是缺硼的缘故。

4）黑心花球。它是由于缺钾引起的。应合理选择品种；适期播种，培育壮苗，用壮苗定植生产；保证肥水供应，增施磷、钾肥，不偏施氮肥，花球膨大期，加强叶面施肥，保证硼、钾、钙等的供应。

5）不结球现象。花椰菜只长茎叶，不结花球，造成大幅度减产以致绝收。其主要原因有晚熟品种播种过早，由于气温高，花椰菜幼苗未经低温刺激，不能通过春化阶段，因而不结花球；适宜春播的品种较耐寒，冬性较强，通过春化阶段要求的温度低，如果将其用于秋播，则难以通过春化阶段，而使植株不结花球；营养生长时期氮肥供应过多，造成茎叶徒长，也不能形成花球。生产中应根据栽培季节选择适宜品种，适时播种，满足植株通过春化阶段所需的低温条件，合理施肥，使植株正常生长。

6）花球老化现象。花球表面变黄、老化的主要原因有：栽培过程中缺少肥水，使叶丛生长较弱，花球也不大，即使不散球也形成小老球；花球生长期受强光直射；花球已成熟而未及时采收，容易变黄老化；应加强肥水管理，满足花椰菜对水肥的需求；光照过强时用叶片遮盖花球，适时采收。

7）"散球"现象。花茎短小，花枝提早伸长、散开，致使花球疏松，有的花球顶部呈现紫绿色的绒花状，花球呈鸡爪状，产品失去食用价值。其主要原因有：选用品种不适合，过早通过春化阶段，没有足够的营养面积；苗期受干旱或较长时间的低温影响，幼苗生长受到抑制，易形成"散球"；定植期不适宜，叶片生长期遇低温或花球长期遇高温使花枝迅速伸长导致"散球"；肥水不足，叶片生长瘦小，花球也小，且易出现"散球"；收获过晚，花球老熟。生产上应选择适宜品种；适期播种，培育壮苗；适期定植，定植后及时松土，促进缓苗和茎叶生长，使花球形成前有较大的营养面积。

8）青花现象。花球表面花枝上绿色包片或萼片突出生长，使花球表面不光洁，呈绿色，多在花球形成期连续的高温天气下发生。防治措施是适期播种，错过高温季节。

9）紫花现象。花球表面变为紫色、紫黄色等不正常的颜色。突然降温，花球内的糖苷转化为花青素，使花球变为紫色。在秋季栽培，收获太晚时易发生。防治措施是适期播种，适期收获。

（7）设施花椰菜生产病虫害诊断与防治

1）病害诊断与防治。

①黑胫病。也叫根朽病，苗期受害后，子叶、真叶及幼茎上出现黑灰色不规则形的病斑，病斑上散生很多小黑点，稍凹陷。严重时主侧根全部腐朽死亡，植株萎蔫，成株和种株受害后，多在较老的叶片上形成圆形或不规则形灰色病斑，种荚病斑多发生在荚的尖端。潮湿多雨或雨后高温易发生此病。

防治方法：选用无病种子，播种时用50℃的温水浸种20min；进行合理轮作，前茬作物以间作套种、大田玉米或小麦为宜；可用65%代森锰锌可湿性粉剂400倍液或70%百菌清可湿性粉剂500倍液叶面喷雾防治。

②黑根病。苗期受害重，主要侵染幼苗根颈部，致病部变黑或缢缩，潮湿时其上生白色霉状物，发病严重时可造成整株死亡。

防治方法：加强苗床管理，育苗床选地势较高、排水良好的地方，旧床土应进行消毒；使用充分腐熟的肥料；根据天气情况保湿与放风，浇水后注意通风换气；在分苗、定苗时要严格淘汰病苗，定植后如果发现病株应立即拔除并补栽健壮株；播种前用种子重量 0.30% 的 50% 福美双可湿性粉剂拌种，或在发病初期拔除病株后喷洒 75% 百菌清可湿性粉剂 600 倍液或 60% 多富可湿性粉剂 500 倍液进行防治。

③黑腐病。为害叶片，自叶缘向内延伸成"V"字形不规则的黄褐色枯斑，病叶最后变黄干枯。生产上在保证适宜生长温度的条件下，加强室内的通风透光，降低湿度。可用 75% 百菌清可湿性粉剂 500 ~ 800 倍液，或 40% 多菌灵加硫黄胶悬剂 1000 倍液喷雾防治，每 7 ~ 10 天喷 1 次，连续喷 2 ~ 3 次。

④霜霉病。主要为害叶片，也为害茎、花梗、角果。病斑呈浅黄色，扩大后受叶脉所限制呈多角形或不规则形病斑。生产上注意合理轮作，定植后在保证适宜生长温度条件下，加强棚室的通风透光，选晴天上午浇水与追肥，使白天叶片上不产生水滴或水膜，夜间叶片形成水滴或水膜时，把温度控制在 15℃ 以下，用降温和控湿的方法防止病害的发生。棚室内发现病株，用 45% 百菌清烟剂熏烟，每 667m² 用药 200 ~ 250g。在傍晚闭棚后，把药分成几份，按几个点均匀分布在棚室内，由里向外用暗火点燃，着烟后，封闭棚室，第二天上午通风。每隔 7 天熏 1 次，连熏两次。或用 75% 百菌清可湿性粉剂 600 ~ 800 倍液喷洒在叶片背面防治。

⑤黑斑病。主要为害叶片、叶柄、花梗和种荚，多发生在外叶或外层球叶上。发病初期产生小黑斑，温度高时病斑迅速扩大为灰褐色圆形病斑，具黑霉。生产上可喷洒 75% 百菌清可湿性粉剂 500 ~ 600 倍液等防治，每 7 ~ 10 天喷 1 次，连续防治 2 ~ 3 次。

⑥白粉病。在保证适宜生长温度的条件下，加强棚室内的通风透光，降低湿度。生产上可用 75% 百菌清可湿性粉剂 500 ~ 800 倍液等喷雾防治，每 7 ~ 10 天喷 1 次，连续喷 2 ~ 3 次。

2）害虫诊断与防治。为害花椰菜的主要害虫有菜青虫、蚜虫、小菜蛾、甘蓝夜蛾等。防治方法同前。

3. 花椰菜储藏保鲜

（1）储藏温度、湿度 绿菜花采收后如果未能及时上市，应储存于 0 ~ 1℃ 低温和相对湿度为 90% ~ 95% 的库中。如果需储存较长时间，可用保鲜膜单球包装，密封，然后储于 0℃ 的低温下，能保存 30 ~ 60 天。

（2）储藏方法 花椰菜和青花菜采后经挑选、修整及保鲜处理后应立即放入预冷库预冷。特别是青花菜，防止其变色、变老和延长保鲜期最关键的措施是采收后使其尽快（3 ~ 6h 内）处于低温条件下（1 ~ 2℃）。

适宜储藏的花球标准是：花球直径为 15cm 左右，重量在 0.54 ~ 0.8kg 的中等花球，花球致密、洁白、无虫害、无病毒、无损伤、无污染。操作人员应戴手套，在挑选过程中要轻拿轻放，以免造成机械损伤。

1）假植储藏。冬季不十分寒冷的地区，可利用阳畦、简易储藏沟假植储藏。立冬前后将尚未长成的小花球连根带叶挖起，假植在阳畦或储藏沟中，行距 25cm，根部用土填实，再把植株的叶片拢起捆扎好，护住花球。假植后立即灌水，适当覆盖防寒，中午温度较高时适当放风。进入寒冬季节，加盖防寒物，并视需要灌水。假植区域内的小气候，温度前期可高些，以促进花球生长成熟。至春节时，花球一般可长至 0.5kg。该法经济简便，是民间普遍采用的储藏方式。

2）菜窖储藏。经预处理后的花椰菜装筐至八成满，入窖码垛储藏，垛的高度随窖高度而定，一般为 4 ~ 5 个筐高，须错开码放。垛间保持一定距离，并排列有序，以便于操作管理和通风散热。为防止失水，垛上覆盖塑料薄膜，但不密封。每天轮流揭开一侧通风，调节温、湿度。储藏期间须经常检查，发现覆盖膜上附着凝聚水的要及时擦去，有黄、烂叶子的随即摘除。应用该法储期不宜过长，以 20 ~ 30 天为好。可用于临时吞吐周转性短期储藏。

3）冷库储藏。

①自发气调储藏。在冷库中搭建长 4.0 ~ 4.5cm、宽 1.5m、高 2.0m 左右的菜架，上下分隔成 4 ~ 5 层，架底部铺设一层聚乙烯塑料薄膜作为帐底。将待储花球码放于菜架上，最后用厚 0.023mm 的聚乙烯薄膜制成大帐罩在菜架外并与帐底部密封。花椰菜自身的呼吸作用，可自发调节帐内的氧气与二氧化碳的比例，但须注意氧气不可低于 2%，二氧化碳不能高于 5%。控制方法为通过启开大帐上特制的"袖口"通风（简称透帐）。储藏最初几天呼吸强度较大，须每天或隔天透帐通风，随着呼吸强度的减弱，并日趋稳定，可 2 ~ 3 天透帐通风 1 次。储藏期间 15 ~ 20 天检查 1 次，发现有病变的个体应及时处理。为防止二氧化碳伤害，在帐底部应撒些消石灰。在菜架中、上层的周边摆放一些高锰酸钾载体（用高锰酸钾浸泡的砖块或泡沫塑料等）以便吸收乙烯，储藏量与载体之比是 20:1。大帐罩后也可不密封，与外界保持经常性的微量通风，加强观察，8 ~ 10 天检查 1 次。以上方法可储藏 50 ~ 60 天，商品率达 80% 以上。

②单花套袋储藏。用 0.015mm 厚的聚乙烯薄膜制成长、宽分别为 40cm、30cm（或根据花球大小而定）的袋子。将备储的花球单个装入袋中，折叠袋口，再装筐码垛或直接码放在菜架上储藏。码放时花球朝下，以免凝聚水落在花球上。这种方法能更好地保持花球洁白鲜嫩，储期达 3 个月左右，商品率约为 90%。此法储藏效果明显优于其他储藏方式，在有冷库的地区可推广应用。应用此法须注意的是花椰菜叶片储至两个月之后开始脱落或腐烂，如果需储藏 2 个月以上，以除去叶片后储藏为好。

任务 25　花椰菜形态特征观察

一、任务实施的目的

认识并了解花椰菜的营养器官、生殖器官形态特征，生育期特征。为花椰菜生产田间诊断管理提供依据。

二、任务实施的地点

园艺实训基地、设施蔬菜栽培实训室。

三、任务实施的用具

米尺、观察记录表。

四、任务实施的步骤

1. 花椰菜营养器官形态特征观察

（1）根　主根基部粗大，须根发达，主要根群密集于 30cm 以内的土层，抗旱能力较差。

（2）茎　营养生长时期茎稍短缩，普通花椰菜顶端优势强，腋芽不萌发，在阶段发育完成后，抽生花薹；青花菜在主花球收获后，各腋芽能萌发形成侧花球，可多次采摘。

（3）叶　叶片狭长，叶面被有蜡粉，叶柄上有不规则的裂片。现球时心叶自然向内卷曲，可保护花球免受日光直射变色或受霜害。

2. 花椰菜生殖器官形态特征观察

（1）花　花球由花轴、花枝、花蕾短缩聚合而成，半圆形，质地致密，是养分储藏器官，为主要食用部分，如图5-3所示。复总状花序，黄色花冠，异花传粉。

（2）果实和种子　长角果，成熟后爆裂。种子圆球形，褐色，千粒重2.5～4.0g。

3. 花椰菜生育期特征

花椰菜属于低温长日照和绿体春化植物。完成春化阶段发育的植株大小以及对温度的要求，因品种不同而不同。早熟品种需6～7片叶，中熟品种需11片叶，晚熟品种需14片叶，才能感受低温影响而通过春化阶段。对低温的要求是：极早熟品种为20～23℃；早熟品种为17～20℃；中熟品种为12～15℃；晚熟品种为25℃左右。在上述温度条件下，一般经15～30天可完成春化的阶段发育。春化阶段完成后植株才由营养生长转入生殖生长，花球形成后，在适温和长日照下，花枝开始伸长。

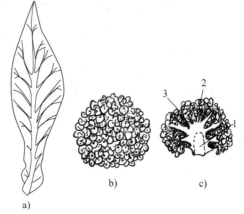

图5-3　花椰菜的叶片和花球
a）叶片　b）花球外形　c）花球纵剖面
1—花薹　2—花枝　3—花蕾

花椰菜、青花菜的营养生长过程中，其发芽期、幼苗期、莲座期与结球甘蓝相似，但花椰菜、青花菜在莲座结束时主茎顶端发生花芽分化，继而出现花球，进入生殖生长期，而结球甘蓝的结球期依然是营养生长期。青花菜与花椰菜的不同之处在于花椰菜主茎顶端产生的是畸形花枝所组成的花球，而青花菜顶端产生的是由分化完全的花蕾组成的青绿色扁球形的花蕾群。同时青花菜叶腋的芽较花椰菜活跃，将主茎顶端的花茎及花蕾群采摘后，再继续分枝生成花蕾群，因此可多次采摘。

五、任务实施的作业

1. 叙述花椰菜根系特征特性与生产育苗关系。
2. 叙述花椰菜花球的构造与产量的关系。

任务26　花椰菜设施生产管理

一、任务实施的目的

掌握设施花椰菜生产棚室温度、湿度调控，肥水管理，植株调整，生长调节剂应用，病虫害防治等技能。

二、任务实施的地点

园艺实训基地、设施蔬菜栽培实训室。

三、任务实施的用具

温度、湿度计，复合肥，台秤，农药，喷雾器等。

四、任务实施的步骤

1. 温室温度、湿度调控

（1）缓苗前管理　定植期处于冬季，环境温度较低，为了加快缓苗，栽苗后一周温室应密闭，不要放风，尽量使温室内温度保持在白天20℃以上，夜间10℃以上，不低于5℃。

（2）缓苗后管理　温室封闭7~10天后，浇1次缓苗水，选晴天的上午进行。缓苗后，可以通风换气，通风量由小逐渐增大，最好在中午气温高时进行通风，前期不要放底风，尽量使白天温室内温度保持在15~20℃，夜间10~15℃。可在上午室温达20℃以上、夜间10℃以上时通风，下午温度降到20℃时关闭风口。

定植后7天左右，进行第一次中耕、除草，以后视土壤情况进行第二次中耕、除草，当植株长大，叶片封满畦面后，不再中耕。定植后20天左右追第一次肥，每667m² 追施复合肥约25kg，穴施，浇水。

现花球后进行第二次追肥，每667m² 追施复合肥约15kg，以促进花球的生长。浇水视苗情而定，一般7~10天浇1次水。花球生长期要求凉爽的气候条件，白天温度20~22℃，夜间温度10~15℃。

2. 病虫害识别与防治

（1）主要病虫害调查识别

1）主要害虫调查识别。菜青虫、蚜虫、小菜蛾、甘蓝夜蛾的调查识别。

2）主要病害调查识别与防治。黑胫病、黑根病和霜霉病的调查识别。

（2）药剂防治　农药选择与使用。

五、任务实施的作业

1. 会进行花椰菜设施生产的温度、湿度调节。

2. 会识别花椰菜生产的病虫害并进行预防。

复习思考题

1. 简述大白菜和结球甘蓝的形态特征。

2. 简述大白菜和结球甘蓝对环境要求的特点。

3. 简述大白菜越夏栽培技术要点。

4. 简述日光温室结球甘蓝早春茬栽培品种选择的具体条件。

5. 简述日光温室早春茬结球甘蓝栽培技术要点。

6. 简述花椰菜主要设施茬口栽培技术。

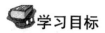

项目 ⑥

绿叶菜类蔬菜设施生产

学习目标

通过学习掌握芹菜、莴笋的生物学特性，掌握芹菜、莴笋的播种及田间管理技术，了解设施绿叶蔬菜育苗技术。

工作任务

能熟练掌握当地的芹菜、莴笋的生长发育环境，并能进行管理，熟练地操作芹菜、莴笋的培养壮苗技术。

子项目1　芹菜设施生产

知识点：芹菜的植物学特征、芹菜生产的特点、芹菜的田间管理。

能力点：会认识当地常见的芹菜种类；会根据芹菜的植物学特征，了解设施栽培管理技术；对当地设施芹菜生产情况进行调研，发现存在的问题并就发展设施芹菜生产提出可行性建议。

项目分析

该任务主要是掌握芹菜的植物学特征，学会根据芹菜的植物学特征，了解设施栽培管理技术，对当地发展设施芹菜生产提出可行性建议。要完成该任务必须具备园艺植物学知识，具有掌握设施园艺和植物生理学的能力，才能高效优质栽培。

项目实施的相关专业知识

绿叶蔬菜种类很多，它们以嫩叶、嫩茎或嫩梢供食用（叶片、叶柄、嫩茎为产品），生长期短，适于密植，可延长供应期。设施栽培的绿叶蔬菜有莴苣、芹菜、菠菜、蕹菜、茼蒿、香菜、茴香、荠菜等。这些蔬菜的产品器官，主要是柔嫩的叶片、叶柄或嫩茎，其产品营养丰富，深受广大群众喜爱，是调节冬春蔬菜淡季的重要种类。

绿叶蔬菜一般植株矮小、生育期短、适应性广，在设施中既可单独种植，又可与高架或生长期长的蔬菜进行间作或套作，同时，其产品收获可大可小，也适合利用前后茬种植间隙进行种植。因此，可以提高保护地设备的利用率和栽培经济效益。在绿叶类蔬菜中，除芹菜外，其他的栽培技术都较简单。本项目内容主要以介绍芹菜、莴笋设施栽培技术为主。

一、生产概述

芹菜，别名旱芹、药芹，为伞形科芹属二年生草本植物，原产于地中海沿岸，在我国栽培历史悠久。芹菜以肥嫩的叶柄供食，含芹菜油，具芳香气味，可炒食、生食或做馅，有降压、健脑和清肠的作用。目前，芹菜栽培在南北各地分布很广，由于芹菜适应性强，结合设施保护，已做到四季生产、周年供应，是较早实现周年生产、均衡供应的蔬菜种类之一。

1. 温度特性

芹菜性喜冷凉、湿润的气候，属于半耐寒性蔬菜，不耐高温，可耐短期0°C以下低温。种子发芽最低温度为4℃，15℃以下发芽延迟，30℃以上几乎不发芽，其营养生长适温为15~20℃，高于20℃生长不良，超过25℃生理机能减退，品质变劣，容易徒长。幼苗能耐-7 ~ -5℃低温，属于绿体春化型植物。3~4片叶的幼苗在2~10℃的温度条件下，经过10~30天通过春化阶段。西芹抗寒性较差，幼苗不耐霜冻，完成春化的适温为12~13℃。

2. 光照特性

芹菜喜中等光强，且耐弱光而不耐强光，生长期中要求10000~40000lx光照强度，强光下叶柄厚角组织发达，可降低食用品质。设施栽培季节，一般要求无强光和较湿润环境，产品不易纤维化，因而较露地栽培易获优质产品。芹菜在低温条件下进行花芽分化，在高温长日照条件下抽薹，花芽分化越早，抽薹也越早，食用叶片数少，产量下降，产品质量越差。在设施栽培中，管理不当，很容易产生上述情况，是生产中值得注意的问题。

3. 营养特性

设施栽培由于密闭性高，保湿性强，施肥量大，正适合芹菜喜湿贪肥的生物学特性，同时，芹菜根部皮层组织中的输导组织发达，能从地上部供给根部氧气，这也是芹菜能适应保护地内高湿环境的原因之一。芹菜适宜富含有机质、保水保肥力强的壤土或黏壤土。据研究发现，芹菜生长发育须施用完全肥料，初期和后期缺氮、初期缺磷和后期缺钾对产量影响最大。缺氮不但使生育受阻，且叶柄易老化空心；缺磷抑制叶柄伸长；缺钾影响养分运输，使叶柄薄壁细胞中储藏养分减少，抑制叶柄加粗生长。缺硼时叶柄发生"劈裂"，初期叶缘呈现褐色斑点，后叶柄维管束有褐色条纹而开裂。

4. 分布广，产量高

该品种生长势强，抽薹晚，分枝少。叶柄实心，品质好，抗病，适应性广。平均单株重0.5kg，平均亩产6000~10000kg，适合全国各地春秋露地及设施栽培。

5. 营养价值高

旱芹含有丰富的维生素A、维生素B$_1$、维生素B$_2$、维生素C和维生素P，钙、铁、磷等矿物质含量也多，此外还有蛋白质、甘露醇和食物纤维等成分。叶茎中还含有药效成分的芹菜苷、佛手苷内酯和挥发油，具有降血压、降血脂、防治动脉粥样硬化的作用；对神经衰弱、月经失调、痛风、抗肌肉痉挛也有一定的辅助食疗作用；它还能促进胃液分泌，增加食欲。

6. 植物学特性

（1）根　芹菜由主根和侧根构成，主根可深入土中并储藏养分而肥大，根系分布浅，主要在10~20cm土层，横向分布30cm左右。根群吸收面积小，吸收能力弱，不耐旱涝。主根被切断后可发生侧根，可育苗移栽。

（2）茎　营养生长期茎短缩，花芽分化后，茎端抽生花蔓后发生多数分枝，高60~90cm。

（3）叶　叶片着生于短缩茎基部，叶为二回羽状奇数复叶，由小复叶和叶柄组成。叶柄是主要食用部分，由髓、厚壁组织、厚角组织等组成。

（4）花　为复伞形花序，花小，白色，花冠5枚，离瓣。虫媒花，异花授粉（亦能自花授粉结实）。

（5）果实　双悬果，圆球形，结种子一两粒，成熟时沿中缝开裂，果实内也含挥发油。

（6）种子　褐色，椭圆形，千粒重0.4g左右。种子寿命7~8年，使用年限2~3年。

7. 发育周期性

（1）发芽期　从种子萌动到子叶展开，15~20℃下需10~15天。

（2）幼苗期　从子叶展开至四五片真叶形成，20℃左右需45~60天。

（3）叶丛生长初期　从四五片真叶到八九片真叶，株高30~40cm，在适温18~24℃下，需30~40天。

（4）叶丛生长盛期　从八九片叶到十一二片叶，叶柄迅速肥大，生长量占植株总生长量的70%~80%，在12~22℃温度下，需30~60天。

（5）休眠期　采种株在低温下越冬（或冬藏），被迫休眠。

（6）生殖生长时期　秋播芹菜受低温影响，营养生长点在2~5℃下，开始转化为生殖生长点。第二年春在长日照和15~20℃下抽薹，开花结实。

二、生产茬口

依据芹菜喜冷凉的特性，设施与露地栽培相结合，可多茬栽培，基本实现周年供应。芹菜设施栽培以春提前、秋延后为主，而且各地多以夏、秋在露地育苗，然后在设施内定植，从秋冬到第二年初夏分期收获。露地栽培以秋季栽培为主，其次为越冬芹菜和春芹菜；也可夏秋栽培。同非伞形科的作物轮作2年以上。可以同黄瓜、豆类蔬菜、茄果类蔬菜间、套作。秋芹菜前茬为早夏菜，如番茄、黄瓜、菜豆等。越冬芹菜的秋茬为晚夏菜或早秋菜。设施芹菜生产方式与茬口安排见表6-1。

表6-1　设施芹菜生产方式与茬口安排

生产方式		播种期	定植期	收获期
日光温室生产	冬茬	7月下旬~8月下旬	9~10月	12月上旬~3月上旬
	秋延后茬	7月	9月	11月下旬~12月下旬
大棚生产	早春茬	1月中旬	2月	4~5月

三、生产品种

1）依叶柄颜色分为青芹和白芹。青芹叶片较大，绿色，叶柄粗，植株高大而强健，香味浓，产量高，但不易软化。白芹叶细小，浅绿色，叶柄黄白色，植株较矮小而柔弱，香味淡，品质好，易软化。

2）按叶柄的充实与否又分为实心和空心2种。实心芹菜叶柄髓腔很小，腹沟窄而深，品质极好，春季不易抽薹，产量高，耐储藏。空心芹菜与其相反，春季易抽薹，但抗热性较强，宜夏季栽培。

3）中国芹菜主要代表品种有青芹、白庙芹菜、北京大糙皮、北京细皮白（磁儿白）、天津白芹、广州白芹，天津地方品种，河南玻璃脆等。

4）西芹（欧洲型）的叶柄宽而肥厚，多为实心。株高60~80cm，叶柄宽2.4~3.3cm，单株重1~2kg。味淡，脆嫩，耐热性较中国芹菜差。品种有意大利冬芹、佛罗里达683、荷兰西芹、优它、佛罗里达、嫩脆、白珍等。

四、设施芹菜生产技术要点

1. 培育壮苗

（1）适时播种　温室延后栽培育苗，其播种时间，无论后期设施加温与否，均于6月中旬至7月上旬为宜。过早，苗期在高温多雨条件下易感病害；过晚，则高温抑制出苗，使出苗缓慢，出土后幼苗常表现徒长细弱，抗逆性差。西芹生育期长，应适当早播，且幼苗生长快，一般分苗需1~2次。

（2）整地播种　育苗床的土质应选择富含有机质的沙质壤土，苗床地要深翻耙细，做成宽1~1.2m、长5~6m的平畦，施入优质有机肥料5000~6000kg/667m²，并每667m²加施无机肥料氮肥20kg、磷肥30kg、钾肥20kg，然后细耙1~2遍，使土肥混合均匀，避免烧苗。整平后踩实一遍，再耙平，然后灌透水，水渗下后马上播种，每公顷用种量为1~1.5kg，播种时种子要掺适量沙子，利于播种均匀。夏季高温期播种，播后要立刻覆细土0.5cm，注意厚薄一致，以保证出苗整齐，如果覆土过厚会影响氧气供给和消耗大量养分，使出土幼苗细弱，在烈日高温下极易失水枯死。

（3）加强出苗前后管理　出苗前，为了保湿、降温和防雨，华北地区则设置荫棚遮阴防雨。其次是出苗前要经常保持土壤湿润，播后第二天即开始浇第一次水，以后视表土发干板结即应浇水，每次浇水需用喷壶，不能大水漫灌。此外，出苗前还应根据苗畦杂草情况喷施一次除草剂，每667m²用乙氧氟草醚30~40mL，加水喷雾。出苗后，芹菜根系弱不耐干旱，应注意保湿；雨季要及时排除畦面上积水，还要在热雨之后浇灌井水降低地温，防止热雨高温下沤根致死。另外，要及时间苗2~3次，防止幼苗徒长，并注意防除病虫害。整个苗期需50~60天。中间可追施一次氮肥，每667m²施20kg，随灌水施入。

2. 定植

（1）合理密植　温室定植期为8月上旬至8月下旬，定植前要耕翻土地施足基肥，为了后期提高地温、改善土壤理化性质，每平方米施用有机肥5~8kg、马粪5kg，芹菜定植方式有单株、双株和丛栽，定植方法与密度因品种、地力、栽培季节、肥水条件等不同而不同。设施栽培芹菜多采用小沟单株条栽，株行距10cm×12cm，每667m²保苗55000株。西芹单株大，产量高，株行距30cm×60cm，每亩栽55000株左右。

（2）提高定植质量　定植时要认真选苗，达到选优去劣。整地施肥时要保证畦面平整，避免灌水时淤土压苗；土、粪混抖均匀，防止多肥烧根；栽植深度以埋没根部为度，不能埋没心叶，否则会影响缓苗；定植后一定要浇透水，防止苗子吊干。

（3）提高定植成活率　改连作制为轮制，尽可能一年一倒茬，与其他作物合理轮作。使用充分腐熟的有机肥和生物有机肥（如报农酵母菌有机肥）作底肥，结合土壤杀虫剂，深翻土壤，降低土壤板结性。定植前用70%噁霉灵3000倍液加上报农施乐丰1000倍液或6.25%精甲·咯菌腈3000倍液加上蚓酯甲壳素1000倍液蘸根后栽培。定植后用25%甲霜霉威 600 倍液加上 72% 链霉素 3000 倍液或 70% 噁霉灵 3000 倍液加上 50% 福美双 1500 倍液加上报农施乐丰 1000 倍液，叶面喷雾可有效防治生理性病害和土传病害的发生。

3. 科学管理

（1）温度管理　秋延后栽培，温度由高向低变化，定植初期可按自然温度管理，中后期防寒保温尤为重要。当外界最低气温降至 15℃ 以下时，需扣棚保温。初始大棚两侧薄膜不全放下，使芹菜对大棚环境有一个逐步适应过程。当外界最低气温降至 6～8℃ 时，放下底脚。此期仍应注意白天通风换气，防止棚内高温、高湿。棚温保持在白天 20～22℃，夜间 13～18℃，地温 15～20℃。以后视情况，逐渐减少通风量，缩短通风时间。低温时期可在大棚四周围 1m 高草帘或每畦加扣小拱棚，夜间覆盖草苫保温。

（2）光照管理　初期应在温室玻璃面或塑料上适当遮阴，保证室内光照在 1500～3000lx 即可，白天保持 23～25℃ 室温，缓苗后，逐渐增加光照。

（3）肥水管理　要根据芹菜生育进程和产量构成因素，合理追肥灌水。大棚秋芹菜肥水管理应以促为主，促控结合。扣棚前浇 1 次透水，追施速效氮肥或稀粪，并增施磷、钾肥，以增强植株抗寒性。扣棚后到放下底脚前再追氮肥 1 次。浇水以畦面湿润为度，轻浇温水。中后期减少浇水，以免降低地温和增加棚内湿度。芹菜的产量构成是 6～8 片以后的叶片，构成商品产量的主要因素是叶柄的长度和叶片重量。氮、磷、钾三要素对叶片生长的影响很大，所以 9 月中旬温室扣膜前，每公顷施腐熟人粪尿 2000kg，另加速效氮肥 15～20kg，氯化钾 15kg，结合追肥灌一次大水。以后一般到收获前（12 月）可不追肥，或根据长势追施速效氮肥，每 667m² 施硝酸铵 20kg。入冬以后，要适当少浇水，且要浇蓄存的水，"三九" 天不能灌水。并注意防止芹菜倒伏。

（4）通风管理　东北地区，一般塑料日光温室 9 月下旬至 10 月上旬扣上薄膜，原则是苗小早扣、苗大晚扣，扣膜过早，苗易徒长和感病。扣膜过晚，芹菜缓苗慢、新根少。初期不能一次盖严，随温度下降，由晚上小通风到白天通风，晚上盖严。一般保持室温在 18～22℃，夜温 15℃，地温 18～20℃，初期每天 8～9 点就开始通风。晚上室内气温降到 7～8℃ 封闭地窗，10 月下旬盖严玻璃和薄膜，以后转入以保温为主，白天晴天在不影响室温条件下 11～13 点进行通风，通风方式有利用天窗和地窗通风的，有用后墙窗通风的，有用塑料筒式通风的，目的是减少外界寒风直接影响幼苗。到 "三九" 天严寒季节，停止通风，加强保温，11 月加盖草帘，室温低于 5℃ 时即应加温（11 月中、下旬）。

（5）主要病虫害　日光温室栽培芹菜，后期因室内气温低、湿度大，极易发生病害。主要防治措施如下：

1）实行轮作。病地与其他蔬菜实行轮作 2～3 年，并适时对地面喷洒新高脂膜保墒防水分蒸发、防土层板结，隔离病源。

2）选种耐病品种。播种时应采用无病种子，将种子用 48℃ 温水浸种 30min，移入冷水中冷却后捞出种子晾干后播种。种前用新高脂膜拌种，隔离病毒感染，加强呼吸强度，提高种子发芽率。

3）加强肥水管理。合理密植，科学用水，生长期防旱、防涝，浇水时应防止大水漫灌，要加强通风、降低湿度，并配合喷洒新高脂膜保墒防水分蒸发，在芹菜生长期适时喷洒蔬菜壮茎灵可使植物茎秆粗壮、叶片肥厚、叶色鲜嫩，同时可提高芹菜抗灾害能力。

4）药剂防治。发病初期及时摘除病叶，并配合喷洒药剂加新高脂膜形成保护膜，增强药效，防止气传性病菌的侵入。

蚜虫对芹菜整个生育期都能危害，可用氧化乐果和敌敌畏交替防治。

4. 防止抽薹

（1）科学选种 选用冬性强，通过春化阶段需要严格条件的品种，也可选用营养生长旺盛的品种。

（2）采用新种 新的、饱满种子比陈年种子长成的植株旺盛，先期抽薹现象较轻。利用春播夏收的芹菜种子，冬性弱、先期抽薹现象严重，而利用秋栽、第二年采种留的种子，冬性强、先期抽薹现象较轻。采种时应严格按农艺操作技术要求，严防采用先期抽薹植株留种，否则会大大降低品种冬性，造成品质退化，加剧先期抽薹现象的发生。

（3）预防低温 冬春育苗期，适期播种，注意保温，避免苗期处在10℃以下的低温，夜间温度应在8～12℃，白天温度15～20℃，防止幼苗通过春化阶段。

（4）加强管理 定植后要加强肥水管理，及时防治病虫害，确保其正常生长发育，防止干旱、少肥、蹲苗，促进营养生长，抑制生殖生长。

（5）喷赤霉素 在加强管理的前提下，生长盛期每隔7～10天喷1次20～50mg/L的赤霉素（920），连喷2～3次，可促进营养生长，减缓先期抽薹。

（6）适时收获 在花薹尚未长出前采收，或用劈叶收获法，均可减轻先期抽薹的危害，切勿到抽薹株老时收获。

5. 软化处理

培土软化秋芹菜，当植株高5cm，天气转凉时开始培土软化。充分浇水后，在晴天下午培土。每次以不埋住心叶为度，土要细碎。共培土4～5次，总厚度17～20cm。

6. 采收及处理

温室栽培从播种到收获为140～150天。日光温室一般以株高作为收获标准，而且采用劈收形式，当株高达60cm以上，通常外叶70cm时采收较宜，第一次不要收获量太大，以免影响内叶生长，一般第一次收3片叶，元旦可收2～3片叶，春节还可收2～3片叶。可收获2～3次，分期供应。塑料棚保温性较差，应注意棚温变化，适期收获。在白天棚温7～10℃，夜温2℃，地温12℃以下时，即产生冷害。根据种植方式、市场需求，分大株、中小株等收获方式。整株收获时，注意勿伤叶柄，摘除黄叶、烂叶，整理成束或打捆上市。短期储藏的，一般带3～4cm短根收获，捆好，根朝下，在棚内假植储藏，分期上市。

7. 质量鉴别

（1）看外表 选购芹菜时，梗不宜太长，以20～30cm为宜，短而粗壮的为佳，菜叶要翠绿、不枯黄。

（2）看菜叶 新鲜的芹菜叶是平直的，而存放时间较长的芹菜，叶子尖端会翘起，叶子软，甚至会发黄、起锈斑。另外，叶色深绿的芹菜不宜买，因为粗纤维多，口感老。

（3）掐芹菜 挑选芹菜时，可以掐一下芹菜的茎部，易折断的为嫩芹菜，不易折断的为老芹菜。

（4）辨种类 市场上的芹菜主要有4种，即青芹、黄心芹、白芹和美芹，一般青芹味浓；黄心芹味浓、较嫩；白芹味淡、不脆；美芹味淡，口感脆，可以根据需要来选择。

五、水芹夏季设施生产技术要点

水芹属于半耐寒性水生蔬菜，当气温超过30℃便停止生长。南方地区一般从9月中下旬开始排种栽培，到第二年 3 月上中旬采收结束。

1. 生产前准备

前茬水芹、慈姑、荸荠一般在 3 月上旬采收结束，之后露田 2 个月，期间进行翻耕除草。5 月初整地，每亩施腐熟鸡粪 1000kg，搭好大棚（钢管、毛竹都可以），四周和顶部用钢丝连接固定，上面覆盖 75% 遮光率的黑色遮阳网。为节约成本，也可以使用水泥立柱，柱高 2.2m，插入泥土中 40 ~ 50cm。棚内筑 2m 宽的畦，畦间开宽 30cm、深 20cm 的沟，与四周沟相通。

2. 排种

选用耐热的常熟白芹、玉祁红芹等品种。从 5 月中旬开始陆续从留种田取种芹排种。直接将母茎拔起，去除老叶后洗净，切成 20 ~ 30cm 的小段，排放在畦面上。

3. 科学管理

（1）追肥 一般施 3 ~ 4 次追肥。第一次在苗有 3 ~ 4 片叶时每亩施复合肥 50kg，以后在每次割收后 2 ~ 3 天施 1 次追肥。

（2）浇水 发芽至新苗生根期间控制水分，仅保持畦面湿润，保持平沟水；中后期加大灌水力度，畦面上经常保持 3 ~ 5cm 水层。注意经常换水，最好采用深井循环水，防止水质恶化，并提高降温效果。

（3）降温 75% 遮光率的遮阳网透气性较差，要经常在傍晚或阴天通风降温，晴天中午前后可在遮阳网上淋凉水。

（4）病虫害防治 夏季芹菜很少有病虫害发生，一般不施农药。

4. 采收

排种发芽后 30 天左右，水芹长至 20 ~ 25cm 高时即可采收。采收时根部留 1 ~ 2cm 的茎，如果管理得当可采收 3 次。如果栽培面积较大，应分批排种，分批采收。9 月中旬采收结束，一般亩产 2000 ~ 2500kg，亩收入可达 8000 元。

任务 27　芹菜设施生产管理

一、任务实施的目的

了解芹菜生物学特性和温度对生长发育的影响。

二、任务实施的地点

园艺实训基地、设施蔬菜栽培实训室。

三、任务实施的用具

芹菜、温室等。

四、任务实施的步骤

1. 科学选种

选用冬性强，通过春化阶段需要严格条件的品种，也可选用营养生长旺盛的品种。种子用 60 ~ 70℃ 水烫种，边倒热水边搅拌 10min，15 ~ 20℃ 冷水浸泡 12h，在 15 ~ 20℃ 条件下催芽3~4天。大部分种子出芽后播种。

2. 苗期管理温度

冬春育苗期，适期播种，注意保温，避免苗期处在10℃以下的低温，夜间温度应在8~12℃，白天温度15~20℃，防止幼苗通过春化阶段。低温季节保护地育苗，定植前10天逐渐降低温度进行秧苗锻炼，温度逐渐降低到5℃，可短时间降低到2℃。苗龄：秋芹菜40~50天，越冬芹菜60~70天，春芹菜50~60天，塑料薄膜大棚早春栽培80天，日光温室越冬栽培60天。

3. 加强管理

定植后要加强肥水管理，及时防治病虫害，确保其正常生长发育，防止干旱、少肥、蹲苗，促进营养生长，抑制生殖生长。在加强管理的前提下，生长盛期每隔7~10天喷1次20~50mg/L的赤霉素（920），连喷2~3次，可促进营养生长，减缓先期抽薹。

4. 适时收获

在花薹尚未长出前采收，或用劈叶收获法，均可减轻先期抽薹的危害。

五、任务实施的作业

叙述芹菜生长发育对温度的要求。

子项目2　莴笋设施生产

知识点：莴笋的植物学特征、莴笋生产的特点、莴笋的田间管理。

能力点：会认识当地常见的莴笋种类；会根据莴笋的植物学特征，了解设施栽培管理技术；对当地设施莴笋生产情况进行调研，发现存在的问题并就发展设施莴笋生产提出可行性建议。

项目分析

该任务主要是掌握莴笋的植物学特征，学会根据莴笋的植物学特征，了解设施栽培管理技术，对当地发展设施莴笋生产提出可行性建议。要完成该任务必须具备园艺植物学知识，具有掌握设施园艺和植物生理学的能力，才能高效优质栽培。

项目实施的相关专业知识

莴笋是菊科莴笋属能形成嫩茎的一、二年生草本植物，原产地中海沿岸，喜冷凉湿润气候。约在7世纪初，经西亚传入我国，现在各地普遍栽培。莴笋按食用部分为茎用莴苣的名称，栽培适应范围广。莴笋营养丰富，富含碳水化合物、蛋白质、多种矿物质、维生素，略带苦味，病虫害较少，适合无公害生产。南方栽培较多，是春季及秋、冬季重要的蔬菜之一。

一、生产概述

莴笋对土壤的酸碱性反应敏感，适合在微酸性的土壤中种植。莴笋的根系浅，吸收能力弱，对氧气要求较高。种植莴笋的土壤以沙壤土、壤土为佳。

1. 温度特性

莴笋喜冷凉，忌高温。炎热季节生长不良。发芽的最适温度为 15～20℃，需 4～5 天出芽，30℃以上种子发芽受到抑制。所以，在高温季节播种莴笋时，种子须进行低温处理，如在 5～18℃下浸种催芽，种子发芽良好。幼苗期生长适温为 12～20℃，能耐 -6～-5℃ 的短期低温，高温烈日常能伤害幼苗胚轴而引起倒苗。植株 0℃ 以下易受冻害，以白天 15～20℃、夜间 10～15℃ 最适宜生长。昼夜温差大可减少呼吸消耗，增加积累，有利于茎、叶生长，获得高产。结球莴笋的生长适温范围较窄，为 18～22℃，25℃ 以上则不能很好形成叶球，高温易引起心叶坏死而腐烂，烈日下会发生叶尖枯黄，产生苦味。莴笋属于高温感应型植物，花芽分化受日平均温度的影响大。日平均气温在 23℃ 以上，花芽分化迅速。

2. 光照特性

莴笋种子发芽是需要光照条件的，适当的散射光可促进萌芽，播种后，在适宜的温度、水分和氧气条件下，不覆或浅覆土时均可较覆土的种子提前发芽。茎用莴笋茎叶生长期需充足的光照才能使叶片肥厚，嫩茎粗大。长期阴雨，遮阳密闭，则影响茎、叶发育。叶用莴笋稍耐弱光，光饱和点为 20000～30000lx。长日照促进抽薹开花，在 24h 日照下，不论 15℃ 或 35℃ 都能提早抽薹开花。高温长日比低温长日更有利于抽薹开花。

3. 湿度特性

莴笋为浅根性作物，因此不耐干旱，但水分过多且温度高时又易引起徒长，在不同的生育期对水分有不同的要求。

（1）幼苗期　应保持土壤湿润，勿过干过湿或忽干忽湿，以防幼苗老化或徒长。

（2）发棵期　应适时控制水分，进行蹲苗，使根系往纵深生长，莲座叶得以充分发育。

（3）结球期　茎部肥大期水分要充足，如果缺水，叶球或茎细小，味苦，但在结球和茎肥大的后期，又应适当控制水分，防止发生裂球或裂茎现象。

4. 肥料营养特性

莴笋根系浅，吸收能力弱，且根系对氧气的要求高，在黏重土壤或瘠薄的地块上栽培时，根系生长不良，地上部生长受抑制，常使结球莴笋的叶球小，不充实，品质差，茎用莴笋的茎细小且易木质化，甚至提前抽薹开花。因此，栽培莴笋宜选用微酸性、排灌方便、有机质含量高、保水保肥的壤土或沙壤土。莴笋对土壤营养的要求较高，要求以氮肥为主，生育期间缺少氮素会抑制叶片的分化，使叶片数减少，影响产量。此外，磷、钾肥也不可缺少，幼苗期缺磷会使叶色暗绿，叶数少，生长势衰退，植株变小，降低产量；缺钾影响叶球的形成和品质；缺钙易引起"干烧心"导致叶球腐烂。

5. 营养价值高

莴笋的叶富含维生素 A、维生素 B_1、维生素 B_2 和维生素 P，含有相当丰富的铁盐、钙盐和磷盐，做生菜用，有较高的营养价值。

6. 植物学特性

（1）根　莴笋属于直根系，移植后发生多数侧根，浅而密集，根系浅，须根发达，主要根群分布在地表 15～30cm 土层内。

（2）茎　叶用莴笋的茎在营养生长时期短缩，后期抽生花茎。莴笋的食用部分由茎和花茎两部分构成。随植株生长，短缩茎逐渐伸长和加粗，茎端分化花芽后，在花茎伸长的同时，茎加粗生长，形成肥大的肉质嫩茎。

（3）叶　互生，有披针形、椭圆形、侧卵圆形等。叶用莴笋，叶互生，倒卵形，绿色或紫色，结球莴笋球叶抱合成球形；茎用莴笋茎出叶绿色或紫色，叶全缘或缺裂，倒卵形或披针形，叶面平滑或皱缩。

（4）花　圆锥形头状花序，花托扁平。花浅黄色舌状，每一个花序有20朵花左右。子房单室。

（5）果实　瘦果细小，银白或黑褐色附有冠毛，自花授粉，有时借昆虫也可异花授粉。千粒重5～10g。

7. 发育周期性

（1）发芽期　从种子萌动至子叶展开，真叶显露即"露心"，需8～10天。

（2）幼苗期　"露心"至第一个叶环的叶片展开，俗称"团棵"。直播者需17～27天；育苗移植者需30天。

（3）莲座期　从"团棵"至第二叶序完全展开，结球莴笋心叶开始卷抱或莴笋嫩茎开始伸长和加粗，需15～30天。此期叶面积扩大是产品器官生长的基础。

（4）产品器官形成期　结球莴笋从"团棵"后，边扩展外叶，边卷抱心叶，至莲座期，叶已有球的雏形。进入结球期，莲座叶继续扩展，心叶加速卷抱形成肥大的叶。因此，与大白菜、甘蓝等不同，结球莴笋莲座期与结球期间的界限不甚明显。视品种、栽培条件不同，此期需30天左右，莴笋进入莲座期后短缩茎开始肥大，但相对生长率不高，为茎肥大初期。此后茎、叶生长齐头并进，茎迅速膨大，叶面积继续扩展，达生长最高峰后两者同时下降，始下降后10天左右达到适宜采收期。

（5）开花结果期　从抽蔓开花到果实成熟，一般开花后15天左右瘦果成熟。

二、生产茬口

莴笋生产茬口主要有两种：秋季播种育苗，初冬或早春定植，春季收获，称为春莴笋；另一种为夏季播种，秋末收获，称为秋莴笋。设施莴笋生产方式与茬口安排见表6-2。

表6-2　设施莴笋生产方式与茬口安排

生产方式		播种期（月/旬）	定植期	收获期
温室生产	冬春茬	10月中旬	11月	3～4月
	秋茬	7月上旬	8月	10～11月

三、生产品种

根据当地的气候条件及市场需求、种植时间，选择抗病、高产抗逆性强、适应性广、品质优、株型好、皱叶型的品种。

根据莴笋叶片形状可分为尖叶和圆叶两个类型，各类型中依茎的色泽又有白笋（外皮绿白色）、青笋（外皮浅绿色）和紫皮笋（外皮紫绿色）之分。

（1）尖叶莴笋　叶片披针形，先端尖，叶簇较小，节间较稀，叶面平滑或略有皱缩，色绿色或紫色。肉质茎棒状，下粗上细。较晚熟，苗期较耐热，可作秋季或越冬栽培。其主要品种有柳叶莴笋，北京紫叶莴笋，陕西尖叶白笋，成都尖叶子，重庆万年桩，上海尖叶，南京白皮香早种等。

（2）圆叶莴笋　叶片长倒卵形，顶部稍圆，叶面皱缩较多，叶簇较大，节间密，茎粗大（中、下部较粗，两端渐细），成熟期早，耐寒性较强，不耐热，多作越冬春莴笋栽培。其主要品种有北京鲫瓜笋，成都挂丝红、二白皮、二青皮，济南白莴笋，陕西圆叶白笋，上海小圆叶、大圆叶，南京紫皮香，湖北孝感莴笋，湖南锣锤莴笋等。

四、生产技术要点

1. 种子处理

莴笋种子发芽要求较低的温度，秋季 8~9 月播种时，由于温度较高，种子不易发芽，需要对种子进行低温处理。可先将种子在清水中浸泡 3~5h，捞起后用清水冲洗，然后用纱布包好，略挤干水分，放入冰箱冷藏室，也可吊于水井内水面上 20~30m 处，每天用清水冲洗一次，2~3 天后种子开始露白。播种前可将露白种子于阴凉通风处摊开炼芽 4h 左右，然后播种。

2. 营养土配制

床土选用 2 年以上没有种过十字花科蔬菜的田园土与充分腐熟的牛马粪按 3∶1 的比例混合，且每立方米加入氮磷钾三元复合肥 1.5kg，生物有机肥 2kg，5% 多菌灵可湿性粉剂 8~10g 充分拌匀过筛，装营养钵备用。

3. 培育壮苗

选择肥沃疏松、排灌方便的地块作苗床，畦面做平整。苗床应施足底肥，以有机肥为主，氮、磷、钾配合施用，然后再整细做厢，厢面宽 1~1.7m，长度依地而定。将种子与细沙混合均匀后撒在做好的苗床上，然后盖上一层渣肥，春莴笋在上年 10 月中旬至 11 下旬播种，夏莴笋在 2 月下旬或 3 月上旬播种，秋莴笋（热莴笋）在 6 月下旬至 7 月中旬播种，冬莴笋在 9 月中旬至 9 月下旬播种。播前先浇湿苗床，避免出苗前再浇水，影响发芽和出苗。由于莴笋种子细小，宜适当稀播，每 667m² 需种量 20~30g，苗床面积需 6~8m²，播种时可将种子与适量细沙或细土拌匀后播种，播后畦面撒一层 0.5m 厚的营养土，再用木板轻轻压实，使种子与土壤紧密结合，然后畦面覆盖草帘，以促进萌芽。种子发芽前保持苗床湿润，有利发芽，发芽后，视天气和土壤干湿情况，进行浇水。秋莴笋苗床应搭棚遮阴或盖遮阳膜，保持床土湿润，避免烈日暴晒和大雨冲击。当植株有 1~2 片真叶时除草，3~4 片叶时定苗，苗距 3~10cm。匀苗定苗时各追肥一次。搭防雨棚或遮阳棚等保温保湿或降温保湿，尽量使畦面温度保持 20~25℃，一般播后 4~5 天出苗，出苗后及时揭除畦面覆盖物。

4. 定植

在定植前 7~15 天，结合整地，每 667m² 施腐熟有机肥 4500kg、三元复合肥 60kg，然后耕翻作畦。茎用莴笋一般株行距为 25cm×30cm。其中，8~9 月定植的应覆盖遮阳网遮光降温，10 月中下旬气温下降时，及时扣好棚膜，以增加温度。定植前一定要清除田间前茬作物的残留物，进行深翻晒地，采取物理方法消毒或高温闷棚消毒。用 80% 辛硫磷乳油 1000 倍喷沟内防治地下害虫，特别推荐实行节水栽培，既可节水又可提高地温，且能控制病害发生。地膜覆盖最好采用有驱蚜功能的灰色地膜，既能保水保温还能提高莴笋的优质率。

5. 科学管理

（1）温度管理　莴笋是喜冷凉作物，温度过高、湿度过大，易引起病害和徒长，导致产量下降，品质变差；若温度过低，则植株生长缓慢，甚至出现冻害。所以，莴笋大棚栽培的关键是控制棚内温度，创造一个比较适宜的生长环境，促进莴笋营养生长，以提高产量和品质。8～9月定植的莴笋，在定植初期需覆盖遮阳网，以降低温度，促进成活，成活后若气温适宜，则可拆除遮阳网。10月下旬至第二年4月进行大棚覆盖栽培，保持15～25℃的棚温，白天棚温超过25℃，应及时通风降温，夜间棚内温度维持在8～15℃，最低不低于5℃。

（2）肥水管理　在莴笋整个生育期内，都应保持土壤的湿润，切忌土壤忽干忽湿。8～9月定植的，定植初期应在早、晚经常浇水，有条件的可采用喷灌或滴灌设施，冬春季应避免棚内空气湿度过高，以减轻病虫害。莴笋营养生长期间的追肥一般分两个阶段进行：第一阶段在秧苗成活、茎叶开始生长后，每667m² 施20%腐熟粪肥1500kg、尿素6～8kg或碳铵15kg，以促进叶片的生长；第二阶段是肉质茎开始抽生时，一般每667m² 追施尿素15～20kg和钾肥10～15kg，以促进肉质茎的膨大。在这两次追肥之间，若植株生长势不佳还可适当追肥。温度及肥水管理水平的高低不仅影响到莴笋的产量，管理不当还会导致先期抽蔓和裂茎等问题。在温度较高季节，如果肥水供应不及时，植株老化，容易出现先期抽薹现象；第二阶段追肥时间过早，容易引起植株徒长，而过迟追肥又容易导致茎部开裂；生长期间忽干忽湿，也容易导致肉质茎开裂。

（3）中耕除草　定植缓苗后，应进行中耕除草，增强土壤通透性，促进根系发育，及时补苗和摘掉靠地面的老、病、黄叶。

（4）主要病虫害　病害主要有霜霉病、菌核病、软腐病、病毒病、顶烧病等。虫害主要有潜叶蝇、蚜虫、小地老虎、菜青虫等。莴笋大都用于生吃，病虫害应以预防为主，坚持以"农业防治、物理防治、生物防治为主，化学防治为辅"的无害化治理原则，棚菜区最好采取群防群控的方法。

6. 莴笋抽薹原因及控制

莴笋在不少地方已实现周年栽培、四季供应。但栽培中植株往往易出现叶小数少、茎细节稀、嫩茎徒长窜高呈棍棒的先期抽薹现象，影响产量、降低品质。

（1）品种选择不当　莴笋品种较多，其适应性及对日照、温度的感应程度也不尽相同，往往早熟品种较中、晚熟品种耐低温性强而耐高温性弱，但对高温、长日照较为敏感。因此应根据栽培季节选用适宜品种。如春种夏收、夏种秋收的莴笋因生长在高温、长日照下，故应选耐高温、对长日照反应迟钝的中、晚熟品种；若用早熟品种就易窜高抽薹。早熟品种早春栽，则上市早、产量高、效益好，若迟栽，则因生长后期温度升高、日照长就易窜高且产量低，效益差。

（2）播期不适　春莴笋栽培，若秋播育苗早了，冬前生长期长、苗过大、花芽分化早，越冬就易遭受冻害且第二年也易早抽薹；若播种晚了，冬前生长期短，则苗小，养分积累少，越冬也易受冻害且第二年上市迟。夏莴笋播种过迟或秋莴笋播种过早，生育期气温高、日照长，易发生窜苗徒长。因此莴笋栽培应注意掌握播种时期，一般春莴笋播种露地育苗于10月上旬进行，保护地育苗于1月下旬前后进行，夏莴笋4月上旬播种，秋莴笋8月上旬播种，冬莴笋8月下旬播种为宜。

（3）苗期管理不善　播种量偏大、出苗过密、间苗不及时而出现挤苗；苗床偏施氮肥、浇水过多及遮阴育苗时遮光过重、拆除不及时等，均可引起窜苗徒长。所以苗期管理应以控制徒长、培育矮壮苗为目的。具体措施有：苗床底肥以有机肥为主，可配施适量复合肥；适量稀播，及时间苗，控制浇水，以床土见干见湿为宜，遮光育苗要在全苗后逐渐晚盖早揭，至3叶后不再遮阴；夏、秋莴笋苗期喷1~2次浓度为500mg/kg的矮壮素溶液，能有效防止徒长。

（4）定植不及时 定植不及时，幼苗往往生长过快、胚轴伸长呈徒长状态，栽后也就难以获得肥大的嫩茎。一般要求具5~6片叶的适龄幼苗及时定植，秋播春收的苗龄约40天、春播夏收或夏播秋收的苗龄约25天。

（5）栽培过密 定植密度过大，莲座叶形成前即已封垄，造成植株拥挤，光照不足，而纷纷拔高争光蹿长。正常情况下，春收莴笋为获早期效益可适度密植，每667m²定植8000株；夏收莴笋因高温、长日照易徒长，宜稀植，每667m²栽植5000株为好；秋收莴笋后期气候适宜，以每667m²定植7000株为好，商品性好、产量高。

7. 采收与留种

（1）采收 茎用莴苣的采收标准是心叶与外叶平，俗称平口或现蕾以前为采收适期，这时茎部已充分肥大，品质脆嫩。采收过早常降低产量，收获过晚，花茎伸长，纤维增多，肉质变硬甚至中空，品质降低。

（2）泡水保鲜 将买来的莴笋放入盛有凉水的器皿内，一次可放几棵，水淹至莴笋主干1/3处，放置室内3~5天，叶子仍呈绿色，莴笋主干仍很新鲜，削皮后炒吃仍鲜嫩可口。

（3）留种 长江流域地区于4月收获，可从田间选择具有本种特性，抽薹晚、节间密、叶片少而不分枝，笋粗而长不裂口，无病的植株。选留的种株应将下部的黄叶去除，拔除其他劣株，株行距保持33cm见方，间拔后施一次抽薹肥，促使花茎伸长和分枝，插支柱防倒。莴笋花期很长，种株上不同部位的种子成熟期不一，成熟的种子很轻，具有伞状冠毛，很易随风飞散，当叶部发黄，种子呈褐色或银灰色，上生白色伞状冠毛时，及时采收，晒干储藏。

任务28 莴笋设施育苗

一、任务实施的目的

了解秋冬莴笋蔬菜生长和发育的特点，从而在莴笋生产上正确地进行育苗，达到培养壮苗目的。

二、任务实施的地点

园艺实训基地。

三、任务实施的用具

莴笋种子、喷雾器等。

四、任务实施的步骤

秋冬莴苣笋叶兼用，不仅营养丰富，而且很少生虫打药，是真正的放心蔬菜。在肥水供应充足的条件下，生长迅速，笋头大，产量高，一般亩产可达2500~3000kg。抢在10月上市，经济效益较好。

1. 品种选择

宜选用耐热、生长快的早熟品种，如耐热二白皮、特耐热白尖叶、超抗热王尖叶莴笋、夏秋王圆叶莴笋等。

2. 播种时间

8 月中旬左右，播种过早，笋小易抽薹。

3. 苗床选择

苗床地要选用避西晒、土质肥沃、排水良好、保水保肥力强的疏松菜土，并深翻烤晒过白。结合整地，施足基肥。

4. 低温催芽

莴笋种子的发芽适温为 15～18℃，超过 30℃，发芽困难。在夏秋播种宜采用低温催芽。用凉水将种子浸泡 1～2h，去其浮籽，用湿纱布包好，置于井内离水面 30cm 处，每天取出种子淋水 1～2 次，连续 3～4 天即可发芽。或者将浸泡 24h 后的种子，用湿纱布包好，放在冰箱或冷藏柜中，在 -5～-3℃ 的温度下冷冻一昼夜，然后将冷冻的种子放在凉爽处，经 2～3 天种子即可发芽。

5. 苗床管理

播种前先将床土浇湿浇透，等渗水后锄松表土，再行播种，早秋莴笋由于出芽困难，应适应增加播种量，每 10m² 苗床用种子 18～24g。播种后覆盖一层 30%～40% 浓度的腐熟猪粪渣及覆盖一层薄稻草，或覆盖黑色遮阳网，出苗前双层浮面覆盖在苗床土上，出苗后搭小拱棚或平棚覆盖遮阳网。早晚浇水、追肥，保持床土湿润。

五、任务实施的作业

1. 简述莴笋设施育苗技术要点。
2. 简述莴笋苗床管理技术。

任务 29　莴笋遮阳网覆盖栽培

一、任务实施的目的

了解遮阳网覆盖栽培对莴笋蔬菜生长和发育的影响，从而在莴笋生产上正确地使用遮阳网，达到增产目的。

二、任务实施的地点

园艺实训基地。

三、任务实施的用具

莴笋种子、量筒、喷雾器、移栽工具等。

四、任务实施的步骤

1. 选择良种，低温催芽，培育壮苗

选择耐热性强、对日照反应迟钝、不易抽薹的高产品种，如特耐热二白皮莴笋等。6 月

下旬播种育苗，苗床选择在地势高燥、土壤肥沃的地方。播前浸种催芽，以利出苗。方法是将种子用清水浸泡24h，捞出洗净并用纱布包好置于冰箱中，经过 -5 ~ -3℃ 处理24h，将结成冰块的种子放到室内阴凉处，让其逐渐融化，经 3 ~ 5 天种子80%露白时即可播种。也可以将浸湿的种子吊到水井内距水面30cm处催芽。种子出芽后掺少量细沙均匀播种，每平方米播种 2 ~ 3g。播后浅盖营养细土，畦面平铺遮阳网，补足底水。畦面上方小拱棚架覆盖遮阳网和农膜，遮阴保湿促出苗。出苗后撤去地表遮阳网并撒干细土稳苗；棚架上遮阳网晴天上午 8 点后盖、下午 17 点后揭去；阴天不盖，下大雨天气及时盖上遮阳网和农膜；2 片真叶后逐步减少覆盖时间，苗期注意防治地下害虫与蜗牛。幼苗苗龄 22 ~ 25 天移栽。

2. 合理密植，遮阳保湿

7 月中下旬莴笋苗 4 ~ 5 片真叶展开后，选择傍晚或阴天带土移栽，一般行距33cm、株距30cm。注意大小苗分级移栽，栽后浇足活棵水，大棚架上覆盖遮阳网，促进缓苗。

3. 施足基肥，及时追肥

莴笋从定植到采收 1 个多月时间，若缺肥，植株会生长不良，易发生先期抽薹现象，产量和品质下降，所以基肥要足。一般亩施腐熟人畜粪 2500 ~ 3000kg 或腐熟鸡粪 1000kg，45% 氮磷钾复合肥 25 ~ 30kg，耕翻整地作畦。莴苣醒水活棵后酌施 1 ~ 2 次稀粪肥，促进幼苗生长。莲座期后肉质茎开始膨大时，结合浇水，每亩冲施 15 ~ 20kg 尿素。

4. 适时化控，防病治虫

莴笋苗有 3 ~ 4 片真叶时，喷 350mg/kg 矮壮素或 75mg/kg 多效唑溶液，可防苗窜高；莴笋莲座期后，根据长势再喷 1 ~ 2 次 150mg/kg 多效唑溶液或 350mg/kg 矮壮素溶液，可抑制过早抽薹，使肉质茎变粗。危害夏莴笋生长的主要病害是霜霉病、病毒病，可选用 72% 甲霜灵锰锌 500 倍液加上 3.95% 病毒必克 500 倍液防治；发现蚜虫危害，则应用 10% 吡虫啉 1500 倍液，喷雾防治。

5. 适期采收

当莴笋心叶与最高叶片的叶尖持平时，即可采收上市。一般亩产量 1800 ~ 2000kg，收入 3000 元左右。

五、任务实施的作业

1. 简述莴笋遮阳网覆盖的技术要点。
2. 简述莴笋遮阳网覆盖栽培化控处理技术。

复习思考题

1. 芹菜栽培技术的具体措施有哪些？
2. 防止莴笋抽薹应该注意哪些问题？

特色蔬菜设施生产

学习目标

通过学习掌握芥菜、芽苗菜、香椿的生物学特性，掌握芥菜、芽苗菜、香椿播种及设施管理技术，了解设施芥菜育苗技术。

工作任务

能熟练掌握当地的芥菜、芽苗菜、香椿的生长发育环境，并能进行管理，熟练地操作芥菜的培养壮苗技术。

子项目1　芥菜设施生产

知识点：芥菜的植物学特征、芥菜生产的特点、芥菜的田间管理。

能力点：会认识当地常见的芥菜种类；会根据芥菜的植物学特征，了解设施栽培管理技术；对当地设施芥菜生产情况进行调研，发现存在的问题并就发展设施芥菜生产提出可行性建议。

项目分析

该任务主要是掌握芥菜的植物学特征；学会根据芥菜的植物学特征，了解设施栽培管理技术；对当地发展设施芥菜生产提出可行性建议。要完成该任务必须具备园艺植物学知识，具有掌握设施园艺和植物生理学的能力，才能高效优质栽培。

项目实施的相关专业知识

芥菜属于十字花科芸薹属，一年生或二年生草本，是中国著名的特产蔬菜。芥菜的主侧根分布在深约28cm的土层内，茎为短缩茎。叶片着生在短缩茎上，有椭圆、卵圆、倒卵圆、披针等形状。叶色绿、深绿、浅绿、黄绿、绿色间紫色或紫红。叶面平滑或皱缩。叶缘锯齿或波状，全缘或有深浅不同、大小不等的裂片。花冠为十字形，黄色，四强雄蕊，异花传粉，但自交也能结实。种子为圆形或椭圆形，色泽红褐或红色。中国有极其丰富的籽用、叶用、茎用、芽用和根用芥菜的变种与品种。

一、生产概述

1. 温度特性

芥菜喜冷凉湿润，忌炎热、干旱，稍耐霜冻。适于种子萌发的平均温度为26℃。最适于叶片生长的平均温度为14℃，最适于食用器官生长的温度为8～16℃，但茎用芥菜和包心芥食用器官的形成要求较低的温度，一般叶用芥菜对温度要求较不严格。孕蕾、抽薹、开花结实需要经过低温春化和长日照条件。

2. 光照特性

生长期中遇中长日照时较易抽薹，影响食用器官的生长。芥菜抽薹主要是由于节间伸长进入营养生长的茎，受到温度和日照长度等环境变化的刺激引起的，随着花芽的分化，茎开始迅速伸长，植株变高，此现象称为抽薹。此时，节数的增加受到抑制，仅是节间的伸长。抽薹多发生在二年生长日照植物，可用温度和日照长度处理来抑制或促进抽薹，赤霉素也能促进抽薹，植物矮化剂（CCC）有抑制抽薹的作用。抽薹多发生在叶菜类、根菜类、鳞茎类等二年生蔬菜上，在花芽分化以后，花茎从叶丛中伸长生长，是进入生殖生长的形态标志。

3. 肥水特性

芥菜应适时浇水，随时保持土壤的湿润，生长期间要合理施肥，注重有机肥料的施用。充分发挥肥料的增产作用，是实现芥菜高产、稳产、低成本的一个重要措施。合理配合、互相促进有机肥料和化肥配合，氮、磷配合，是合理施肥的重要原则。

4. 营养价值高

芥菜含有丰富的维生素A、B族维生素、维生素C和维生素D。其具体功效有提神醒脑，芥菜含有大量的抗坏血酸，是活性很强的还原物质，参与机体重要的氧化还原过程，能增加大脑中氧含量，激发大脑对氧的利用，有提神醒脑、解除疲劳的作用。其次还有解毒消肿之功，能抗感染和预防疾病的发生，抑制细菌毒素的毒性，促进伤口愈合，可用来辅助治疗一些疾病。还有开胃消食的作用，因为芥菜腌渍后有一种特殊鲜味和香味，能促进胃、肠消化功能，增进食欲，可用来开胃，帮助消化。

5. 用途广

芥菜含有硫代葡萄糖苷，经水解后产生挥发性的异硫氰酸化合物、硫氰酸化合物及其衍生物，具有特殊的风味和辛辣味。茎用芥菜经加工成榨菜后，其所含的蛋白质分解成16种氨基酸，其中谷氨酸最多，故滋味鲜美，并富含营养，中国以四川和浙江的榨菜最著名。叶用芥菜如大叶芥的叶片或中肋、瘤叶芥的叶柄、包心芥的叶球、分蘖芥的分蘖以及其他类型的芥菜，也都可鲜食或加工。如四川的冬菜和芽菜、贵州的盐酸菜、福建的糟菜和腌菜、广东惠阳的梅菜、浙江的雪里蕻等就是芥菜的叶柄、短缩茎或花薹幼嫩部分的加工品；潮州咸菜是包心芥的加工品。云南大头菜则是根用芥菜的加工品。芥子菜的种子可磨成末，用于调味。

6. 栽培分布广

芥菜原产于中国，为全国各地栽培的常用蔬菜，多分布于长江以南各省。除高寒和干旱地区外，芥菜在我国不存在分布边界。东至沿海各省，西抵新疆维吾尔自治区，南至海南省三亚市，北到黑龙江省漠河市。从长江中下游平原到青藏高原都有芥菜栽培。

7. 植物学特性

（1）根茎　芥菜类蔬菜的根是直根，茎为短缩茎，芥菜有很多变种，变种间的性状也有所差异，根用芥菜的主根非常发达，成为食用的肉质根；茎用芥菜的茎部特别肥大，形成各式各样的形状，有的在茎上面有不规则的瘤状突起，可加工为榨菜。

（2）叶　叶着生在短缩茎上，叶形有椭圆、卵圆、披针等形状，叶绿色或紫色，叶面平滑或皱缩，叶缘锯齿状或全缘，中肋扩大成肩平状或折曲包心结球，叶背具茸毛和蜡粉。

（3）花　薹用芥菜的花薹特别肥大，可供食用；芽用芥菜的腋芽特别发达，肥大的腋芽连同肥大的茎部成为食用部分。

（4）果　果实为短角果。

二、生产茬口

芥菜在春、夏、秋季均可播种。春播于2月下旬至4月下旬播种，4月上旬至6月中旬收获；夏秋季于7~10月播种，9月中旬至第二年3月收获。以8月播种产量最高。冬春低温时，采用塑料棚覆盖，可提高产量，提前或延后上市，效益较高。长江流域及西南、华南各地于冬季或第二年春收获，北方于霜冻前收获。以幼小植株供食用的叶用芥菜在南方可春播或夏播。生长期中遇长日照时较易抽薹，影响食用器官的生长。设施芥菜生产方式与茬口安排见表7-1。

表7-1　设施芥菜生产方式与茬口安排

生产方式		播种期	定植期	收获期
温室生产	冬春茬	9月下旬~11月下旬	直播	11月下旬~第二年3月中旬
	夏茬	7月中旬~9月上旬	直播	9月中旬~第二年3月上旬
	春夏茬	3月上旬	3月下旬~4月上旬	6月下旬~7月上旬

三、生产品种

从国内外的研究和分类方法来看，一般都是依据芥菜的植物学性状而分类的。比较认可的分类方法是将芥菜划分为16个变种，即①根芥：大头芥变种；②茎芥：笋子芥，茎瘤芥，抱子芥；③叶芥：大叶芥，小叶芥，白花芥，花叶芥，长柄芥，凤尾芥，叶瘤芥，宽柄芥，卷心芥，结球芥，分蘖芥；④薹芥。

四、设施茎用芥菜生产的技术要点

1. 培育壮苗

培育壮苗是芥菜丰产优质的关键，当幼苗出现第一片真叶时，进行间苗，间苗时要注意拔除病苗、弱苗、变种苗，将新高脂膜喷施在植物表面，能防止病菌侵染，提高抗自然灾害能力，提高光合作用强度，保护幼苗苗壮成长。

（1）精细整地　选择土层深厚，疏松，富含有机质，地势向阳，排灌方便的土壤。避免选用种植过白菜、莲白、儿菜等十字花科蔬菜的蔬菜地。耕翻不宜太深，畦面务必平整，土块要细，以防种子漏入深处影响出苗。深沟高畦，以利排涝降渍。

（2）适时播种　新翻土地，选择优良品种，适时播种，播种施足底肥、浇透水，整地下种后，再喷洒新高脂膜于土壤表面，可保墒防水分蒸发、防晒抗旱、保温防冻、防土层板结、防窒息和隔离病虫源，提高出苗率。茎用芥菜宜多行育苗移栽，尤其生长期较长、用于腌制的蔬菜。以幼苗供食以小株采收的品种常常直播。育苗可采用苗畦育苗的方式，也可用128 孔穴盘精量育苗。每 667 m² 用种量 20～30g，畦苗每平方米播种量约为 0.5g。苗龄 20～30 天。小苗采收的直接播种，每 667 m² 用种量为 500g 左右。播后轻踏畦面，使种、土紧密接触，浇足水。春、秋低温时，播种后要覆盖地膜，夏季高温暴雨季节覆盖遮阳网，以利出苗整齐。出苗后及时揭去覆盖物。

（3）苗期管理　用湿润细土盖种子 0.5～1cm 厚。在播后的畦面上踏地盖遮阳网。采用全程覆盖隔离育苗的方法，即在播后覆细土或糠灰的基础上，再覆盖遮阳网或其他遮阴物，出苗后及时揭掉遮阳网，搭好拱棚，上覆防虫网，达到避蚜防病的目的。苗期如果遇干旱天气，在清晨用清水或清粪水泼施，其次数和间隔视旱情而定，使土表不出现干裂。第一次匀苗在第二片真叶时，苗距 3cm，去掉杂苗、劣苗、病苗、弱苗，第二次匀苗在第三片真叶时，控制苗距为 6cm，及时除去杂草。苗床地宜保持湿润为主，如果土表干燥，应浇施稀薄粪水或清水。浇水与施肥均宜早晚进行。

（4）施肥作畦　叶用芥菜需肥量少，每 667m² 施用腐熟有机肥 3000kg 左右、复合肥 50kg，充分与土壤混合，做成 1.3m 宽的高畦或平畦，即可进行播种或定植。

2. 及时定植

栽植地宜选用保水保肥力强而又便于排灌的壤土，远离病毒源植物。整地前亩施经堆制腐熟的厩肥 2000～3000kg，深翻 25cm 以上，做成畦宽 1.5m 的包沟，畦高 20cm，以利排水，打透底水后，铺盖地膜待定植。9 月 25 日之前播种的，苗龄为 30～35 天，即可移栽；10 月 3 日以后播种的，苗龄为 38～43 天；两者之间播种的，苗龄为 33～40 天。带土移栽，移栽时，将过长的根系用剪刀剪除。栽后遇干旱应注意浇（灌）水抗旱，确保活棵缓苗。行株距均为 33cm 左右，每亩种植 8000～10000 株。

3. 科学管理

（1）肥水管理　定植后 2～3 天浇水，使其迅速成活，幼苗 2 片真叶时、初次采收前 7～10 天及每次收获后各追肥 1 次，每次每亩施 0.3% 尿素液 1000kg。一般追肥 3 次，第一次轻施；第二次应在定植成活后和第一叶环形成前，亩追浓粪 2000kg 以上；第三次看苗补施，应在肉质茎迅速膨大期进行。施肥方法可采用行间破膜施或畦边掏膜施方式进行。晚秋播种的春前不用施肥，否则生长柔嫩易受冻害，开春后应及时浇水施肥使其营养生长旺盛，组织充实。水分管理要轻浇勤浇，保持畦面湿润。浇水时间以早晚为宜。冬季如果雨水过多，应及时开沟排水，做好防渍工作，同时清除沟边杂草，以防杂草与菜争肥。

（2）中耕除草　在浇水、施肥时，结合进行中耕除草，防止土壤板结从而保持水分，收获时及时拔除田间杂草。

（3）孕蕾期管理　生长过程期尤为重要，孕蕾、抽薹、开花结实需要经过很长的时间，水肥跟上的同时在孕蕾期加喷壮茎灵，可使植物茎秆粗壮、叶片肥厚、叶色鲜嫩、植株茂盛，天然品味浓。同时可提升抗灾害能力，减少农药化肥用量，降低残毒。

（4）主要病虫害防治　在芥菜生产中，较常见的病害主要有病毒病、霜霉病、软腐病、黑斑病、黑腐病等，常见的虫害主要有蚜虫、菜粉蝶、菜蛾、菜螟、甘蓝夜蛾、斜纹夜蛾、黄条跳甲等。

1）农业防治。避免与十字花科蔬菜连作，尤其避免在甘蓝类作物后茬种植十字花科蔬菜。调整播种期，使菜苗 3~5 叶时与害虫盛发期错开。培育壮苗，搞好田间通风排灌。适当浇水，增加田间湿度，既可抑制害虫，又可促进植株生长。冬前深耕、深耙，以减少田间虫源和越冬蛹。田间发现有受害的叶片应随时摘除并深埋。农事操作时，注意减少人畜和农机具与植株的摩擦和伤害，减少伤口。

2）种子处理。用 50% 温水浸种 25min 进行种子消毒，冷却晾干后播种。

3）物理防治。小菜蛾有趋光性，在成虫发生期设置一盏黑光灯或设置频振式杀虫灯，可诱杀小菜蛾。利用银灰膜驱蚜，为避免有翅蚜迁入菜田传毒，可采用银灰色地膜覆盖种植。也可在菜田在播种或定植前间隔铺设银灰膜条避蚜。

4）生物防治。可采用苏云金杆菌、杀螟杆菌和青虫菌粉，兑水 800~1000 倍液，或阿维菌素类药剂喷雾防治菜青虫、菜蛾、斜纹夜蛾等害虫。有条件的可在斜纹夜蛾卵期释放赤眼蜂，每亩 6~8 个放蜂点，每次释放 2000~3000 只，每 5 天放 1 次，持续 2~3 次，使寄生率达到 80% 以上。

4. 采收及处理

植株有 13 片真叶左右为采收适期，采大留小，分次间拔。春播采收 1~2 次，每亩产量约为 1000kg；夏秋播可采收 4~5 次，亩产量为 2500~3000kg。收割宜在晴天上午 10 时前进行，就地晒 1h 后，在薄膜或被单上搓出种子，扬净晾干，切忌曝晒。每亩可收种子 50kg 左右。

5. 留种

留种田需单独建立，选择地势高燥、排水良好、肥力适中的田块，于 9 月下旬至 10 月初播种，每亩用种量约 1kg，撒播均匀。2 月中旬株选 1 次，拔除弱株、杂株，按株行距均约 12cm 保留种株，并追肥 1 次。3 月下旬抽薹，5 月初种荚由青转黄、八成熟时采收。

五、叶用芥菜冬季设施生产技术要点

1. 品种选择

适合冬季种植的优良品种有广东潮州芥菜、中国台湾农友大芥王、泰国正大包心芥菜、福建大叶芥、广西光荠菜、广东南风芥等。

2. 育苗管理

选择地势高燥、土壤肥沃的土地，每 667m² 施 1500kg 腐熟人粪尿加 50kg 过磷酸钙为基肥，翻耕日晒，烧稻草消毒，做厢。每 667m² 地播 50g 种子，可供 1334m² 土地的用苗。播后盖 0.5cm 的细土。在国庆前后播种，11 月上、中旬种植。

3. 间苗定苗

当幼苗出现第一片真叶时进行第一次间苗，拔除徒长苗和变异苗；2 片真叶时第二次间苗，保持苗距为 5cm；5~6 片真叶时定植。生长期间如果长势不好，可用稀薄腐熟的猪粪液加少许尿素追施。育苗期间，要防止蚜虫、跳甲及地下害虫等的危害。

4. 大田管理

（1）合理密植　11 月上、中旬选择冷尾暖头的时间定植。深沟高畦，畦宽 1.0m，行距 50cm、株距 50cm、三角形排列开好种植穴，每 667m² 栽 2600 株左右。将苗放入穴后，每 667m² 用氮磷钾三元复合肥 15kg 加火烧土拌匀后覆盖根部，然后覆土，并适当压紧。

（2）中耕除草　未封行之前，疏松表土，消灭杂草，使土壤通气。注意土不要埋没菜心。沟土要清理均匀，以利于排灌。

（3）肥水管理　定植后淋水，第二天傍晚再淋 1 次水，以后每隔 6～7 天灌溉 1 次。前期以轻灌为主，保持土湿即排。中后期根系发达，可逐渐大水沟灌，但灌水以不过畦面为宜。收菜前一周停止灌溉，以利储运和加工。追肥以氮肥为主，适当增施磷钾肥，以提高抗病能力，增加产量。定植成活后，应薄施腐熟人粪尿水 1 次。第二次追肥结合灌水，每 667m² 施复合肥 7.5kg 加尿素 2.5kg。第三次追肥在发棵后 20 天进行，每 667m² 施复合肥 10kg 加尿素 5kg。最后一次随大水沟灌，每 667m² 施尿素 20kg，另加复合肥 12.5kg，氯化钾 7.5kg。

（4）主要病虫害　芥菜主要发生的病害有软腐病、霜霉病、炭疽病等。软腐病发病初期用农用链霉素 2000 倍液淋根或用可杀得 500 倍液喷雾；霜霉病用雷多米尔或甲霜灵防治；炭疽病用施保功 800～1000 倍液防治。虫害主要有蚜虫、黄曲条跳甲、菜青虫等。蚜虫、黄曲条跳甲可用 10% 大功臣 3000 倍液或安绿宝 1500 倍液防治；菜青虫低龄幼虫期是防治该虫最佳时期，可以用 5% 锐劲特 2500 倍液、抑太保 1500 倍液或阿维菌素 1500 倍液防治。

5. 适时采收

高产栽培收获期在第二年 2～3 月，芥菜一般在始花以前采收，开花后采收品质变差。

六、根用芥菜设施生产技术要点

根用芥菜又名大头菜、辣疙瘩、疙瘩，属于十字花科植物。芸薹属是芥菜的一个变种，为二年生草本植物。以肥大的肉质根为食用产品。由于芥菜辣味浓，大都用作腌渍加工，也有用作炒食和调味。如济南五香疙瘩、云南大头菜等，都是畅销国内外的特产加工蔬菜品种。根用芥菜在我国栽培历史悠久，分布很广，南北各地均有栽培。根用芥菜耐寒力较强，生长前期要求较高的温度，后期则要求较凉爽的气候，日夜有较大的温差，利于光合产物的积累和肉质根的肥大。根用芥菜，在种子萌动后，整个生长期间，都能在 1～15℃ 的温度范围内完成春化阶段。但北方秋季种植的根用芥菜在肉质根充分长大后，已进入冬季，气温低，抑制了花器的生长发展，当年不会发生抽薹现象。第二年栽植后才能正常抽薹开花结籽。

1. 确定播期

根用芥菜，一般于 8 月中旬露地播种，11 月初收拔销售。也有的在 8 月上旬用遮阳网遮阴育苗，待有 4～5 片真叶时进行栽植，提早播种育苗，提早栽植，可延长生长期，提高产量。

2. 生产品种

根用芥菜品种很多，按肉质根的形状，可分为圆锥形和圆筒形两个类型。常见的生产品种主要有以下几个：

（1）济南辣疙瘩　它为济南市郊区地方品种，羽状裂叶、叶大直立、深绿色、叶柄长、肉质根长圆锥形，长 20cm、横径 10cm，生长期 80～90 天，单根重 500～650g。地上部分绿色，地下部分白绿色，皮厚、肉质坚实、根毛少、较抗病，一船亩产 2500～4000kg。

（2）淄博辣疙瘩　它为淄博市地方良种，羽状裂叶、肉质根圆锥形，表皮光滑、根毛少，长 15cm 左右、横径 12～13cm，生长期 80 多天，单根重 500～600g，亩产 3000kg 左右。

（3）花叶根用芥　它为山东胶东半岛地区的农家良种，花叶、肉质根圆锥形，长 14～15cm、横径 8～10cm，生长期 80 天左右，单根重 400g。

（4）诸城大辣根　它为山东诸城高密地方品种，羽状裂叶，肉质根圆锥形，长 16cm、横径 11～12cm，生长期 80～90 天，单根重 700g 左右。

3. 精细整地

根用芥菜对土地的要求不严格，除沙性重、不保肥、不保水的土地外，一般土地均可栽培。栽培根用芥菜土地的前茬一般应是瓜类、豆类和茄果类作物，不要与十字花科作物或芥菜连作。也可与粮食作物和水稻进行粮菜轮作。土壤的 pH 以 6.5～7.3 为最适宜，选择土层深厚、灌溉便利、富含有机质的壤土或黏壤土种植根用芥菜，可获高产。根用芥菜施肥以氮肥为主，其次是钾、磷肥。在肉质根的生长盛期对钾的吸收量最大。播种前施入经腐熟发酵的有机肥 3000～4000kg 或硫酸钾复合肥 40～50kg。深翻耙平后按行距 55～60cm 作垄。垄不宜过高过宽，以高 15cm、宽 35～40cm 为宜，以便灌水和雨后排水。地势较高、土层较厚的地片，也可作平畦。如果畦宽 1.2m 左右，每畦可种 2 行。

4. 培育壮苗

根用芥菜可以育苗移栽，也可以直播。直播的根用芥菜畸形根很少，形状较整齐，产量也较高，加工品质好。为管理方便，充分利用土地，不少地方都采用育苗移栽方式种植根用芥菜。育苗移栽时可作平畦或半高畦，播后覆土浇水，畦面覆盖黑色遮阳网，防止暴雨和强光曝晒，遮阴降温，减轻病毒病的发生。育苗方法与其他芥菜一样。但育苗的播种期要比直播的提前 10 天左右。西南及南亚热带地区育苗播种时间一般都在立秋后的 8 月下旬至 9 月中旬，苗期约为 40 天。育苗时注意适当稀播和间苗，使每株幼苗间距为 7cm 左右，保持每株幼苗有一定的营养面积，才能培育成壮苗用于定植。

5. 提高定植成活率

（1）肥水管理　播种后一般 5～7 天即可出苗。如果天气干旱，则应适时浇水。出齐苗后应结合除草及时间苗 1～2 次。5～6 叶时定苗。育苗移栽的可于 4～5 叶时，起苗移栽定植，一般行距为 55～60cm、株距为 25cm 左右，每亩栽 4000～5000 株。定植后浇水 2～3 次，促进缓苗。

（2）中耕松土　根用芥菜在第一次间苗后，可进行中耕松土除草。追肥应适当早追，一般在定苗后，可结合浇水亩追复合肥 20～30 kg。然后中耕松土 1～2 次。肉质根开始膨大时再亩追硫酸钾复合肥 15～20 kg。追肥后中耕培土，然后灌水，以后要保持土地湿润并根据具体苗情进行追肥。

（3）病虫害防治　根用芥菜在幼苗期主要的虫害是蚜虫、菜螟、菜青虫和菜叶蜂。应经常到田间检查，发现虫害后应及时喷药防治。根用芥菜的病害有霜霉病、病毒病。霜霉病可用 1000～1500 倍液瑞毒霉或 600～800 倍液百菌清或天达裕丰 1000 倍液喷雾防治。其病毒病可参照萝卜病毒病的防治方法防治。

6. 加强管理

（1）间苗和补苗　根用芥菜播种后一般 3～5 天后即可出苗整齐，出苗 20 天左右时，可见两叶一心，要进行间苗，直播的每穴留 3 株健壮秧苗并相互间保持一定距离，再长 10～15 天，就要进行定苗，每穴只留 1 株完好无损的健壮苗。定苗时要注意该品种的特征而去杂去劣假留真，并利用间拔出来的壮苗补植缺穴。补穴的秧苗，要带土补进，不能伤根，保证一次补苗成活。育苗定植的在苗床内出苗 20 天左右时要进行间苗 1～2 次，拔掉过密地方的秧苗，保持苗床内的秧苗均匀健壮。定植时苗床内先要浇透水，再撬苗带土按一定的株行距定植于大田。

（2）追肥除草　直播的当幼苗见两叶一心时，在间苗的同时中耕除草后要追施第一次肥料，这次追肥主要是提苗用，宜轻施，每公顷以农家清粪水 15000kg 兑施 45~60kg 尿素，并要兑进清水施入。定苗后要进行第二次中耕除草并进行第二次追肥，这次追肥是为了下一步肉质根的膨大打下营养基础，可以稍施浓一些，每公顷以农家粪水 2.25 万 kg，兑施尿素 25~60kg，硫酸钾 75~90kg 一并施入。定苗后 15 天左右要进行第三次中耕除草，随后进行第三次追肥，每公顷以农家粪水 22500kg，兑施尿素 75~90kg，硫酸钾 90~120kg。这时雨季已经结束，应结合施肥进行灌溉。以后要根据苗情再追肥 2~3 次，特别是在肉质根膨大期要重施追肥。在整个生长期中的施肥原则是先轻后重，先淡后浓。灌水应实行小水勤灌，切忌大水漫灌，还必须根据天气和土壤的干旱情况灌溉。中耕除草一般进行 3~4 次，第一次进行浅中耕，第二次可进行深中耕 10~15cm，第三次进行浅中耕，第四次要根据苗情轻度中耕，拔除杂草。

（3）摘心　在种植芥菜的主产区，从 10 月下旬至 12 月，常发现有未熟抽薹现象，原因现还没有完全弄清楚。如果遇到这种现象，可随时把薹摘掉。摘掉后根用芥菜肉质根仍然可以膨大，只是要摘得越早越好。因此，在 10~12 月此期间内要经常检查田间，发现一株摘掉一株的薹，有利于根用芥菜肉质根的整齐膨大。

（4）病虫害防治　根用芥菜的虫害主要是菜青虫、蚜虫，病害主要是病毒病。这些病虫害都是十字花科蔬菜一般的病虫害，防治上参照十字花科的病虫害防治方法进行即可。

7. 收获

根用芥菜从播种后到收获的天数，因品种而异。一般霜降后至立冬前收拔。如果收拔较早，叶片鲜绿，也可采收后将叶片用作腌菜的原料。

8. 留种

根用芥菜的留植和繁殖方法基本与秋萝卜相同。采种田要与叶用芥菜、茎用芥菜、其他芥菜品种及芥菜型油菜隔离 2000m 以上，防止自然杂交，确保种子纯度。

任务 30　芥菜设施育苗

一、任务实施的目的

了解芥菜蔬菜的播种方式和定植要点。

二、任务实施的地点

校内外园艺实训基地。

三、任务实施的用具

芥菜种子，整地工具等。

四、任务实施的步骤

1. 直播方式

生长期较短的芥菜一般采用直播方式繁殖。

（1）整地、施基肥、起畦　播种前要进行土壤深翻、晒垄、锄碎，配合施用有机底肥起畦。一般畦高为20～30cm，畦宽为130cm，畦面平整。

（2）播种　一般采用撒播方式，每667 m² 用种量为400g左右。播种后宜覆盖遮阳网。

（3）间补苗及中耕除草　当植株生长至2～3片真叶时可进行间补苗，一般株行距为15cm×20cm。配合间补苗及时中耕除草，疏松表土，做到通气、保水。中耕时宜浅不宜深，避免伤根。

2. 育苗移栽法

生长期较长的芥菜一般采用育苗移栽法繁殖，具体步骤如下：

（1）营养土配制　选择近3年未种植过十字花科蔬菜的塘泥、水稻土或菜园土，晒干后打碎成碎粒，每100kg加入腐熟农家肥4～5kg、复合肥0.2kg、腐熟菇渣8kg等拌匀，配制成疏松、养分充足、保肥保水性能良好的营养土。

（2）穴盘育苗　用育苗盘装营养土至八成满，然后置于温室、塑料大棚、小拱棚等保护环境下育苗。播种前浇足水，每穴播1粒种子，覆盖细土1～2cm，并在覆盖遮阳网后浇透水。每667 m² 用种量为20～30g。

（3）定植　当植株生长至5～6片真叶时进行定植。定植前进行整地、施肥和起畦。定植的株行距一般为30cm×35cm。定植时应尽量防止伤根和根群扭曲，以利生长。

五、任务实施的作业

简述芥菜的播种方式。

子项目2　芽苗菜设施生产

知识点：芽苗菜的植物学特征、芽苗菜生产的特点、芽苗菜的田间管理。

能力点：会认识当地常见的芽苗菜种类；会根据芽苗菜的植物学特征，了解设施栽培管理技术；对当地设施芽苗菜生产情况进行调研，发现存在的问题并就发展设施芽苗菜生产提出可行性建议。

 项目分析

该任务主要是掌握芽苗菜的植物学特征；学会根据芽苗菜的植物学特征，了解设施栽培管理技术；对当地发展设施芽苗菜生产提出可行性建议。要完成该任务必须具备园艺植物学知识，具有掌握设施园艺和植物生理学的能力，才能高效优质栽培。

项目实施的相关专业知识

芽苗菜是利用植物种子或者其他储藏器官，在人工控制条件下直接生长出可供食用的嫩芽、芽苗、芽球、幼梢或幼芽的一类蔬菜。芽苗菜生长迅速，复种指数高，且栽培技术简单，可进行无土立体栽培，具有较高的生产效益。栽培的关键技术是获得生长健壮、储藏丰富、富含养分的营养体，如肉质直根、枝条等。

随着人们生活水平的提高和饮食习惯的改变，绿色食品普遍受到人们的喜爱，人们已不仅仅满足于蔬菜的供应数量，而且更关注蔬菜的外观、品质及食用安全性等质量指标。芽苗菜作为富含营养、优质、无污染的保健绿色食品而受到广大消费者青睐。芽苗菜还具有抗疲劳、抗衰老、抗癌症、减肥、美容等多种功能。因此，芽苗菜已成为一类很有发展前途的新兴蔬菜产业。常见的芽苗菜有香椿芽苗菜、荞麦芽苗菜、苜蓿芽苗菜、花椒芽苗菜、绿色黑豆芽苗菜、相思豆芽苗菜、葵花籽芽苗菜、萝卜芽苗菜、龙须豆芽苗菜、花生芽苗菜、蚕豆芽苗菜等 30 多个品种。

一、生产概述

1. 芽苗菜的发展历史早

我国劳动人民在长期的生产当中，早已认识到一些植物种子的芽和植物的其他幼嫩器官可供食用，并将这一类食品冠以"芽""脑""梢""头""尖""球"等名字，从而表示其品质鲜嫩、口感清脆、营养丰富等特点。在历史文献中多有芽苗菜生产的记载。秦汉时期的《神农本草经》中有："大豆黄卷，味甘平，主湿痹，痉挛，膝痛。"这里的大豆"黄卷"就是指晒干了的黄豆芽。《禹贡》上有"酏千栝柏"的记述。《农政全书》对香椿的作用作了详尽的描述："其叶自发芽及嫩时，皆甘。生熟及盐腌皆可茹。"在宋朝年间春季主芽采摘下最早那一批"红椿芽"是献给皇帝的贡品。民间食用的"柳芽"即是柳枝枝条在春天萌发的嫩芽；"佛手尖"即佛手瓜秧的幼嫩梢头；"菊花脑"即是菊科中一种多年生植物的宿根在春季萌发出的幼芽嫩叶。

2. 芽苗菜类型丰富

芽苗类菜作为营养丰富的优质、保健、高档蔬菜而受消费者的青睐，新颖芽苗菜应运而生，并在蔬菜市场悄然兴起，蓬勃发展。目前在传统的绿豆芽、黄豆芽、蚕豆芽生产的基础上，相继出现了：利用豆类种子生产的赤豆芽、黑豆芽、豌豆芽、小扁豆芽；利用蔬菜及作物种子生产的花生芽、荞麦芽、苜蓿芽、萝卜芽、蕹菜芽、黄芥芽、芝麻芽、香椿芽（种芽）、芥菜芽、芥蓝芽、小麦芽、花椒芽等；利用植物的营养器官，在一定温度、湿度条件下培育生产的香椿芽（树芽）、花椒芽、菊苣芽球、姜芽、胡萝卜芽、白菜芽等。

芽苗菜不但在种类上得到了极大丰富，而且在产品的开拓及栽培上有了较大的改进。如传统的黄豆芽、绿豆芽，仅食用其"短芽"，即子叶和下胚轴部分，而现在的豆类芽苗菜除食用"短芽"外，多食用其"芽苗"，即其下胚轴（子叶出土）或上胚轴（子叶不出土）长到一定高度展出真叶后食用。在栽培技术方面多采用无土、立体、纸床栽培（或使用其他基质），其大面积商品性生产更接近工厂化生产。

3. 芽苗菜营养价值高

芽苗菜的生长是以种子或作物器官中原有储藏的营养物质作为养分来源，通过其生长过程中的分解和转化，将原来种子（或作物营养器官中）不易被人体吸收利用的如蛋白质等营养物质，转化为易被人体吸收的各种氨基酸等营养物质，因而具有极高的营养价值。如萝卜芽含丰富的维生素 C、维生素 A（据日本研究报道，萝卜芽的维生素 C 是苹果的 23 倍，是红橘的 32 倍）以及丰富的矿物质钙、镁、铁、锌等。

芽苗菜还具有神奇的保健作用。芽苗菜除含有蛋白质、多种维生素和矿物质外，还具有神奇的保健作用。如芦笋幼茎还富含天门冬酰胺、天门冬氨酸等，对癌症、心血管病、水肿、膀胱炎等有特殊疗效；香椿芽含有维生素 E 和性激素样物质，具有兴阳、滋阴作用，对不孕者有一定的疗效，有"助孕素"之美誉。春季是食用芽苗菜的黄金季节，因为春季

是维生素 B_2 缺乏症的多发季节。如果人每天摄入的维生素 B_2 低于 0.6mg，则容易患舌炎、口角炎、唇炎、溢脂性皮炎、眼腺炎、角膜炎等病症，而芽苗菜中含有大量的维生素 B_2，春季多食芽苗菜，有助于防止维生素 B_2 缺乏症的发生。

4. 芽苗菜分类

（1）按营养来源分类

1）种芽苗菜。种芽苗菜是指利用种子中储藏的养分直接培育出幼芽菜或幼苗芽，如黄豆芽、绿豆芽、蚕豆芽、黑豆芽等。种芽苗菜划分为种-短芽菜和种-芽苗菜两种类型，种-短芽菜，如黄豆芽、绿豆芽、萝卜芽等，主要食用子叶和下胚轴部分。种-芽苗菜（也称为苗菜类或小植体菜），它的生产是以种子为材料，在芽苗菜生产的基础上，继续见光生长，培育出幼小而且独立的植体，一般在未纤维化前就采收上市，全株都可以食用。如黄豆、绿豆、赤豆、蚕豆以及香椿、豌豆、萝卜、荞麦、蕹菜、苜蓿芽苗菜等，不但可食用子叶和下胚轴而且还可食用上胚轴或柔嫩的真叶，同时又是见光后绿色芽苗。

2）体芽苗菜。体芽苗菜是指利用二年生或多年生作物的宿根、肉质直根、根茎或枝条中积累的养分，培育出的芽球、幼梢或幼芽。用肉质茎培育成的芽球菊苣。由宿根培育成的菊花脑、马兰头、苦荬菜、石刁柏、苣荬菜、红姑娘等。由根茎培育成的姜芽、蒲芽、竹笋、芦笋等。由木本植物的茎和枝条形成的树芽，如香椿芽、刺老芽、枸杞头、花椒脑、柳芽、黄连木芽等。由草本植物的植株形成的尖或嫩梢花蕾，如豌豆尖、佛手瓜尖、南瓜尖、花蕾、辣椒梢、甘薯尖等，可利用其生长期间形成的柔嫩营养器官或花器官作为体芽苗菜。由鳞芽生成的蒜苗、假茎形成的芽葱等，依靠的是肥大鳞芽或假茎所储藏的大量营养物质，在适宜的温、湿度环境下生成体芽苗菜。

（2）按产品方式分类

1）离体芽苗菜。离体芽苗菜是指产品达到采收标准后，将其切割、包装后进行销售的芽苗菜。

2）活体芽苗菜。活体芽苗菜是指产品收获时仍处于正常生长状态，以整盘或整盆活体销售的芽苗菜。

5. 芽苗菜共性

芽苗菜共性主要表现在：绝大多数芽苗菜只是利用种子或营养储藏器官中的营养，在适宜的温、湿、光下生产出所需的产品；无需土壤和施肥；种芽苗菜的生产，只要吸湿纸、珍珠岩、泡沫颗粒（片）、细沙等就可生产；可以进行工厂化生产，不受场地的限制；适宜的温、湿度范围较大，可置于暗或弱光下进行生产；产品柔嫩多汁，不耐储运；芽苗类蔬菜生产时，主要是利用储藏器官中储藏的营养物质，在适宜的温、湿度及见光或遮光下长出产品，既不用土壤，又无须施用肥料，生产周期短，基本上没有病虫害，基本上不与任何污染源接触，是绿色食品；生产效率高，种芽苗菜的产出比可高达 1:（8~10）；生产技术具有广泛的适用性。

6. 芽苗菜生产对环境条件的要求

芽苗菜生产中的环境条件，就是水分、温度、湿度、空气、光照，各种要求的标准如下：

（1）水分标准　种子不是在达到最大吸水量时才满足发芽的需要，而是当吸水量达到最大吸水量的 50%~70%（豆类为 50%，其他为 70%）时就可以满足发芽的需要，充足供给芽苗需要的水分，除了供给自身生长的需要之外，同时还起到排污、带走过量氧气和调节温度的作用。浸种时间过长、水分过多均会造成缺氧窒息，导致发芽受到抑制。芽体生长期缺水则豆瓣萎缩，芽茎瘦长不粗壮，生长缓慢以致停止生长，严重缺水时则芽苗枯死。

（2）温度标准　芽苗菜生长适宜温度为20～25℃，温度高或低不仅会影响到种子的发芽，而且会影响芽苗生长的速度和质量。温度低，产量低；温度高，胚轴细长，品质差。所以要保持适宜温度，不能受外界温度变化的影响太大。

（3）光照标准　豆种如果采取避光条件生产，则芽苗菜子叶浅黄，而采取自然光照培育的芽苗菜则叶绿素含量高，芽苗体见绿，可满足绿色芽苗菜的特点。芽苗菜长到3cm后如果光照不足则易引起下胚轴或茎叶柔长、细弱，并导致侧伏、腐烂和减产。可在牙苗菜长到3cm后采用自然光照或人工照明的方式，提高产品质量从而带来高产。方法：用10～15W的灯泡（橙或红）夜间照明促进芽苗菜碳水化合物的合成，促进植物向高度生长。芽长到3～7cm时采用此方法，长到7cm后可停止光照。

（4）湿度标准　芽苗菜适宜栽培空气湿度为80%，湿度小，生长缓慢，纤维化程度高；湿度大，特别是根部积水时，无论是在高温、低温均会出现烂苗、侧苗倒伏或烂种现象，所以能否培育成功，湿度很关键。

（5）气体标准　在芽长到3cm前，环境氧气的充足，是造成以后芽苗纤维化严重的主要原因。如果在芽长到3cm前控制空气流通，降低氧气的含量，则有利于芽苗胚轴粗壮，质脆鲜嫩。生长前期一天通风一次，即可满足空气清新的要求。

二、生产场地与生产设备

1. 生产场地

生产场地必须具备以下条件：

（1）温度可控　当平均气温高于18℃时，可在露地进行生产。冬季、早春可利用塑料棚等设施进行生产。若进行四季生产，则可选用闲置房舍进行半封闭式、工业集约化生产。设施内要满足芽苗菜生产所要求的适宜温度，因此应有空调或其他加温设施。

（2）光照可控　要满足芽苗菜生产，需忌避强光的一定条件。

（3）湿度可控　具备通风设施，能进行室内自然或强行通风。

（4）生产区域应统一规划　考虑种子储藏库、播种作业区、苗盘清洗区、产品处理区、种子催芽室或车间与栽培室的统筹安排和合理布局。

2. 生产设备

（1）栽培架与集装架　为提高生产场地的利用率，充分利用空间，便于进行立体栽培要使用栽培架。栽培架由角钢组装而成，共分6层，每层可放置6个苗盘，每架共计摆放36盘，底部安装4个小轮（其中一对为转向轮），可随意在生产车间移动组列。

（2）栽培容器和基质　栽培容器宜选择轻质的塑料蔬菜育苗盘，其规格为外径长62cm、宽23.6cm、高3.8cm，内径长57.8cm、宽21.8cm、高2.9cm，平均苗盘自身重量为429g。要大小适当，底面平整，整体形状规范而且坚固耐用。栽培基质应选用清洁、无毒、质轻、吸水持水能力较强、使用后其残留物易于处理的纸张（新闻纸，包装用纸等），白棉布，无纺布，泡沫塑料片以及珍珠岩等，作栽培基质较为适宜。

生产上还需要浸种及苗盘清洗容器、植保用喷雾器或高压喷雾器和产品运输工具等。

三、生产技术要点

1. 种子处理

（1）选种　种芽苗菜对种子质量要求较高，一是种子纯度必须达到 98%；二是种子饱满度要好，必须是充分成熟的新种子；三是种子的发芽率要达到 95%；四是种子的发芽势要强，在适宜的温度下 2～4 天可发齐芽，并具有旺盛的生长势。以香椿芽苗菜为例，因为香椿的种子含油脂高，寿命较短。一般采种后一年左右便完全失去发芽能力，因此购买种子时必须注意，新采的种子为鲜红黄色，种皮无光泽，种仁黄白色，有香味；而存放久了的种子，其种皮为黑红色，有光泽，有油感，无香味。香椿种子的千粒重约为 11g，如果低于8g，即为不饱满种子，则不宜使用。

（2）除杂质　应提前进行晒种和浸选，使其达到剔除虫蛀、破残、畸形、腐霉、特小粒种子和杂质的要求。如香椿芽苗菜播种前要把种子中的杂质、秕粒、种翅等除去，再用55℃温水浸种，浸种时要不停地搅拌至水温下降到 30℃左右，换清水再浸泡 12h 后捞起，用纱布包裹放于 23℃处催芽，每天用温水冲洗 1～2 次，待种芽露出 1～2mm 长时播种。萝卜、苜蓿的种子若质量较好，也可直接投入使用。

2. 选用基质

可用珍珠岩，或珍珠岩、草炭、清洁河沙掺和配成，平摊于栽培盆，厚约为 2.5cm，湿透水。还有更简便的是用两层吸水性强的草纸或白棉布铺于栽培盆的底部，将已催芽的种子播在上面。

3. 栽培容器

生产芽苗菜的用具有栽培容器、喷壶、温度计、水盆、塑料薄膜等。栽培容器可选用塑料育苗盘，也可用塑料筐或花盆，还可用一次性泡膜饭盒。不论选用什么容器，都要使底部有漏水的孔眼儿，以免盘内积水泡烂种芽。大规模生产的最好用立体栽培，设架，用统一的苗盘，可购买现成的轻质塑料盆。一般有长 60cm、高 5cm、宽 24cm 的，与立架规格相适应，以便于叠放，立架不宜太高，有 1.6m 左右的，每架设 4～5 层，间距 40～45cm，以便于操作。播种量为 40～50g/盘，40～300g/m³。用珍珠岩作基质的，播种后仍用珍珠岩覆盖，厚度约为 1.5cm，覆盖后立即喷水；用草纸或布垫底的，直接播种。播后叠盘 5 天左右，待芽苗长达 0.5～1cm 时再放到栽培架上。

4. 浸种

经清选的种子即可进行浸种，浸种时间的长短直接影响芽苗菜的成长状况。以豌豆芽苗菜为例，将精选好的豌豆种倒入塑料盆或桶中，注入 20～30℃的清水进行清洗，反复淘洗几遍，将水倒掉，再注入种子体积 2～3 倍的清水浸泡。春、秋、冬三季可浸泡 8～12h，夏季高温，只需浸泡 6h 即可。浸泡过程中最好淘洗几遍，以释放豆气和热量。浸种可用 30℃左右的温水，也可用 55℃左右的温水。萝卜、白菜类种子浸种 3～4h，其他吸水较慢的种子浸种 24h 左右。一般均在达到种子最大吸水量的 95% 左右时结束浸种，停止浸种后再淘洗 2～3 遍，轻轻揉搓，冲洗，漂去附在种子表皮上的黏液，注意不要损坏种皮，然后捞出种子，沥去多余的水分等待播种。

5. 催芽

当种子吸足水后，即捞出，冲洗干净，置于 20～25℃的温度下催芽，当种子露白时即可播种。也可在浸种后将种子直接播在栽培容器内。

（1）一段式播种与催芽　即浸种后立即播种，并将播完的苗盘摞在一起，每 6 盘为一组，置于栽培架上。这种方法多用于豌豆、萝卜等发芽较快、出苗需时较短的芽苗菜。其作业程序为：清洗苗盘、浸种基质→苗盘内铺基质→撒播种子→叠盘上架→置于催芽室→进行催芽管理→完成催芽后出盘、将苗盘分层放置于栽培架→移入栽培室。

（2）二段式播种与催芽　即播种后进行常规催芽，待幼芽露白后再进行播种和叠盘催芽。这种方法多用于香椿等种子发芽较慢或叠盘催芽期间较易发生霉烂的芽苗菜。其作业程序为：清洗苗盘→盘内铺棉布→放置已浸种的种子→种子上覆湿棉布→上下覆垫保湿盘→置于催芽室→进行催芽管理→完成催芽待播。

6. 播种

播种前首先要对育苗盘进行清洗消毒，做好准备工作，可以用高锰酸钾溶液消毒。然后在育苗盘上铺一层纸，纸一定要卫生，而且吸水性要好，这样有利于幼苗的生长。进行播种的时候，要注意合理密植，不要太密，太密会影响通风，为各种病害创造有利的环境。也不宜过稀，过稀会影响产量。萝卜籽（干籽）为 50 ~ 60g；白菜、芥菜、菜薹等为 15 ~ 20g；落葵、蕹菜为 150 ~ 180g；豌豆为 500g 左右。播后用喷壶淋一遍水，并覆盖一层塑料薄膜保湿。

7. 科学管理

播种后 5 天左右种芽伸出基质，要及时喷水，保持空气相对湿度在 80% 左右，有条件的设施可安装微喷设备，达到均匀、省工的目的，以加快芽苗的生长和取得较柔嫩的产品。喷水要使用细孔喷壶，以防喷倒芽苗，喷水量以苗盘内不积水为度。

（1）温度管理　芽苗菜生长的适宜温度为 20 ~ 25℃，其中萝卜、白菜类芽苗菜要求温度稍低，落葵、蕹菜类芽苗菜要求温度较高。掌握最高温度不超过 30℃，最低温度不低于13℃。因此，夏季要加强通风，喷水降温，遮阴；冬季要加强室内保温。龙须豌豆苗的适宜温度为 18 ~ 23℃，紫苗香椿为 20 ~ 23℃，萝卜苗为 20 ~ 25℃。在管理上要通过暖气、空调等进行温度控制管理。在室内温度能得到保持的前提下，生产车间每天应至少通风 1 ~ 2 次。即使在室内温度较低的情况下，也应进行短时间的"片刻通风"。通风时应忌避外界冷风直接吹拂芽苗，影响芽苗菜生长。

（2）光照管理　芽苗菜生产对光照要求不高，弱光照有利于芽苗菜鲜嫩，生长前期注意遮光，将苗盘放在室内或阳台光线比较弱的地方，要适当遮阴，每 1 ~ 2 天调整一下苗盘的位置，以使生长均匀。当芽苗达一定高度、接近采收期时，在采收前 3 天增加光照，使芽苗绿化。如豌豆苗生长过程中不需要过强的光线，要用 50% 的遮阳网遮阴，夏季用 75% 遮阳网。在苗盘移入生产车间时应放置在空气相对湿度较稳定的弱光区锻炼一天，然后再根据各种芽苗蔬菜对环境条件的不同要求采取不同措施分别进行管理。一般萝卜芽需较强的光照，紫苗香椿次之，龙须豌豆苗则有较广的适应性。

（3）水分管理　整个生长期都要保持芽体湿润。播种后至芽体直立生长前，每天淋水 2 ~ 3 次。芽体直立生长后至收获前，要增加淋水量，每天淋水 3 ~ 4 次。每次淋水量以使芽体全部淋湿同时基质也湿透为度，但不能使栽培容器底部有积水。一般晴天情况下喷 3 ~ 4 次水，喷水要喷透、均匀。阴天情况下喷 1 ~ 2 次即可。喷水量要掌握好，一般前期多喷，后期少喷。春季每天喷淋或雾灌 3 次，保持室内相对湿度在 85% 左右。每次必须洒透。

8. 采收及处理

芽苗菜生长周期短，且以幼嫩的茎叶等为产品，组织柔嫩，易失水萎蔫，因此必须适时收获和销售。芽苗菜上市标准见表7-2。

表7-2　芽苗菜上市标准

芽苗菜种类	产量/(g/盘)	整盘活体销售标准	剪割采收小包装上市标准
豌豆芽苗菜	350~500	芽苗浅黄绿色或绿色，苗高10~15cm，整齐，顶部复叶开始展现或已充分展开，无烂根、烂脖，无异味，茎端7~8cm，柔嫩未纤维化	从芽苗梢部7~8cm处剪开，采用18.5cm×12cm×3.5cm的透明塑料盆作包装容器，每盆装100g，用保鲜膜封覆，或采用16cm×27cm袋装，每袋装300~400g封口上市
香椿芽苗菜	400~450	芽苗深绿色，苗高7~10cm，整齐，子叶充分肥大、平展，心叶未伸出，无烂种、烂根，香味浓郁	带根拔起，采用上述塑料包装上市，或切块活体装盆上市
萝卜芽苗菜	500~600	芽苗翠绿色(或下胚轴红色)，苗高6~10cm，整齐，子叶充分肥大、平展，无烂种、烂根，无异味	带根拔起，采用上述塑料盆包装，或切块活体装盆上市

在适宜的温度下(20~25℃)，萝卜芽、白菜芽5~8天可达采收标准，豌豆芽8~10天可达采收标准。采收时可将芽苗连同基质(纸)一起拔起，再用剪刀把根部和基质剪去。如豌豆芽苗菜合格的产品，其下胚轴长10cm以上，子叶完全展开，未出真叶，未木质化，无烂根、烂种和病害，香味浓郁。采收时带根拔起，清洗干净，作商品生产的宜包装或切块活体装盒上市。一般产量为种子重量的10倍左右。

9. 芽苗菜生产常见问题与对策

(1)种子霉烂　芽苗菜栽培过程中，尤其是在叠盘催芽时，容易发生烂种现象。霉烂多是由破烂、霉烂、失去发芽力的种子在高温、高湿条件下腐烂发霉造成的。良好的种子在长期浸水、通气不良、温度过高或过低的情况下也会霉烂。生产上宜选用良种(切勿采用种皮为绿色或黄色的品种)、淘汰劣种；催芽时必须严格控制浇水量和温度，勿积水，保持适宜的温、湿度和通风。此外苗盘必须进行严格的清洗和消毒。

(2)猝倒病、立枯病及叶斑病的防治　苗期根颈部有水浸状斑，后病斑变褐，幼苗猝倒。豆类芽苗菜的根部、根颈部，豌豆的子叶等部位变黑，幼苗生长缓慢，这类症状均是猝倒病和立枯病的表现。生产上要彻底清洗育苗器具；清洗、曝晒重复使用的基质；采用温汤浸种进行种子消毒；严格控制温度环境，避免温度过高或过低；加强通风，降低空气湿度；减少浇水量和次数，改喷灌为浸水灌，防止空气湿度过大等。萝卜芽苗菜的子叶上有时出现黑色小麻点，这是多种真菌病害侵染造成的。生产上改喷灌为水浸灌水，避免水滴落在子叶上；加强通风，降低空气湿度等。

(3)芽苗不整齐　芽苗不整齐使产品的商品率降低，为使芽苗生长整齐，生产上必须采用高纯度且大小均匀的种子，应做到均匀播种，均匀浇水，水平摆放苗盘，经常进行倒盘，给苗盘创造均匀一致的栽培管理环境，促使芽苗生产整齐一致。

(4)芽苗过老　芽苗栽培过程中，如遇干旱、强光、高温或低温时生长期过长等情况，都将导致芽苗纤维迅速形成。因此，在生产管理中应尽量避免上述情况的出现。在销售过程中，通风透气不良、高温，一时销售不完，时间延长极易纤维化，甚至老化不能食用。如果一时销售不了，则应放在低温处保存。

（5）其他情况　设施生产周期短，管理要求精细，基本上无病害发生，但偶尔也会出现烂种、烂芽或其他病害，必须进行有针对性的防治。

1）绿豆芽长须根：生产绿豆芽时，有时长出的须根又长、又多、又密，影响食用。其主要原因是温度过高，氧气充足，生长迅速，浇水间隔时间太短等。防治措施有：降低室内温度；用冷水淋浇豆芽；将培育豆芽的容器放置于能遮光且有空气流动的场所；尽量减少揭开遮盖物的次数；适当延长浇水间隔时间。

2）豌豆苗烂根：发病初期种子发育不良，种子微泛黑色，在播种床上点片发生，以后逐渐扩大，豌豆苗矮化或停止生长，根部严重腐烂。防治措施有：选择抗烂品种；选用发芽率高的新种子并对生产用种进行严格清选；认真清洗生产容器、用具；加强管理，切忌浇水过量；防止温度过高或过低；及时将烂豆、烂苗剔除。

3）萝卜芽麻点病：萝卜芽子叶展开时，子叶表面出现黑色小斑点，影响外观商品质量。防治措施有：选用抗病品种；适当提高催芽温度，加速出芽；降低空气相对湿度；避免过量播种，造成芽苗拥挤。

4）香椿倒苗：多在发芽后8～10天发生，初期胚茎基部呈水渍状，由白色变成黄褐色并干缩为线状，往往子叶尚未凋萎，而幼苗倒伏贴在苗床上。防治措施有：栽培基质不能连茬使用，否则应进行高温消毒后再用；前期控制浇水，避免基质过湿；加强管理，切忌长时间低温。

5）荞麦芽烂种：荞麦芽在催芽期间烂种，主要原因是高温高湿。防治措施有：严格控制水量；给予适宜温度；注意选用颗粒饱满、发芽率高、无病虫及机械损伤的种子。

任务31　豌豆芽苗菜生产

一、任务实施的目的

了解适合家庭生产的芽苗菜种类，掌握家庭生产的豌豆芽苗菜主要类型。

二、任务实施的地点

园艺实训基地、设施蔬菜栽培实训室。

三、任务实施的用具

育苗盘、喷壶、豌豆、温度计等。

四、任务实施的步骤

1. 选种

种子纯度必须达到98%；种子饱满度要好，必须是充分成熟的新种子；种子的发芽率要达到95%；种子的发芽势要强，在适宜的温度下2～4天可发齐芽，并具有旺盛的生长势。

2. 生产用具

豌豆芽苗菜生产对温度、湿度条件要求较严格，而对光照要求不太严格。生产芽苗菜的用具有栽培容器、喷壶、温度计、水盆、塑料薄膜等。栽培容器可选用塑料育苗盘，也可用塑料筐或花盆，还可用一次性泡膜饭盒。

3. 播种

播前进行浸种催芽，可缩短出芽期和生长周期。浸种可用30℃左右的温水，也可用55℃左右的温水，浸种24h左右。当种子吸足水后，捞出，冲洗干净，置于20～25℃的温度下催芽，当种子露白时播种。

播种前将栽培容器清洗消毒，可用浓度为0.1%的漂白粉水溶液进行消毒，或者用小苏打水溶液清洗，浓度为2%～5%。用药剂消过毒的栽培容器要充分洗刷干净后再使用。播种前先在栽培容器底部铺上四层卫生纸作栽培基质，并将卫生纸用水喷湿（湿透），然后在其上撒播种子。一定要撒播均匀，使种子形成均匀的一层，不要有堆积现象。一般一个长60cm、宽24cm的苗盘，每盘播种量豌豆为500g左右。播后用喷壶淋一遍水，并覆盖一层塑料薄膜保湿。

4. 管理

整个生长期都要保持芽体湿润。播种后至芽体直立生长前，每天淋水2～3次。芽体直立生长后至收获前，要增加淋水量，每天淋水3～4次。每次淋水量以使芽体全部淋湿同时基质也湿透为度，但不能使栽培容器底部有积水。芽苗菜生长的适宜温度为20～25℃。因此，夏季要加强通风，喷水降温，遮阴；冬季要加强室内保温。芽苗菜生产对光照要求不高，弱光照有利于芽菜鲜嫩，所以在生长前期注意遮光，当芽苗达一定高度、接近采收期时，在采收前3天应增加光照，使芽苗绿化。

5. 采收

在适宜的温度下（20～25℃），豌豆芽8～10天可达采收标准。采收时可将芽苗连同基质（纸）一起拔起，再用剪刀把根部和基质剪去。

五、任务实施的作业

1. 简述豌豆芽苗菜种子处理技术。
2. 简述豌豆芽苗菜生产管理要点。

任务32 芽苗菜智能化生产

一、任务实施的目的

了解工厂智能化生产芽苗菜的特点，掌握其生产流程及注意技术。

二、任务实施的地点

园艺实训基地、设施蔬菜栽培实训室。

三、任务实施的用具

生产设备、记录本等。

四、任务实施的步骤

芽苗菜智能化生产主要是通过环控设备与控制计算机系统来实现的，计算机系统的开发是芽苗菜生产实现高效节能的技术所在。

1. 栽培场所选择

为实现周年生产，最好是选择室内。如果是室内，则必须安装适合植物生长的植物生长灯，隔成小间，以利于同时栽培不同生长周期的蔬菜。

2. 种子的选择

选择圆润饱满、成熟的种子，剔除虫蛀、畸形、干瘪等质量差的种子，香椿种子最好是选择未过夏的新种子，荞麦种子要提前 1~2 天晒种。

3. 电场处理

电场可提高种子的活化能，使种子在电场中获得能量，提高种子的吸水强度、呼吸强度同时也可提高种子的新陈代谢水平。同时，可提高种子内酶的活性。经电场处理的种子，有受到强烈的电晕放电的作用，可产生较高浓度的臭氧。这种臭氧是强氧化剂，可杀灭种子表皮上所带的细菌病毒，具有明显的杀菌作用。电场处理的强度和时间根据种子的大小各不相同，生产表明，大种子以 10 万 V 的高压电处理 1~1.5h 为好，而萝卜和香椿种子以 8 万 V 的高压电处理 0.5~1h 为好。

4. 浸种

种子选好后，加入 25℃ 的温水，再放入芽苗菜智能浸种恒温控制设备，把温度调到 25~28℃ 之间开始浸种，浸种的时间根据种子大小各不相同，以种子的胚芽开始露白为准。

5. 播种

育苗盘的孔比较大可铺上经过杀菌、消毒过的新闻纸，播种必须均匀，播种标准以 60cm×25cm×4cm 大小的育苗盘为例，萝卜 100g、绿豆 150g、香椿 100g、花生 250g、荞麦 150g。

6. 上架

架子可采用立体式的结构，在一个 20m²（长 8m×宽 2.5m×高 2.4m）的地方采用立体式的栽培一次可播种 240 盘，当种子放上架后开启智能化芽苗菜控制设备，把设备中智能生产的时间调到第一天，品种选择调到生产用的品种即可，计算机会根据你的品种选择进行智能化的生产。

7. 管理

芽苗菜生产周期短，极少发生病虫害，同时在播种前用高压静电处理后也大大降低了烂种率，减少了病虫害的滋生。

8. 采收

成熟后的芽苗菜要尽快采收，注意减少运输途径和运输路程，活体销售时，注意运输过程中的保湿和遮阴。

五、任务实施的作业

1. 简述芽苗菜种子电场处理原理。
2. 简述芽苗菜智能化生产管理要点。

任务 33　设施芽苗菜生产消毒技术

一、任务实施的目的

了解设施生产芽苗菜环境特点，掌握其消毒方法和技术。

二、任务实施的地点

园艺实训基地、设施蔬菜栽培实训室。

三、任务实施的用具

消毒液（药剂）、杀菌灯、种子等。

四、任务实施的步骤

1. 设施设置

设施可采用温室或塑料大棚，棚膜应采用多功能无滴膜，要求棚室坐北朝南，东西延长，四周采光且便于通风散湿，浇水方便。

2. 棚室消毒

常采用烟剂熏蒸，以降低棚内湿度。方法是每 667m² 用 22% 敌敌畏烟剂 500g 加 45% 百菌清烟剂安全型 250g 暗火点燃后，熏蒸消毒或直接用硫黄粉闭棚熏蒸，也可在栽培前于棚室内撒生石灰消毒。注意消毒期间不宜进行芽苗菜生产。根据大棚面积大小，适当架设几盏消毒灯管。栽培前，开灯照射 30min，进行杀菌消毒，或采用紫色膜、银灰膜等多功能膜作棚膜，也可起到抑菌、避虫效果。

3. 生产工具消毒

栽培架宜采用角钢或红松方木等材料制作。苗盘宜采用轻质塑料制作。浸种用的容器宜采用塑料桶，不能采用铁桶或木桶。栽培前，苗盘、塑料桶用热洗衣粉水溶液浸泡 15min，彻底洗净后，再放入 5% 福尔马林溶液或 3% 石灰水溶液或 0.1% 漂白粉水溶液中浸泡 15min，取出清洗干净后，即可栽培使用。

4. 种子消毒

人工精选出籽粒均匀、饱满、中等大小、色鲜色亮、无破损的新种子，剔除虫粒、霉粒、瘪粒或发芽的种子。然后选择晴天翻晒种子 1~2 天，以增强种子发芽能力。采用温汤浸种的方法，采用 50~55℃ 温水浸种 15min，以杀灭种子内外所带病毒或病菌。或者用药剂浸种，采用 3% 石灰水溶液浸种 45~60 min 或 0.1% 漂白粉水溶液浸泡，搅拌 10 min，取出清洗干净后，再播种。

五、任务实施的作业

简述芽苗菜种子消毒技术要点。

子项目 3　香椿芽设施生产

知识点：香椿芽的植物学特征、香椿芽生产的特点、香椿芽的生产管理。

能力点：会认识当地常见的香椿芽种类；会根据香椿芽的植物学特征，了解设施栽培管理技术；对当地设施香椿芽生产情况进行调研，发现存在的问题并就发展设施香椿芽生产提出可行性建议。

项目分析

该任务主要是掌握香椿芽的植物学特征；学会根据香椿芽的植物学特征，了解设施栽培管理技术；对当地发展设施香椿芽生产提出可行性建议。要完成该任务就必须具备园艺植物学知识，具有掌握设施园艺和植物生理学的能力，才能高效优质栽培。

项目实施的相关专业知识

香椿属于楝科香椿属落叶乔木。它起源于中国，在公元前369~286年即有香椿的记载。从辽宁省南部到华北、西北、西南、华中、华东等地均有分布，主要分布在黄河和长江流域之间。传统的香椿栽培大多处于零散状态，附带采摘嫩芽作为蔬菜。20世纪80年代，菜用香椿得到迅速发展，尤其以山东、河北、河南、安徽、江苏、陕西等省发展迅速，特别是日光温室栽培面积迅速扩大。香椿以嫩芽为食用器官。香椿芽馥郁芳香，营养丰富，可炒食或腌渍。香椿还具有防止感冒和去肠火等药用价值。

一、生产概述

1. 喜温性

香椿主要分布在亚热带至温带地区，适应范围广，抗寒能力随苗树龄的增加而提高，在8~25℃的地区均可栽培。种子发芽适温为20~25℃。在日均温8~10℃时顶芽萌发；12℃时嫩叶展开，但生长缓慢；15℃时春芽抽生加快，易木质化使春芽品质降低。香椿枝叶生长适温为16~25℃，最适温为20~25℃。气温低于8~10℃或高于35℃，枝叶停止生长。香椿的光合适温为22~24℃。成龄大树耐寒能力强，能耐-27~-20℃低温。而一年生实生苗木，若木质化程度低，则耐寒性就差，一般在-10℃则主干会被冻死。

2. 喜光性

香椿喜光忌强光。一年生实生苗的光补偿点为11000lx，光饱和点为30000lx。光照过强，超过40000lx，光合速率迅速下降，表现忌强光的特性。

3. 需水性

香椿喜湿耐旱怕涝。幼苗期最适土壤湿度为85%左右。土壤干旱，生长缓慢。土壤渍水，呈徒长症状，易发生根腐病。故雨后应及时排水防涝。

4. 土壤特性

成龄树对土壤质地要求不严，喜土层深厚肥沃的石灰质土壤。瘠薄的沙石山地或黏重的土壤上均能生长，但生长缓慢。幼龄苗木对土质要求较为严格，以轻壤土或沙质壤土为圃地较为适宜。对土壤pH适应范围较宽，为5.5~8.0。

5. 食用价值高

香椿被称为"树上蔬菜"，食用部分是香椿树的嫩芽。每年春季"谷雨"前后，香椿发的嫩芽可做成各种菜肴。它不仅营养丰富，且具有较高的药用价值。香椿叶厚芽嫩，绿叶红边，犹如玛瑙、翡翠，香味浓郁，营养之丰富远高于其他蔬菜，为宴宾之名贵佳肴。

6. 植物学特性

（1）根　香椿的根系发达，但一年生苗木的侧根粗大，主要水平分布在25cm以上的耕层内。

（2）茎　香椿树干高大挺直，可高达10~30m。一年生实生苗木一般高度为0.6~1.4m。香椿顶端优势极强。在适温下，主枝的顶芽先萌发。顶芽达4~5cm后，其下邻近少数的侧芽才萌动，且缓慢生长。顶芽采摘后，侧芽生长加快。作为食用器官的香椿嫩芽是一年生枝的顶芽和侧芽刚萌发出来的新梢和嫩叶。

（3）叶　子叶椭圆形。初生叶对生，多由3对小叶组成。真叶互生，为偶数羽状复叶。冬季落叶。枝条顶端由鳞片包裹，内含很短的嫩茎和未展开的嫩叶。春季枝条顶端萌发，嫩叶生长展开，初为棕红色，逐渐长成绿色叶片。

（4）花　香椿为聚伞形或圆锥形花序，顶生或腋生。花为两性花，花萼短小、花瓣5枚，5枚发育正常的雄蕊和5枚退化的雄蕊互生，子房5室、卵形，每室有胚珠2枚。5~6月开花。花具芳香气味。

（5）果实与种子　果实为蒴果，有5心室。果实10月成熟，由五角状的中轴开裂。种子椭圆形，扁平，有膜质长翅，红褐色。自然储藏条件下，发芽力可保持半年左右，千粒重10~15g。

7. 生长发育特性

香椿为落叶乔木。实生香椿树从栽植后2~3年开始采摘椿芽，5~6年前为营养生长期，7~10年可开花结实。菜用香椿因连年多次采收嫩梢、摘除顶芽，树势弱，一般不开花。保留顶芽的香椿树，于5月下旬至6月中旬开花，10月中下旬种子成熟。露地种植的香椿树在每年的3月春芽萌动，4月采摘椿芽，6~8月为苗木的迅速生长期，10月下旬落叶后进入休眠期，休眠期为4~5个月。温室种植的，在露地培育苗木，待休眠后在温室假植，1~3月采摘椿芽。

二、生产方式

1. 普通栽培

香椿的繁殖分为播种繁殖和分株繁殖（也称根蘖繁殖）两种。

（1）播种繁殖　由于香椿种子发芽率较低，因此，播种前，要将种子加新高脂膜在30~35℃温水中浸泡24h，捞起后，置于25℃处催芽。至胚根露出米粒大小时播种（播种时的地温最低在5℃左右），上海地区一般在3月上中旬播种。出苗后，2~3片真叶时间苗，4~5片真叶时定苗，行株距为25cm×15cm。

（2）分株繁殖　可在早春挖取成株根部幼苗，植在苗地上，当第二年苗长至高度为2m左右时，再行定植。也可采用断根分蘖方法，于冬末春初，在成树周围挖60cm深的圆形沟，切断部分侧根，而后将沟填平。由于香椿根部易生不定根，因此断根先端萌发新苗。第二年即可移栽。移栽后喷施新高脂膜，可有效防止地上水分蒸发，防止苗体水分蒸腾，隔绝病虫害，缩短缓苗期。

香椿苗育成后，都在早春发芽前定植。大片营造香椿林的，行株距为7m×5m。植于河渠、宅后的，都为单行，株距5m左右。定植后要浇水2~3次，以提高成活率。

2. 矮化密植栽培

它的育苗方法与普通栽培相同，只是在栽植密度和树型修剪方面不同。一般每 667m² 栽 6000 株左右。树型可分为多层型和丛生型两种。多层型是当苗高为 2m 时摘除顶梢，促使侧芽萌发，形成 3 层骨干枝，第一层距地面 70cm，第二层距第一层 60cm，第三层距第二层 40cm。这种多层型树干较高，木质化充分，产量较稳定。丛生型是当苗高为 1m 左右时即去顶梢，留新发枝只采嫩叶不去顶芽，待枝长为 20～30cm 时再抹头。其特点是树干较矮，主枝较多。

3. 保护地栽培

将栽植在温室(或管棚)的矮化密植香椿，到 11 月中旬(指华北南部)进行扣膜。或者将已通过休眠的 2～3 年苗木假植于温室(或管棚)内。室(棚)内温度白天保持在 18～24℃，夜温不低于 12℃，经 40～45 天，就可采食嫩叶。

三、生产品种

我国香椿品种很多，香椿品种不同，其特征与特性也不同。依芽苞和幼叶颜色香椿可分为以下两种：

1. 红香椿

主要品种有红油椿和黑油椿。红香椿一般树冠都比较开阔，树皮灰褐色，初出幼芽绛红色，有光泽，香味浓郁，纤维少，含脂肪多，品质佳。

2. 绿香椿

主要品种有青油椿和藁椿。绿香椿，树冠直立，树皮绿褐色，椿芽嫩绿色，香味淡，含油质较少，品质稍差。

四、香椿芽设施生产技术要点

1. 浸种催芽

先用手搓去种翅。用 10% 甲醛溶液浸种 20min，用清水冲洗干净，再用清水浸种 12～24h。在 20～25℃ 下催芽 3～5 天后，有 30% 以上的种子出芽即可播种。

2. 施足基肥

育苗床宜用阳畦或塑料小棚以便提早播种培育大苗，也可露地育苗。苗床深翻整平，施入腐熟有机肥 60000～75000kg/hm²，并配合施入磷、钾肥 750 kg/hm²。作平畦，宽 1.0～1.5m。

3. 精细播种

播种期宜在春季 3～4 月。撒播的，浇足底水后撒籽，覆土厚度为 1cm，播种量为 45～60kg/hm²。条播的开沟 2～3cm 深，行距为 30～40cm，沟内条播种子，覆土厚度为 2～3cm，播种量约为 22.5kg/hm²。播种后覆盖地膜提温保湿。拱土出苗时撒地膜。

4. 科学管理

香椿的田间管理虽粗放，但为了使其生长快、产量高，还要注意肥水和病虫害防治工作。如果天气干旱，应及时浇水；每年要中耕松土，在行间最好套种绿肥，5 月间翻压入土。

(1)温度管理　设施育苗的保持白天温度为 20～25℃，夜间温度为 15℃ 左右。出苗后间苗2~3次，保持苗距为5~6cm。当苗高为10~15cm时分苗。分苗行距为30cm，株距为20cm。栽植扣膜后，保持白天18~24℃，夜间不低于10℃，以促进萌芽和椿芽生长。严寒季节要加强保温防寒。据观察，棚温在25℃左右，经24h嫩芽可长3~4cm；而在15℃情况下，只长1cm；棚温超过35℃时，影响椿芽的着色和品质。

(2)湿度管理　香椿幼苗喜湿耐旱怕涝。幼苗期应勤浇小水，见湿见干，并结合中耕松土除草。雨季要注意排水防涝。若室内湿度过大，可在中午放顶风排湿。

温棚中栽的苗木，根系吸水能力差，因而初期宜保持较高的土壤湿度和空气湿度，栽植后要浇透水，以后视情况浇小水。空气相对湿度保持在85%以上，晴天还要向苗木喷水，以防失水干枯。萌芽后，空气相对湿度以70%为宜，湿度过大，不仅发芽迟缓，且香味大减，应及时放风排湿。

(3)光照管理　香椿喜光，应尽量选用无滴膜，白天及时揭开草苫、纸被，还要经常清扫膜上杂物，以增加光照，若光照过强，可适当盖草遮阴。

(4)营养管理　肥料以钾肥需求较高，每300 m²的温棚，底肥需充分腐熟的优质农家肥2500kg左右、草木灰75~150kg或磷酸二氢钾3~6kg、碳酸二铵3~6kg。每次采摘后，根据地力、香椿长势及叶色，适量追肥、浇水。

(5)移栽管理　定植时浇足水。萌芽期利用向枝干喷水来补充水分，喷水宜在中午进行。第一次采收后，随浇水追施尿素200~300kg/hm²。如果采收期长，还可再追肥1~2次。

6~8月是幼苗迅速生长期，可结合浇水追施速效性肥料2~3次，每次尿素150~250kg/hm²，并适量配合磷、钾肥。立秋以后，减少浇水和停止氮肥追施，防止苗木贪青生长，促使苗木木质化和加粗生长。

(6)矮化苗木

1)多效唑处理。为培育适合日光温室的矮化苗木，使株高不超过1.0m，可于7月中旬株高60cm左右时喷洒15%多效唑200~400倍液2~3次。以控制顶端优势，促进分枝迅速生长，达到矮化栽培。

2)摘心矮化法。当年播种的苗干为40~50cm高时摘去顶心，促进侧枝生长，确保树冠多分枝、多产椿芽，达到高产优质的目的。摘心长度为15~20cm，以促使形成2~3个分枝，将来形成饱满的顶芽。摘心时期宜在7月上旬至7月下旬。矮化树型的培养可分4种。

①多台型。即苗高近2m时，摘除顶梢促发侧枝和腰枝，从地径算起，大致各层次分别按40cm、60cm、70cm的距离，留3盘腰枝作为骨干枝采收椿芽，这种树型的特点是树干高、木质化充分、抗寒旱性能好、产量稳定。

②扫把型。即苗高1m左右时，抹掉顶梢促发侧部椿头，对新发椿头只采嫩叶不打顶，待这些侧部椿头长为20~30cm时，再抹掉顶梢，促发新芽进行采收，这类树型，每株要保持4~5个椿头。

③矮秆密集型。即直播密植香椿苗长至1m时就摘除顶梢促发新芽，不定期地视嫩芽生长情况及时采收。

④矮林丛状型。即接山坡地矮林丛植的密度每穴3~5株，苗高1.5m时，摘除顶梢，促发新枝新芽，使每穴保持15个以上的椿头，供采嫩芽。

(7)套隔光薄膜袋　谷雨后地温在18℃以上时即可撤掉棚膜，让树苗自然生长。此后树苗虽发育较快，但容易老化，应及早准备黑红两层两色聚乙烯薄膜袋，当香椿芽长到5cm时，即可套上隔光薄膜袋。这样做既可增加产量，又可保证椿芽不老化。当椿芽长到15cm时，连袋一起采下，然后去袋销售。这种薄膜袋可多次利用。

（8）主要病虫害防治　虫害有香椿毛虫、云斑天牛、草履介壳虫等，可用杀螟杆菌等农药防治；病害有叶锈病、白粉病等，可用波尔多液、石硫合剂等药剂防治。

5. 香椿芽采收及处理

普通栽培和矮化密植栽培的香椿，一般在清明前发芽，谷雨前后就可采摘顶芽。这种第一次采摘的，称为头茬椿芽，不仅肥嫩，而且香味浓郁，质量上乘；以后根据生长情况，隔15~20天，采摘第二次。新栽的香椿，最多收2次，3年后每年可收2~3次，产量也相应增加。至于保护地栽培的，通过加温，冬季也可采摘。如果不加温，则可在早春提前供应树芽。在正常管理下，从栽植至萌芽约需40天，从萌芽至采收需7~12天。但香椿苗木萌芽早晚相差可达20~30天。因此为春节上市时达产量高峰，应保证扣膜后有60~70天的生长期。

采收一般在芽长15~20cm时进行。采收用剪刀剪芽，不宜用手掰芽，以免损伤树体，破坏隐芽的再生能力。顶芽整芽采收，侧芽留1~2片羽状复叶，用剪刀剪下。一般7~10天采收1次。至清明节停止采收，将根株栽入露地进行平茬，培养第二年日光温室生产用的苗木。采下后要整理扎捆，一般每50~100g为1捆，装入塑料袋内封好口，防止水分散失。

6. 香椿种子采收及储藏

（1）种子采收　香椿树幼树不能开花结籽，当树龄达到7年以上时开始开花结籽。香椿种子要适时采收，采收过早种子未成熟，播种后出苗率低；采收过晚种皮开裂，种子易散失。北方地区一般以10月中旬为适宜采收期。采收前（9月下旬至10月上旬）叶面喷施0.1%的磷酸二氢钾溶液，促进果实籽粒饱满、整齐，提高种子的质量和产量。当果皮颜色由绿变黄，种子尚未开裂、籽粒饱满、外观亮丽、香味浓郁时，表明内部种胚已经成熟，就要及时采收。由于同株树上果实成熟度不一致，应先采收树冠顶部向阳的果实，再根据果实颜色采收中下部的果实，以保证整批种子质量整齐一致。采收时用顶端绑有铁钩的长杆旋转采摘，将整个果穗摘下。

（2）种子储藏　采收后的果实切忌曝晒，应放在阴凉通风处晾干。晾晒到含水量低于12%时，除去杂质，装入麻袋内，放在通风干燥处，严禁用塑料袋装存。也可以用两倍于种子量的细沙与种子混合装入缸中，置于1~5℃环境条件中储存，以使种子安全越冬。在采收直至储存过程中，切记不能将种子上的膜状翅脱掉，以免影响种子的发芽率。香椿种子的发芽率只有60%左右，储存期以半年为佳，超过半年发芽率逐渐降低，一年后发芽率几乎为零。

五、香椿矮化设施生产技术要点

1. 培育壮苗

（1）选择优质种子　选当年的新种子，种子要饱满，颜色新鲜，呈红黄色，种仁黄白色，净度在98%以上，发芽率在40%以上。

（2）保温催芽　为了出苗整齐，需进行催芽处理。催芽方法是：用40℃的温水，浸种5min左右，不停地搅动，然后放在20~30℃的水中浸泡24h；种子吸足水后，捞出种子，控去多余水分，放到干净的苇席上，摊3cm厚，再覆盖干净布，放在20~25℃环境下保湿催芽。催芽期间，每天翻动种子1~2次，并用25℃左右的清水淘洗2~3遍，控去多余的水分。有30%的种子萌芽时，即可播种。

（3）适时播种　选地势平坦、光照充足、排水良好的沙性土和土质肥沃的田块作育苗地，结合整地施肥，撒匀，翻透。在1m宽畦内按30cm行距开沟，沟宽5~6cm，沟深5cm，将催好芽的种子均匀地播下，覆盖2cm厚的土。

（4）幼苗管理　播后7天左右出苗，未出苗前严格控制浇水，以防土壤板结影响出苗。当小苗出土长出4~6片真叶时，应进行间苗和定苗。定苗前先浇水，以株距20cm定苗。当株高为50cm左右时，进行苗木的矮化处理。用15%多效唑200~400倍液，每10~15天喷1次，连喷2~3次，即可控制徒长，促苗矮化，增加物质积累。在进行多效唑处理的同时结合摘心，可以增加分枝数。

2. 定植与管理

（1）整地施肥　日光温室栽培香椿一定要施足底肥。每亩施优质农家肥不少于5000kg，过磷酸钙不少于100kg，尿素25kg，撒匀深翻。然后整畦栽苗，一般畦宽为80~100cm。

（2）定植密度　定植密度以每亩定植30000株左右，株距15cm、行距15cm为宜。

（3）精细管理　温度管理，开始几天可不加温，使温度保持在1~5℃以利缓苗。定植8~10天后在大棚上加盖草苫，白天揭开，晚上盖好。使棚内温度白天控制在18~24℃、晚间12~14℃。在这种条件下经40~50天即可长出香椿芽。激素调节，定植缓苗后用抽枝宝进行处理，对香椿苗上部4~5个休眠芽用抽枝宝定位涂药，1g药涂100~120个芽，涂药可使芽体饱满，嫩芽健壮，产量可提高10%~20%。湿度调节，初栽到温室里的香椿苗要保持较高的湿度。定植后浇透水，以后视情况浇小水，空气相对湿度要保持在85%左右。萌发后生长期间，相对湿度以70%左右为好。光照调节，日光温室香椿生产，要有较好的光照才能促进生长。采用无滴膜，并保持棚膜清洁。

3. 采收

香椿芽在合适的温度条件下（白天18~24℃、晚上12~14℃）生长快，呈紫红色，香味浓。温室加盖草苫后40~50天，当香椿芽长到15~20cm，而且着色良好时开始采收。第一茬椿芽要摘取丛生在芽薹上的顶芽，采摘时要稍留芽薹而把顶芽采下，让留下的芽薹基部继续分生叶片。采收宜在早晚进行。温室里的香椿芽每隔7~10天可采1次，共采4~5次，每次采芽后要追肥浇水。

4. 储藏

为了提高香椿芽的产品质量，解决香椿芽采收后极易脱叶腐烂和变色走味的问题，可用下列方法进行储藏保鲜。

（1）地下室堆藏　在地下室或通风凉爽处，先在地面洒水，然后将香椿平堆在席上，厚约10cm，用鲜草或塑料薄膜遮盖保湿，可保藏5~7天。在产芽的旺季采用地下室堆藏，能分散高峰，均衡供应市场。

（2）浸蔸储藏　将大小相当的香椿芽基部理齐，捆成小把，竖立在盆或池中，加入清水，水深为3~5cm，浸泡1昼夜，再装入筐中，可保存1个星期。

（3）塑料袋封藏　用40cm×50cm或35cm×25cm的塑料袋，将捆成小把的鲜芽装入袋中，封存10~20天。中途可开袋换气1次。

(4)速冻储藏　用热水流动浸烫,然后放在 −20 ~ −15℃ 的低温中迅速冻结,温度保持在 −15 ~ −10℃ 储藏。解冻时用 5% ~10% 柠檬酸喷淋,以保护色香味,防止腐败。

(5)冷冻储藏　将香椿芽捆成小把,用吸附大蒜精油的氟石或直接用 0.01% 的氢基嘌呤保鲜剂喷洒,晾干后装入塑料袋中(塑料袋厚 0.7mm 以上),扎紧袋口,置冷库中,温度保持在 −1 ~0℃ 之间。每隔 10 ~15 天可开袋换气 1 次,保持袋内氧气含量不低于 2%,二氧化碳的含量不超过 5%,可保质 55 ~60 天。大规模集约化生产一定要搞好冷库建设。

任务 34　香椿活体种芽生产

一、任务实施的目的

了解香椿种子的发芽特性,掌握香椿种芽菜生产技术。

二、任务实施的地点

园艺实训基地、设施蔬菜栽培实训室。

三、任务实施的用具

育苗盘、喷壶、温度计等。

四、任务实施的步骤

香椿活体种芽无土栽培,不使用任何基质,经试验比较,比通常使用的方法更为简便。生产周期短,在适宜温度下仅需 15 ~20 天就可长成。产量高,经济效益好,1kg 干种子可产种芽 8 ~9 kg。生产期间不施用任何化肥、农药,属于无公害蔬菜。

1. 技术要点

(1)选种　隔年的种子发芽率极低,要求生产用种必须是当年的新种。

(2)浸种　将种子搓掉翅,簸净,清除杂质,用 55℃ 温水浸种,搅拌均匀,放置 12h,使种子吸足水分。

(3)催芽　将泡好的种子捞出,沥水,放在铺有湿报纸的塑料盘中,厚度为 2 ~3cm,将盘放在 20 ~25℃ 温度下催芽。催芽过程中要勤翻动,每天至少翻动两次,使种子发芽整齐。

(4)分盘　催芽 4 ~5 天后,当芽长为 1cm 左右时,将种子用手抓起均匀地分撒在铺有湿报纸的塑料盘中,以种子撒满盘底为宜,然后喷水,以纸上有少量存水为好。

(5)日常管理　在此期间应注意定时喷水,每天喷水 2 ~3 次,水不要淹没种子,温度保持在白天 25℃ 左右,夜间 10℃ 左右,注意保湿。这样 5 ~6 天后香椿胚芽开始拱起,再经 5 ~6 天长到 10cm 左右高,子叶完全展平时即可食用。从浸种到长成,在 10 ~25℃ 条件下需 15 ~20 天。

2. 生产条件

1)冬春季可在室内或大棚生产,夏季高温季节停止生产,香椿种芽生长适宜温度为 10 ~25℃,栽培时首先考虑满足其温度要求。

2)为节约空间可采用立体栽培,用角铁、钢筋、竹木等制作栽培架,栽培架设 3 ~5

层，每层间距以 30～40cm 为宜。如果在室内少量生产可将塑料盘摞起来培养。

3）育苗盘。选用轻质底部带网眼的塑料盘，大小以长 30cm、宽 25cm、高 5cm 为宜，便于操作。

4）喷水装置，一般使用细眼的手持喷壶或喷雾器。

5）保湿。从催芽开始，采用塑料盘套塑料袋或加盖塑料薄膜等方法进行保湿。

6）生产前期需遮光，当种芽长到 8～9cm 时再见光，晒 1～2 天，使之变绿。

五、任务实施的作业

简述香椿种芽生产技术要点。

任务35　香椿促控调节技术

一、任务实施的目的

了解香椿的生长发育规律，能正确掌握促控调节技术。

二、任务实施的地点

园艺实训基地。

三、任务实施的用具

香椿、聚乙烯薄膜袋等。

四、方法和说明

1. 温度、湿度及光照调节

（1）温度调节　扣棚后 10～15 天是缓苗期，应提高温度，白天棚温控制在 30℃ 左右。萌芽后，白天温度控制在 25～30℃，晚上温度控制在 13～17℃。采芽期温度控制在 18～25℃。

（2）湿度调节　温棚中栽的香椿根系吸水能力差，因而初期应保持较高的土壤和空气湿度，栽植后要浇透水，以后视情况浇小水。空气相对湿度应保持在 85% 左右，晴天还要向香椿喷水，以防失水干枯。萌芽后，空气相对湿度以 70% 左右为宜。

（3）光照调节　香椿喜光，应尽量选用无滴膜，白天及时揭开草苫、纸被，还要经常清扫膜上杂物。若光照过强，可适当盖草遮阴。

2. 打顶促分枝

在采摘第二茬香椿时，可将其顶部同时摘掉进行定干（从离地面 40cm 处打顶）。定干后喷洒 15% 的多效唑溶液，浓度为 200～500mg/kg，以控制顶端优势，促进分枝迅速生长。此后根据香椿生长情况，应及时打顶、打杈，确保树冠多分枝，多产香椿芽。

3. 水肥管理

香椿为速生木本蔬菜，需水量不大，钾肥的需求量较大，每亩温棚可施充分腐熟的优质农家肥 2500kg 左右、磷酸二氢钾 3～6kg。每次采摘后，可根据地力、香椿长势，适量追肥、浇水。

4. 套袋处理

春季地温稳定在 18℃左右时即可撤掉棚膜，让香椿自然生长。此后香椿虽发育较快，但容易老化。当香椿芽长到 5cm 长时，用黑红两层两色聚乙烯薄膜袋套上。此方法既可增加产量，又可保证香椿芽不老化。薄膜袋可多次使用。

五、任务实施的作业

香椿促控技术有哪些？

复习思考题

1. 简述芥菜的生物学特性。

2. 芥菜的田间管理具体措施有哪些？

3. 芽苗菜生产环境有何特点？

4. 香椿矮化栽培技术要点有哪些？

项目 ⑧

设施蔬菜产业发展

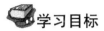 **学习目标**

通过学习，掌握蔬菜无公害生产技术，会进行无公害蔬菜产品的认证；掌握蔬菜标准化生产技术；针对蔬菜流通存在的问题，会提出针对性措施。学会对蔬菜农药残留进行快速检测。

工作任务

能熟练进行蔬菜无公害生产，生产出无公害蔬菜产品并开展产品认证。能开展蔬菜标准化生产；学会指出蔬菜流通中存在的问题，并采取针对性措施。学会蔬菜的质量检测方法。

子项目1 设施蔬菜无公害生产

知识点： 无公害蔬菜的定义、无公害蔬菜生产的技术、无公害蔬菜产品的认证。

能力点： 能熟练进行蔬菜无公害生产，生产出无公害蔬菜产品并开展产品认证。

项目分析

该任务主要是针对设施蔬菜生产的情况，发展蔬菜无公害生产，对当地发展无公害蔬菜提出可行性建议。要完成该任务必须具备无公害蔬菜生产的技术、无公害蔬菜产品的认证知识，具有调研当地设施蔬菜生产的能力，才能提出合理化建议。

项目实施的相关专业知识

进入21世纪，随着生活质量的提高和自我保护意识的增强，人们对蔬菜的要求已从数量型转向质量型，高品质的无公害蔬菜正日益受到人们的青睐。无公害蔬菜是指产地环境、生产过程和产品质量符合国家或农业行业无公害食品相关标准，经有关部门认证并使用无公害食品标志的蔬菜产品。

一、无公害蔬菜的标准

无公害蔬菜产品中的农药、重金属、硝酸盐、病原微生物等有害有毒物质含量（或残留量）等各项指标均符合我国无公害蔬菜卫生指标规定（表8-1）。在目前的条件下，只能有相对的标准，不能用绝对的标准来衡量。归纳起来，无公害蔬菜除风味、营养含量合理外，还必须满足以下条件，无公害蔬菜生产才能随着市场日益增大的需要而迅猛发展。

表 8-1 我国无公害蔬菜上的卫生指标规定

项 目	高残留限量/(mg/kg)	项 目	高残留限量/(mg/kg)
汞	0.01	氰戊菊酯*	≤0.05(块根类菜)，≤0.2(果菜类)，≤0.5(叶菜类)
氟	1.0	甲胺磷*	不得检出
砷	0.5	亚胺硫磷	0.5
铅	0.2	辛硫磷	0.05
镉	0.05	抗蚜威	1.0
滴滴涕	0.1	喹硫磷	0.2
甲拌磷*	不得检出	五氯硝基苯*	0.2
杀螟硫磷	0.5	三唑酮	0.2
倍硫磷	0.05	敌百虫	0.1
敌敌畏	0.2	灭幼脲	3.0
乐果	1.0	氧化乐果*	不得检出
马拉硫磷*	不得检出	呋喃丹*	不得检出
对硫磷*	不得检出	粉锈宁	0.2
乙酰甲胺磷	0.2	克螨特	2(叶菜)
毒死蜱	1.0	噻嗪酮	0.3
多菌灵	0.5	硝酸盐(NaNO₃ 计)	≤600(瓜果类)，≤1200(叶菜、根茎类)
百菌清	1.0		
代森锰锌	0.5	亚硝酸盐*(NaNO₂ 计)	4
2,4-D	0.2		
溴氰菊酯	≤0.2(果菜类)，≤0.5(叶菜类)		

注：1. 打 * 号为必测项目。

　　2. 其他测定项目可根据田间农药情况而定。

1. 农药残留量不超标

无公害蔬菜不含有禁用的高毒农药，其他农药残留量不超过允许标准。

2. 硝酸盐含量不超标

食用蔬菜中硝酸盐含量不超过标准允许量，一般控制在 432mg/kg 以下。

3. "三废"等有害物质不超标

无公害蔬菜必须避免环境污染造成的危害，商品菜的"三废"和病原微生物的有害物质含量不超过标准允许量。

二、无公害蔬菜生产的环境质量要求

蔬菜基地的环境对蔬菜生产的影响极大，一是影响商品菜的产量，二是影响商品菜的质量。因此，对蔬菜基地的建设和规划，要有严格的要求。

1. 大气质量

大气与蔬菜地上部直接接触，其质量状况直接影响到蔬菜的品质。因此，无公害蔬菜的产地要远离可能造成有害气体排放的化工厂和主要交通线及城市居民聚集区，以防止二氧化硫、氮氧化物、氟化物和粉尘的污染。无公害蔬菜生产区与工矿企业之间要有不少于2km的间距，与主要交通线之间有不少于100m的间距。环境空气质量指标见表8-2。

表8-2　环境空气质量指标

项　　目	浓　度　限　值	
	日平均	1h平均
总悬浮颗粒物(标准状态)/(mg/m³)　≤	0.30	—
二氧化硫(标准状态)/(mg/m³)　≤	0.15	0.50
二氧化氮(标准状态)/(mg/m³)　≤	0.12	0.24
氟化物(标准状态)　≤	7μg/m³	20μg/m³　≤
	1.8μg/(dm³·天)	—

注：1. 日平均指任一日的平均浓度。

　　2. 1h平均指任1h的平均浓度。

2. 土壤质量

土壤是蔬菜生长发育的场所，既能提供蔬菜生长发育必需的营养物质，同时也或多或少含有镉、汞、砷、铬、六六六、滴滴涕等有害重金属和有毒物质，影响蔬菜和人类的身体健康。因此，无公害蔬菜产地的土壤要有良好的物理和化学性状，即土层深厚、结构良好、中性反应、有机质和养分含量高、有害有毒物质残留量在规定指标以下。土壤环境质量指标见表8-3。

表8-3　土壤环境质量指标

项　　目	含　量　限　值		
	pH<6.5	pH6.5~7.5	pH>7.5
镉/(mg/L)　≤	0.30	0.30	0.60
汞/(mg/L)　≤	0.30	0.50	1.0
砷/(mg/L)　≤	40	30	25
铅/(mg/L)　≤	250	300	250
铬/(mg/L)　≤	150	200	250
铜/(mg/L)　≤	50	100	100

注：以上项目均按元素量计，适用于阳离子交换量>5cmol（+）/kg的土壤，若≤5cmol（+）/kg，其标准值为表内数值的半数。

3. 灌溉水质量

植物生长离不开水。水是植物进行光合作用的重要原料，也是营养物质和有害物质的溶剂，水质的好坏关系到产品质量的好坏。因此，农田灌溉水中的重金属、氯化物、氰化物、氟化物和石油类等有害、有毒物质含量必须低于为浇灌水规定的指标，避免使用未经无害化处理的工业废水和城镇生活污水。灌溉水质量指标见表8-4。

表 8-4　灌溉水质量指标

项　目	浓度限值	项　目	浓度限值
pH	5.5 ~ 8.5	铬（六价）/（mg/L）　≤	0.10
化学需氧量/（mg/L）　≤	150	氟化物/（mg/L）　≤	2.0
总汞/（mg/L）　≤	0.001	氰化物/（mg/L）　≤	0.50
总镉/（mg/L）　≤	0.005	石油类/（mg/L）　≤	1.0
总砷/（mg/L）　≤	0.05	粪大肠菌群/（个/L）　≤	10000
总铅/（mg/L）　≤	0.10		

三、无公害蔬菜生产技术

1. 选择合适的栽培种类与优良品种

当前市场上的蔬菜优良品种很多，但是每一个优良种都有局限性，不可能十全十美。因地制宜地选用抗病性和抗逆性强、丰产优质的新品种是减少农药使用和降低农药残留污染的有效途径。各蔬菜基地应根据当地的土壤、生态与气候条件以及主销市场情况，有针对性地发展 2 ~ 3 个重点品种，并通过提高质量、扩大规模，逐步形成有竞争力的品牌。

2. 培育壮苗

培育壮苗是无公害蔬菜生产的一个重要环节，是争取季节、经济利用土地和实现早熟高产的重要措施，也是预防和减轻蔬菜大田病虫害的重要技术措施。

（1）种子消毒　种子消毒是预防蔬菜病虫最经济有效的方法之一，根据不同的防治目的可分别采用以下消毒方法：

1）温汤浸种：用种子量 5 ~ 6 倍的 55℃ 温水浸泡 15min；浸种时，要不断搅拌种子，并随时补给温水，保持 55℃ 水温。然后在常温水中浸 2 ~ 10h（根据不同种类选择不同浸种时间）。

2）药物浸种：先用清水浸种 2 ~ 10h，再放入 10% 磷酸三钠溶液中浸泡 20min，捞出洗净，此法主要防治瓜果菜病毒病。或者用清水浸种 2 ~ 10h，再放入 1% 硫酸铜溶液中浸泡 5min，捞出洗净，此法主要防治瓜果菜炭疽病、细菌性斑点病。有的用清水浸种 2 ~ 10h，再放入 2% 氢氧化钠溶液中浸泡 20min，捞出洗净，可防治瓜果菜病毒病。

（2）苗床地选择与苗床营养土配制　选择高坎地或台阶地作苗床。采用穴盘育苗方式可以有效地防止菜田在移栽时伤根，防止土壤传播的病害感染，又不缓苗，还可抢季节、省工。苗床营养土要进行彻底消毒或用无土栽培的基质育苗。营养土用优质园土、腐熟猪牛粪渣及炭化谷壳按 5:3:2 的比例配制而成；或将椰糠与锯木屑按 3:1 的比例混合堆积，经发酵后作基质。采取无土栽培育苗。用石灰调节育苗基质的 pH 至 5.5 ~ 6.5，抑制青枯病和根肿病的育苗基质的 pH 要调至 6.5 ~ 7。

3. 苗期管理

（1）出苗期的管理　从播种到 2 片子叶微展称为出苗期，一般需 3 ~ 4 天。其生长特点是生长迅速，但又基本上无干物质积累。管理上应采取促的措施，即维持较高的温度，一般保证在 22 ~ 26℃；出苗期的高、低温界限分别为 30℃ 和 18℃。还要保持土壤湿润。因此在温度较低时要做好覆盖。

（2）破心期管理　从子叶微展到第一片真叶展出称为破心期，一般需 3 ~ 4 天。其生长特点是幼苗转入绿化，生长速度减慢，子叶开始光合作用，有适量的干物质积累。此期的管理关键是由促转化为适当的控，保证秧苗稳健生长。

1）加强光照。光照充足是提高绿化期秧苗素质的重要保证。在保证秧苗正常生长的前提下应尽可能使幼苗多见阳光，也就是在白天 9 时～18 时要撤除覆盖物，夜间和早晚再覆盖。

2）降低湿度。此时的苗床土过湿，则幼苗根系须少，易引起倒苗或诱发病害。一般床土湿度应控制在持水量的 60%～80% 为宜。

3）注意防止猝倒病。幼苗破心期是发生猝倒病的敏感时期。主要是由于床土和种子消毒不严、湿度过大和通风不良所致。此时，发现病苗应立即喷 75% 百菌清可湿性粉剂 800～1000 倍液或 75% 普力克可湿性粉剂 3000 倍液。

4）及时间苗。在没有采取穴盘育苗的情况下，有时由于幼苗生长过于拥挤和下胚轴伸长过快容易引起"高脚苗"。应适时地间苗以利于苗齐苗壮。

（3）旺盛生长期管理　幼苗破心期后进入旺盛生长期，一般需 20 天左右。其生长特点是生长速度快，叶面积增长迅速，开始进行花芽分化。在管理上要体现出促中有控、促控结合、促之稳健生长。

1）确保生长的适宜温度。一般白天气温 20～25℃，地温 16～18℃；夜间气温 15～18℃，地温可降至 13～14℃。在冬春的寒潮期间育苗，必须用塑料薄膜覆盖苗床。

2）尽可能增加光照，提高幼苗光合生产率。

3）保证水分和养分供应。一般每隔 1 天浇 1 次水，不要使床土"露白"，而且每次浇水量不宜过多，以防床土湿度过大而导致病害发生。结合浇水，每 3～4 天浇 1 次水肥。施肥一般以氮磷钾复合肥为主，尿素为辅。为防止氮素过多而引起秧苗徒长或发育不良，可以配制秧苗营养液。配方为尿素 40g、过磷酸钙 65g、硫酸钾 125g，加水 100L，整体浓度为0.23%。

4）注意防止立枯病。幼苗期的中后期易发生立枯病，应及时防治。常选用的药剂有75% 百菌清可湿性粉剂 1000 倍液或 50% 多菌灵可湿性粉剂 500 倍液。

5）适时疏松表土。疏松结壳或板结的表土，利于肥水的渗入和改善土壤的通气状况，同时也可提高地温，促进秧苗根系生长，防止病害的发生。

（4）炼苗期管理　为提高幼苗对定植后大田环境的适应能力，缩短定植后的缓苗时间，在定植前 3～4 天应进行秧苗锻炼。主要措施有揭除覆盖物、控制肥水和喷抑制剂等。冬春育苗温度应控制在白天 15～20℃，夜间 10～15℃。

4. 土壤选择与处理

蔬菜生产用地要选择土层深厚、土质肥沃、排灌方便，根据蔬菜对 pH 要求进行调整，一般要求中性略酸的沙壤土或壤土为宜。根据土壤有机质的含量情况，施用适量腐熟农家肥。畦面要略呈龟背状，上实下虚。对于水源紧缺、杂草滋长、土质偏沙、温度偏低的地方，最好实行地膜覆盖栽培。覆膜时，尽可能选晴朗无风的天气，地膜要紧贴土面，四周要封严盖实。

5. 定植与定植后的管理

（1）定植　定植当天的早晨或前天傍晚应对秧苗进行浇水，以免取苗时伤根。取苗时，应尽量多带土、少伤根，切勿折断叶片。大小苗应分级分区定植，以利于定植后的农事管理。穴盘育苗的，取苗时营养土应尽量保持完整。覆膜栽培的，定植时，破孔尽可能小一些，以免风大时掀膜。定植最好选择在晴天的下午；定植宜浅，培土不要超过子叶节；尽可能保护好根颈部茸毛；定植后速浇适量的压根水。

（2）追肥管理

1）追肥管理的原则

①充分利用本地有机肥资源。在各种肥源中，有机肥的养分较为全面，而且均衡，但有效养分含量低，肥效缓慢，有时在短时间内不能满足蔬菜生长发育和优质高产对养分的需求。因此，还要适时、适量地配合施用一定的化学肥料。

②提高化肥利用效率。化学肥料品种很多，各种多元复合肥、单质肥均可作为无公害蔬菜的生产用肥，禁止使用硝态氮肥。一般每 667m^2 不超过 100kg，注意与有机肥配合施用，有机氮与无机氮的比例为 2:1。

③保证食品安全，改善土壤肥力，减少环境污染。最后一次追施化肥应在收获前 20 天进行。化肥要深施、早施。深施可以减少氮素挥发，延长供肥时间，提高氮素利用率。早施则利于植株早发快长，减轻硝酸盐积累。一般铵态氮施于 6cm 以下土层，尿素施于 10cm 以下土层。

2）重视平衡施肥。平衡施肥是无公害蔬菜生产的基本施肥技术。它根据蔬菜营养生理特点、吸肥规律、土壤供肥性能及肥料效应，确定有机肥、氮、磷、钾及微量元素肥料的适宜量和比例以及相应的施肥技术，从而达到提高肥料利用效率、促进蔬菜均衡生长、改善蔬菜品质、减少土壤污染的目标。因此，蔬菜种植前，最好采集土壤样品到农业科技部门进行化验，做到因土施肥和因蔬菜施肥。

3）追肥技术要领。蔬菜在重施有机肥作基肥的前提下，追肥应掌握轻施提苗肥、重施挂果肥、巧施壮果肥和常喷叶面。对于地膜覆盖栽培的，因不便在根部追肥，只能特别强调重施基肥。但缓苗后的"提苗肥"仍不能忽视，且应采取根部追肥的方法。以后的追肥以叶面追肥为主，主要选择生物有机肥，而且根据需要宜交替使用。土壤微量元素缺乏的地区，还应针对缺素的状况增加追肥的种类和数量。在生产中还应做到不使用城市垃圾、污泥、工业废渣和未经无害化处理的有机肥。

（3）水分管理　水分管理的目的是保证蔬菜生长对水分的需求，主要是解决土壤的干旱或土壤的过湿问题。科学地管理好水，可以使蔬菜生长健壮，减少许多病害的发生。大田的水分管理有浇灌、沟灌、喷灌、滴灌等多种方式。在蔬菜生产前期宜浇灌，保持根际土壤湿润；生产中后期可沟灌，由浅到深，水不漫畦，迅灌速排。对于旱坡地种植的蔬菜，提倡推广使用覆膜节水滴（喷）灌技术。

（4）中耕除草　对于露地栽培的，为防止表土板结和杂草丛生，应及时进行中耕除草。每浇水两次就要中耕一次。第一两次中耕宜深，有利于改善土壤通气状况，促进根系生长；中后期中耕宜浅，以尽量避免根系的损伤。对于地膜覆盖栽培的，到了生长后期，可进行破膜并中耕除草培土。

（5）植株调整　通过蔬菜的引蔓、整枝、剥叶、摘心等植株调整措施，目的是保持良好的植株群体结构，改善生态环境，使之通风透光，降低田间湿度，以避免病虫害的发生。摘除下来的废物，都必须带到园外统一烧毁，如果将其当作堆肥或放粪坑中作沤肥，一定要达到作堆肥或沤肥的标准后，才能使用。

（6）病虫害防治　在蔬菜生产期间遇到低温阴雨气候，病虫危害严重，一些蔬菜种植户缺少病虫害防治技术，盲目用药，致使产品农药残留超标的现象时有发生。病虫害防治已成为无公害蔬菜生产的关键环节。

1）防治方针。无公害蔬菜的病虫害防治必须贯彻"预防为主、综合防治"的方针。蔬菜病虫害的预测预报是无公害蔬菜生产的前提条件。通过预测预报，掌握病虫害发生的种类、发生量、发生区域和发育过程速度，及时采取措施，抓住病虫发生过程的关键环节进行防治，做到及早防治，用药准确，减少防治面积和用药量，降低下一代虫源基数和病源繁殖能力，减轻危害，避免污染。

2）综合防治措施

①耕作防治。耕作防治是通过选用抗病品种、种子消毒、合理轮作、排水降湿、中耕除草、整枝打叶、清理菜田残株落叶、菜田周边管理等农业措施，减少病虫害的发生。

②物理防治。物理防治的技术措施主要有：利用太阳光消毒土壤；应用防虫网隔离虫源；用黄板或黄条涂机油诱杀蚜虫、白粉虱和斑潜蝇；用银灰色农膜避蚜虫；用黑光灯诱杀夜蛾、菜蛾等。

③生物防治。采用生物防治措施，首先是保护和利用天敌，如瓢虫、丽蚜小蜂、蜘蛛、草蛉寄生蜂、青蛙等。通过这些天敌达到减轻有害昆虫危害的目的。无公害蔬菜生产允许使用生物农药和生化制剂农药，如苏云金杆菌、阿维菌素、甲氨基阿维菌素、多杀菌素、水合霉素、农用链霉素、井冈霉素等。

④化学防治。在病虫害综合防治体系中，化学防治具有快速、高效的特点，因而被广为使用。在化学防治过程中，必须禁止使用高毒、高残留农药。目前国家已公布的禁用农药有：甲拌磷（3911）、治螟磷（苏化203）、对硫磷（1605）、甲基对硫磷（甲基1605）、磷胺、氧化乐果、氰化物、呋喃丹、氯化苦、滴滴涕（DDT）等高剧毒、高残留农药。在化学防治中，为安全用药，提高防效，应对症选用；科学配药；交替用药；严格掌握安全间隔期。

（7）清洁田园　采收罢园后，将残枝败叶和杂草清理干净；地膜覆盖的田园也要回收地膜，把清理出来的杂物集中进行无害化处理，保持田园清洁。

四、无公害蔬菜的认证与管理

1. 无公害蔬菜的认证

无公害蔬菜的认证工作分为产地认定与产品认证。

（1）产地认定　省级农业行政主管部门根据无公害蔬菜管理办法的规定，负责组织实施本辖区内无公害蔬菜产地的认定工作。申请无公害蔬菜产地认定的单位或者个人（以下简称申请人），应当向县级农业行政主管部门提交书面申请书，书面申请书应当包括以下内容：①申请人的姓名（名称）、地址、电话号码；②产地的区域范围、生产规模；③无公害蔬菜生产计划；④产地环境说明；⑤无公害蔬菜质量控制措施；⑥有关专业技术和管理人员的资质证明材料；⑦保证执行无公害蔬菜标准和规范的声明；⑧其他有关材料。

县级农业行政主管部门自收到申请之日起，在10个工作日内完成对申请材料的初审工作。申请材料初审符合要求的，县级农业行政主管部门应当逐级将推荐意见和有关材料上报省级农业行政主管部门。省级农业行政主管部门自收到推荐意见和有关材料之日起，在10

个工作日内完成对有关材料的审核工作，符合要求的，组织有关人员对产地环境、区域范围、生产规模、质量控制措施、生产计划等进行现场检查。现场检查符合要求的，应当通知申请人委托具有资质资格的检测机构，对产地环境进行检测。承担产地环境检测任务的机构，根据检测结果出具产地环境检测报告。省级农业行政主管部门对材料审核、现场检查和产地环境检测结果符合要求的，应当自收到现场检查报告和产地环境检测报告之日起，在30个工作日内颁发无公害蔬菜产地证书，并报农业部和国家认证认可监督管理委员会备案。无公害蔬菜产地认定证书有效期为3年。期满需要继续使用的，应当在有效期满90日前按照无公害蔬菜管理办法规定的无公害蔬菜产地认定程序，重新办理。

（2）产品认证　无公害蔬菜产品的认证机构，由国家认证认可监督管理委员会审批，并获得国家论证认可监督管理委员会授权的认可机构的资格认可后，方可从事无公害蔬菜产品认证活动。

申请无公害蔬菜产品认证的单位或者个人，应当向认证机构提交书面申请，书面申请应当包括以下内容：①申请人的姓名（名称）、地址、电话号码；②产品品种、产地的区域范围和生产规模；③无公害蔬菜生产计划；④产地环境说明；⑤无公害蔬菜质量控制措施；⑥有关专业技术和管理人员的资质证明材料；⑦保证执行无公害蔬菜标准和规范的声明；⑧无公害蔬菜产地认定证书；⑨生产过程记录档案；⑩认证机构要求提交的其他材料。

认证机构自收到无公害蔬菜产品认证申请之日起，应当在15个工作日内完成对申请材料的审核。材料审核符合要求的，认证机构可以根据需要派人对产地环境、区域范围、生产规模、质量控制措施、生产计划、标准和规范执行情况等进行现场检查。现场检查符合要求的，认证机构应当通知申请人委托具有资质资格的检测机构对产品进行检测。承担产品检测任务的机构，根据检测结果出具产品检测报告。产品检测结果符合要求的，应当自收到现场检查报告和产品检测报告之日起，在30个工作日内颁发无公害蔬菜产品认证证书。无公害蔬菜产品认证证书有效期为3年。期满需要继续使用的，应当在有效期满90日前按照无公害蔬菜管理办法规定的无公害蔬菜认证程序，重新办理。

2. 无公害蔬菜的有关管理办法

无公害蔬菜的有关管理办法主要应强调标志管理与监督管理。

（1）标志管理　农业部和国家认证认可监督管理委员会制定并发布《无公害蔬菜标志管理办法》。无公害标志应当在认证的品种、数量等范围内使用。获得无公害蔬菜产品认证证书的单位或者个人，可以在证书规定的产品、包装、标签、广告、说明书上使用无公害蔬菜标志。

（2）监督管理　农业部、国家质量监督检验检疫总局、国家认证认可监督管理委员会和国务院有关部门根据职责分工依法组织对无公害蔬菜产品的生产、销售和无公害蔬菜标志使用等活动进行监督管理。主要监督管理的内容有：①查阅或者要求生产者、销售者提供有关材料；②对产地认定工作进行监督；③对产品认证工作进行监督；④对产品检测机构的检测工作进行检查；⑤对使用无公害标志的产品进行检查、检验和鉴定；⑥必要时对无公害蔬菜经营场所进行检查。⑦认证机构对获得认证的产品进行跟踪检查，受理有关的投诉、申诉工作。⑧任何单位和个人不得伪造、冒用、转让、买卖无公害蔬菜产地认定证书、产品认证证书和标志。

子项目 2 设施蔬菜标准化生产

知识点：蔬菜标准化生产的技术、标准化生产制度。

能力点：能熟练进行蔬菜标准化生产。

项目分析

该任务主要是针对设施蔬菜开展标准化生产。要完成该任务必须具备蔬菜标准化生产的技术措施和生产相关制度等知识。

项目实施的相关专业知识

蔬菜是城乡居民必需的消费产品，在数量满足的情况下，消费者对蔬菜质量安全的要求将越来越高。开展"标准园创建"，全面推进标准化生产，完善质量安全管理制度，可以有效控制农药残留污染，切实提高蔬菜产品安全质量，从而辐射带动大面积蔬菜产品安全质量提高，满足人们多元化的消费需求。

一、蔬菜标准园创建

1. 选择与建设蔬菜标准园生产基地

1）蔬菜标准园基地周围没有大气污染源，土壤不能含有重金属元素和有毒或有害物质，灌溉用水不得含有金属等有害的污染物。

2）蔬菜基地应远离工矿区、居住区、公路两侧，生态环境好，地势平坦，排灌方便，交通便捷。

3）蔬菜基地的环境质量应定期监测，立法保护，严防污染。

2. 选择抗病虫品种

选择适宜当地气候条件，结合生产实际，选择某些抗病虫品种、抗逆性强、适应性广、商品性好的品种以避免一些重大病虫害的发生，减少损失。

3. 加强植物检疫及病虫草害的预测预报

1）防止危害植物的有害生物及其产品人为引入及传播，以法律手段和行政措施强制实施植物保护措施。

2）预测预报，在一定的区域、一定的自然环境条件下各种病虫害的发生发展都有一定的规律，应根据病虫害发生特点和当地气候环境条件，结合田间地点调查和天气预报，进行科学分析，及时准确掌握主要病虫害发生的种类、数量、范围、发生趋势等，然后及时向农户发出预报，农户根据预报掌握防治时期、防治方法，即可收到事半功倍的效果。

4. 清洁田园

前茬采收以后的枯枝黄叶、病叶及菜田周围的杂草都是病虫害滋生的场所，应及时清除、集中销毁或作高温堆肥。废弃的地膜、农药瓶、种子袋等一起清除，同时进行深挖晒垡，可以杀死地下害虫及病菌，使土壤疏松有利根系生长。

5. 合理轮作和间套作

轮作是可以合理利用土地肥力，减轻病虫危害，提高劳动生产率和设备利用率的有效措施。不同科属蔬菜之间，粮、菜之间，水旱轮作可以减少病虫及杂草危害。豆科作物有根瘤固氮作用，葱蒜类蔬菜有杀菌作用是很多蔬菜的良好前作。

6. 整地作畦

土壤耕翻后要整地作畦，整地是细碎土壤平整畦面，作畦是为了调节土壤水分、改善土壤温度及空气条件，便于排灌及排水。一般在低畦地，雨季栽培多做成高畦或垄；旱季或地下水位低的地方做成平畦或低畦以利于保蓄水分。

7. 种子处理

1）可以采取药剂浸种，药剂拌种和温度处理。

2）可以采用高温消毒和药剂消毒。

3）秧苗低温锻炼及病害防治：可以用低温炼苗和50%多菌灵药剂预防。

8. 施肥技术

1）根据测土数据，结合各种蔬菜的需肥特点，设计好肥料配方后科学合理施用肥料。

2）目前蔬菜生产中，施肥存在氮素化肥施用偏多，钾肥不足的问题。要补充钾肥，喷施微量元素肥，增施农家肥用量。

3）坚持无公害蔬菜肥料使用原则及肥料种类。

9. 蔬菜标准园病、虫、草害的防治

蔬菜病、虫、草害的防治应遵循"预防为主、综合防治"的方针，除做好前面提到的农业防治及常规技术防治外，还要做好生物防治、物理防治及化学防治。

（1）生物防治　利用各种有益生物或生物的代谢产物来控制或杀灭病虫害，其特点是对人畜安全，对环境不造成污染，具有经济、有效、安全、害虫不产生抗性等优点。

利用天敌以虫治虫，如瓢虫、姬蜂等；利用微生物以菌治虫，如苏云金杆菌、阿维菌素等；利用微生物以菌治病，常用的有井冈霉素、农用链霉素等。

（2）物理防治　其主要是指利用各种物理方式、器械进行诱杀、趋避的方法，如温度、灯光诱杀，食饵诱杀，声、色的趋避、诱杀，设施防护和诱捕器等。

（3）化学防治　蔬菜标准园要减少化学农药的使用，树立"预防为主、综合防治和系统防治"的植保方针。采用化学农药防治时，首先，应了解发展对象的种类、名称，然后正确选择农药品种对症下药；其次，根据病虫消长情况选择最佳防治时期，同时选择正确的农药使用方法；最后，要交替使用或混合使用农药。蔬菜标准园基地要遵守无公害蔬菜生产禁止使用的农药及限量使用的农药。

二、蔬菜标准化生产制度

1. 蔬菜生产管理制度

1）为保证蔬菜生产地进行有效管理，一般实行法人（经理）负责制，分设蔬菜生产管理员、植保员若干人。

2）经理负责基地投入品的采购，生产安排，实行农资统一采购、统一供应、统一管理；监督基地管理员和植保员做好本职工作。

3）蔬菜生产管理员职责：负责基地生产安排、作物品种搭配、茬口安排、采收、产品外调等；负责记录蔬菜生产状况、农田作业的监督管理情况、田块标示和记载；负责对种植人员进行生产技术培训；负责落实各项技术措施；负责基地新品种种植示范。

4）植保员职责：负责基地的环境卫生，病虫害发生状况的调查；负责病虫害的防治以及投入品的使用管理，建立完整的记录和管理档案；负责监督农药的使用及施药器械使用后的清洗，剩余农药如数退还仓库，农药包装统一处理，记录防治时间、地点、蔬菜品种、蔬菜生长期、农药名称、使用剂量、使用器械、喷药人员姓名等；负责基地生产人员病虫害防治技术的培训。

2. 投入品安全使用管理制度

1）建立基地种植网络管理程序，设置蔬菜生产管理员、植保员。

2）蔬菜生产管理员负责在种植前首先对土壤和水质进行化验，合格后方能种植，植保员对所使用农药进行追踪观察。

3）根据种植的蔬菜品种进行用肥确认，采购的肥料必须是符合国家标准并合法登记的合格产品。

4）当病虫害发生时植保员根据发生趋势，确定防治方案，农药必须登记为蔬菜方可使用，防治过程须在植保员以及有关部门的监督下进行。

5）防治过程中，首先对配药及药械使用人员进行培训，按照农药使用说明进行配备。农药由植保员领取并负责按照农药使用标准和操作规程科学合理使用。施药人员一定要穿工作服，戴口罩，晴天高温季节10~16时一般不施药，一旦出现不适症状，应及时进行抢救。

6）农药必须是符合国家标准并合法登记的合格产品，有完整的出入库记录和分发、使用档案。

7）植保员填写田间工作档案，对所使用的农药名称、基地编号、使用日期、间隔日期、间隔期限、使用器械、剂量、稀释倍数、指导人员、操作人员等均应填写清楚进入田间管理档案，以便追踪管理。

8）植保员负责监督器械，使用完毕后，应及时清洗干净，定点存放。

9）使用农药不包括国家禁用或限用的农药品种。

10）投入品存放在密封条件达标的专用仓库，农药器械及其他农用器具由仓库保管员统一保管和发放使用。

3. 蔬菜生产农药残留控制制度

1）投入品实行统一采购、统一保管、统一使用管理的措施。农药由植保员领取并严格遵循使用标准和操作技术规程。

2）农药通过正规渠道采购，保存相关票据，对种植的蔬菜（生长期间）实行农药使用登记制，遵守安全用药有关法律法规规定。

3）科学合理使用农药，认真贯彻国家有关食品和农药的法律法规，宣传与教育并举，提高操作人员的食品安全意识，加强培训和技术指导工作。

4）调整和优化农药产品结构，推广应用生物农药和高效低毒低残留的环境友好型农药，不使用国家禁用或限用农药，严格控制用药量，稀释倍数及安全间隔期，蔬菜必须在安全间隔期后采收。

5）建立蔬菜农药残留检测体系，每种蔬菜由企业检测人员进行农药快速初检，合格才能上市。

6）病虫害防治过程中若出现异常现象，应及时向有关部门报告。

4. 蔬菜病虫害发生与防治报告制度

从事蔬菜生产的企业和专业合作社必须设立专职或兼职植保员。

1）植保员的职责：调查田间蔬菜病虫害发生情况，制定病虫害防治措施，监督防治全过程，保管和登记农药与药械使用情况，向上级报告病虫害和防治过程中的异常情况。

2）植保员需登记项目：病虫害发生种类及时间、防治措施类型、农药名称及生产日期、防治日期、使用器械名称、剂量、稀释浓度、操作人员姓名、蔬菜生长期、防治效果、农药间隔期限。

3）病虫害防治原则：以农业、物理和生物防治为主，采用各种措施增强蔬菜抗逆性，适时、有限、低浓度使用化学防治；禁用国家明令禁止和限制使用的各种农药；推荐使用高效、低毒、低残留、环境友好型的农药；提倡使用生物农药；科学严格控制化学农药用药量和安全间隔期。

4）根据田间病虫害发生和预测预报结果，掌握"预防为主、防治为辅"方针，防治时期一般控制在害虫低龄期和病害发生初期。

5. 蔬菜条码标示与质量安全追溯制度

蔬菜生产必须遵循"食品安全法""蔬菜质量安全法"的规定组织生产。须建立蔬菜生产全过程登记制、蔬菜产品商标制、蔬菜包装条码标示制等为主体的质量安全追溯制度。

1）依法申请蔬菜产品商标，有利于与其他产地蔬菜区别。

2）蔬菜产品包装必须要有条形码，便于快速查询蔬菜生产信息：蔬菜品名、产地、生产人员、生产日期、保质期、联系方式、检验合格证明、质量等级。

3）建立蔬菜生产全过程登记制。内容包括：蔬菜品种名称、播种育苗时间、投入品购进使用情况，产品上市抽检时间、批发上市时间地点；生产基地实行统一购药、统一喷药、统一地块编号，并由基地管理员统一记录；蔬菜上市前由植保员统一抽检，检验合格方能上市。

6. 蔬菜生产档案表（表8-5）

表8-5　蔬菜生产档案表

品种名称			生产面积	
播种期			定植期	
基肥种类、数量				
施肥日期		种类名称		数量
病虫害防治日期		农药名称		使用浓度
收获日期				

子项目3　设施蔬菜的流通

知识点：蔬菜流通的特点，新型蔬菜流通体系。

能力点：能针对蔬菜流通的现状，构建新型蔬菜流通体系，并提出针对性改进措施。

任务分析

该任务主要是针对蔬菜流通的现状，提出针对性措施。要完成该任务必须具备调研当地蔬菜流通的现状的能力，提出蔬菜流通存在的问题，采取合理化措施，促进蔬菜生产流通。完成该任务要具备了解蔬菜流通特点，构建新型蔬菜流通体系等知识。

项目实施的相关专业知识

我国蔬菜流通大多都会经过：生产者→产地批发市场→销地批发市场→零售商→消费者等环节，损耗率高，流通成本居高不下。数据表明：我国水果、蔬菜等农副产品在采摘、运输、储存等物流环节上的损失率在25%~30%，而发达国家的果蔬损失率则在5%以下。我国蔬菜物流成本一般占产品总成本的30%~40%，鲜活产品则占60%以上，而世界发达国家物流成本一般占产品总成本的10%左右。随着专业化生产的发展，蔬菜在区域间的流通将会越来越多，其物流成本呈现越来越高的趋势。通过构建现代蔬菜流通体系，提高对农产品批发市场、农贸市场（含社区菜市场）公益性的认识，加大政府投入和政策扶持力度。重点支持批发市场、零售网点、冷链物流、信息监测体系设施建设，提高组织化程度，促进产销衔接，保障蔬菜流通顺畅，大幅度降低蔬菜腐损率。

一、蔬菜流通方式的特点

目前，我国蔬菜流通上表现出以下特点：第一，农贸市场是消费者购买蔬菜的主要场所。近年来，部分大中城市的传统农贸市场在越来越多的连锁超市生鲜区挤压之下，其销售市场份额有所下降，但仍然有很多消费者到农贸市场里购买鲜活的初级蔬菜（包括蔬菜），其在中小城市占据市场主导地位。第二，蔬菜的流通方式以自然形态为主。我国蔬菜的流通一般是保持其收获时的状态，相应的分级、包装和深加工等处理措施应用较少。尽管现在的净菜等方式也陆续出现，但都未取得主要地位，蔬菜的流通仍以原始状态进行。第三，蔬菜的流通以对手式交易为主。虽然，随着经济的发展，因特网、局域网的普及，在蔬菜流通中出现了网上交易、电子拍卖等现代化的交易模式，但是在我国的批发市场和农贸市场基本是现货交易。批发市场98%以上的交易以传统的现货、对手式交易为主，代理结算还不普遍，加入农业部信息网的批发市场中只有30多家实行了电子收费和电子结算。在一些产业化组织中较为固定的产品购销契约中产品交换与贷款结算之间存在时间差，但仍以现金结算为主。

二、构建新型蔬菜流通体系

1. 健全农产品批发市场体系

蔬菜产销批发市场具有一定的公益性。根据城市人口、蔬菜基地规模、交通区位、物流走向的特点，完善以大型销地批发市场为中心、产地蔬菜批发市场为依托的农产品批发市场体系，保障蔬菜供应、稳定市场价格。在蔬菜优势区域核心生产基地建设产地蔬菜批发市场，在大中城市规划布局大型销地批发市场，在交通物流结点规划布局集散型批发市场，重点建设冷藏保鲜、加工配送、电子结算、信息与追溯平台、质量安全检测、交易厅棚和废弃物处理等流通基础设施，建成灵敏、安全、规范、高效的蔬菜物流和信息平台。

2. 增加城市农贸市场和社区菜店等零售网点

全面推进农贸市场、社区菜店基础设施、管理等方面升级改造，重点建设交易厅（棚）、档口、追溯平台、给水排水设施等基础设施，积极推进城乡菜市场标准化建设。

（1）建设社区蔬菜直销店　开展"蔬菜价格优惠进社区"活动，由农民专业合作社或农产品流通企业依靠生产基地和物流配送系统，在城市社区开设蔬菜直销店，实现直销。

（2）建设公益性直销菜市场　由政府负责投资建设，或采取升级改造现有菜市场、回购或者租赁其他产权的菜市场，并指定市场管理主体，免收蔬菜经营户摊位费、管理费。

（3）建设平价蔬菜流动车　以大型农产品批发市场（农产品基地）为依托，以流动车的方式在相对固定地点销售蔬菜。

3. 强化产销衔接

大中城市根据本地消费需求，主动与优势产区加强协作，建立蔬菜供应保障基地。引导农产品批发市场向上下游延伸经营链条，与农产品生产基地和零售客户建立直接购销关系，开展对团体、超市配送服务；支持大型连锁超市与农民专业合作社等开展"农超对接"。协调食品加工企业与主产区建立长期稳定的合作关系，在上市旺季进行深加工，制成腌渍蔬菜、脱水蔬菜、速冻蔬菜与保鲜蔬菜等，缓解集中上市压力，增加蔬菜附加值。

（1）加大蔬菜现代流通设施投入　加快应用蔬菜现代流通技术是蔬菜现代流通的根本体现。当前重点是加强蔬菜冷藏冷冻设施投入，对进入高校、超市的部分蔬菜试行强制性冷链流通，降低蔬菜损耗，保障蔬菜质量。

（2）低蔬菜损耗率，提高蔬菜增加值的重要途径　支持有关企业和农民专业合作社通过新建蔬菜配送中心、增加蔬菜配送功能、发展第三方蔬菜物流配送等，建立与蔬菜生产基地规模及高校、超市需求相适应的物流配送体系。

（3）提高信息化管理水平　强化蔬菜信息系统建设，广泛推广数字终端设备、条码技术、电子标签技术、时点销售系统和电子订货系统等，进一步推广品类管理和供应链管理等现代管理技术。实现高校、超市系统与有关方面业务流程的融合和信息系统的互联互通，提高市场反应能力，建立蔬菜质量可追溯体系。

（4）扩大从农民专业合作社直采蔬菜规模　加快扩大从农民专业合作社直采蔬菜的步伐。要广泛宣传和大力支持生产规模较大、质量安全水平较高、拥有自主品牌的农民专业合作社向高校、超市提供质量安全可靠的蔬菜，促进农民专业合作社蔬菜销售规模的扩大。

（5）建立"农校、农超对接"渠道　政府相关职能部门组织农民专业合作社、大型连锁商业企业和当地高校、超市，通过定期举办专场对接洽谈会、产品展示推介会等形式，为有关各方搭建对接平台，疏通对接渠道。

4. 加强蔬菜冷链物流体系建设

加强蔬菜分级、包装、预冷等设施建设，提高优势产区蔬菜预冷等商品化处理能力；发展保温、冷藏运输，稳定商品质量、减少损耗；完善主销区蔬菜冷链配送设施建设，发展具有集中采购、跨区域配送能力的现代化蔬菜配送中心。

5. 完善蔬菜流通信息网络平台

与生产信息平台相结合，完善覆盖全国主要批发市场的蔬菜流通信息公共服务平台，规范信息采集标准，健全信息工作机制，加强采集点、信息通道、网络中心相关基础设施建设，定期收集和发布蔬菜价格、供求等信息。

6. 培育农产品流通主体

鼓励农产品个体经销商进行企业化改制，引导农产品批发市场和农产品连锁企业建立现代企业制度。积极培育大型蔬菜流通企业，提高蔬菜流通组织化、产业化水平。鼓励依托农民专业合作社，积极培育农民经纪人队伍，提高农民的产品销售规模和议价能力。

7. 完善大中城市蔬菜储备制度

华北、东北、西北等地区人口在100万以上的大城市要建立和完善冬春蔬菜储备制度，在每年秋菜上市到第二年春季蔬菜大量上市期间，建立符合当地实际的耐储藏、易周转的蔬菜动态储备，确保储备蔬菜调得进、存得好、销得出，满足冬春季节应急调控需要。

子项目4　设施蔬菜质量检测

知识点：蔬菜农药残留检测方法。
能力点：学会蔬菜农药残留的快速检测。

项目分析

该任务主要是学会蔬菜农药残留的检测。要完成该任务必须具备蔬菜农药残留的快速检测技术。

项目实施的相关专业知识

农作物病、虫、草害等是农业生产的重要生物灾害。随着农业产业化的发展，蔬菜的生产越来越依赖于农药、抗生素和激素等外源物质。我国农药在粮食、蔬菜、水果、茶叶上的用量居高不下，而这些物质的不合理使用必将导致蔬菜中的农药残留超标，影响消费者食用安全，严重时会造成消费者致病、发育不正常，甚至直接导致中毒死亡。农药残留超标也会影响蔬菜的贸易。

一、农药残留主要的检测方法

国际上用于农药残留快速检测的方法种类繁多，究其原理来说主要分为两大类：生化检测法和色谱快速检测法。

1. 生化检测法

生化检测法是利用生物体内提取出的某种生化物质进行的生化反应来判断农药残留是否存在以及农药污染情况，在测定时样本无须经过净化，或净化比较简单，检测速度快。生化检测法中又以酶抑制法和酶联免疫法应用最为广泛。

（1）酶抑制法　有机磷与氨基酸酯农药共为神经系统乙酰胆碱酯酶抑制物，因此可以利用农药靶标酶——乙酰胆碱酯酶（AchE）受抑制的程度来检测有机磷和氨基甲酸酯类农药。该方法目前已开发出了相应的各种速测卡和速测仪。该方法检测时，蔬菜中的水分、碳水化合物、蛋白质、脂类等物质不会对农药残留物的检测造成干扰，不必进行分离去杂，节省了大量预处理时间，从而能达到快速检测的目的，因此该方法具有快速方便、前处理简单、无须仪器或仪器相对简单，适用于现场的定性和半定量测定。目前的农药残留快速检测就是用了该方法，已将其上升为农业部行业标准。但该方法只能用于测定有机磷和氨基甲酸酯类杀虫剂，其灵敏度和所使用的酶、显色反应时间、温度密切相关，经酶法检测出阳性后，需用标准仪器检验方法进一步检测，以鉴定残留农药品种及准确残留量。

（2）酶联免疫法（ELISA 法）　它主要是以抗原与抗体的特异性、可逆性结合反应为基础的农药残留检测方法。该法利用化学物质在动物体内能产生免疫抗体的原理，先将小分子农药化合物与大分子生物物质结合成大分子，做成抗原，并使之在动物体内产生抗体，对抗体筛选制成试剂盒，通过抗原与抗体之间发生的酶联免疫反应，依靠比色来确定农药残留。它具有专一性强、灵敏度高、快速、操作简单等优点。试剂盒可广泛用于现场样品和大量样品的快速检测，可准确定性、定量。但由于受到农药种类多、抗体制备难度大、在不能肯定样本中的农药残留种类时检测有一定的盲目性以及抗体依赖国外进口等影响，酶联免疫法的应用范围受到较大的限制。目前，我国市场上的酶联免疫法成品试剂盒依赖从国外进口。

（3）化学法——速测灵法　"速测灵"法应用的原理是：具有强催化作用的金属离子催化剂，使各类有机磷农药（磷酸酯、二硫代酸酯、磷酸胺）在催化作用下水解为磷酸与醇，水解产物与显色剂反应，使显色剂的紫红色退去变成无色。其主要针对的是有机磷农药的残留检测，特别是甲胺磷、对硫磷农药。这种方法采用化学反应原理，避免了通常所使用生化方法（酶法）的缺点（酶的制备、保存以及反应需比较严格的条件），灵敏度也达到一定的要求。但是此方法主要针对的是甲胺磷、对硫磷等较高毒性的有机磷农药残留的定性检测。

该方法的特点是操作简便、价格便宜、检测速度快，通过进一步改善试剂性能，规范测定技术，可提高检测的灵敏度和准确性，从而受当前广大城乡蔬菜生产者和销售者的青睐。

2. 色谱快速检测法

色谱快速检测法主要步骤为：样本提取后经过严格净化步骤，再用色谱或色谱与质谱联用等技术进行定性、定量测定。常规仪器检测法为了保持较高的回收率和灵敏度，必须加强前处理，使得样本提取和净化步骤越来越费时。气相色谱快速检测法则通过尽可能地简化净化步骤，使其提取后直接分析蔬菜和水果中的有机磷类农药，大大提高了检测速度。该方法的最大优点是能给出蔬菜和水果中有机磷类农药的定性、定量结果，提供仲裁依据。色谱快速检测法涵盖 74 种有机磷类农药在水果或蔬菜中的残留检测，几乎可以包括所有在我国登记注册的有机磷类农药品种。但对于检测人员的技术要求较高，需要较大的检测设备投入。

二、农药残留检测发展趋势

农药残留的萃取、净化技术是农药残留分析的关键。随着高新分析技术引入农药残留检测之中，发达国家目前经常采用如气相色谱与质谱联用技术、液相色谱与质谱联用技术、毛细管电泳与质谱联用以及气相、液相色谱与多级质谱联用技术等。这些技术的应用大大提高了农药残留检测的定性能力和检测的灵敏度、检测限和检测覆盖范围。采用气相色谱与质谱联用技术或液相色谱与质谱联用技术，首先对样品中的农药种类进行定性分析，对确定的农药残留量再利用气相色谱进行定量分析。此种方法可以一次排除样品中的许多农药，节省了大量的时间和操作。而我国目前的检测方法正好与之相反。

复习思考题

1. 如何解决蔬菜难卖的问题，提出合理化建议。
2. 制定出一套蔬菜标准园建设方案。

附　　录

附录 A　园艺作物标准园产品农药残留监测抽样技术规范

抽样是监测工作的重要步骤，是保证监测结果客观公正和准确可靠的重要环节，抽样工作的质量，直接影响到监测结果的质量。为进一步规范监测工作，承检单位应按以下要求做好抽样工作。

一、抽样要求

1. 抽样范围

抽样应在园艺作物标准园内进行。应抽取混合样品，不能以单株（或单个果实）作为抽检样品。抽样过程中，应及时、准确记录抽样的相关信息。所抽样品应经被抽检单位或个人确认。

2. 抽样准备

抽样前应制定抽样方案。事先准备好抽样袋、保鲜袋、纸箱、标签、封条（如需要）等抽样用具，并保证这些用具洁净、干燥、无异味，不会对样品造成污染。抽样过程要防止雨水、灰尘等环境污染。

3. 人员

抽样人员应不少于 2 人。抽样人员应持个人有效证件（身份证、工作证等）、抽检文件、记录本、抽样单和调查表等。

4. 抽样时间

抽样应安排在蔬菜、水果和茶叶采收（或上市）时进行。

5. 抽样量

（1）蔬菜　每个品种抽样不少于 10 个样品。每个样品抽样量不低于 2kg。当单个个体大于 0.2kg/个时，抽取样品不少于 10 个个体；当单个个体大于 0.5kg/个时，抽取样品不少于 6 个个体；当单个个体大于 1kg/个时，抽取样品不少于 4 个个体。

（2）水果　每个品种抽样不少于 10 个样品。每个样品抽样量不低于 2kg，每个样品抽取 4～12 个个体。

（3）茶叶　每个品种抽样不少于 10 个样品。每个样品抽样量不低于 0.5kg。

二、抽样方法

样品采集时根据实际情况按对角线法、梅花点法、棋盘式法、蛇形法等方法采集样品。采集样品时，应除去泥土、黏附物及明显腐烂和萎蔫部分。抽样人员要与被检单位代表共同确认样品的真实性和代表性，抽样完成后，要现场填写抽样单，抽样单一式三份，由抽样人员和被检单位代表共同签字或加盖公章，一份交被检单位、一份随样品、一份由抽样人员带回。

三、样品运输

样品应在24h内运送到实验室，否则应将样品打碎冷冻后运输。原则上不准邮寄和托运，应由抽样人员随身携带。在运输过程中应避免样品变质、受损或遭受污染。

四、样品缩分

1. 场所
场所应通风、整洁、无扬尘、无易挥发化学物质。

2. 工具和容器
（1）制样工具　无色聚乙烯砧板或木砧板，不锈钢食品加工机或聚乙烯塑料食品加工机、高速组织分散机、不锈钢刀、不锈钢剪等。制样工具应防止交叉污染。

（2）分装容器　具塞磨口玻璃瓶、旋盖聚乙烯塑料瓶、具塞玻璃瓶等，规格视量而定。

3. 样品缩分
取可食部分，用干净纱布轻轻擦去样品表面的附着物，如果样品黏附有太多泥土，可去除表面泥土。采用对角线分割法，取对角部分，在清洁的无色聚乙烯塑料薄膜上，将其切碎，充分混匀，用四分法取样或直接放入食品加工机中捣碎成匀浆，制成待测样。分成三份，每份250～500g，放入分装容器中，一份作检验、一份作复验、一份作备查。

五、样品储存

试样储存的冷藏箱、低温冰箱和干燥器应清洁、无化学药品等污染物。新鲜样品短期保存2～3天，可放入冷藏冰箱中。长期保存应放在 -20℃低温冰箱中。冷冻样品解冻后应立即检测，检测时要将样品搅匀后再称样，如果样品分离严重应重新匀浆。

附录 B　园艺作物标准园产品农药残留监测行为规范

为加强蔬菜质量安全管理，规范蔬菜、水果、茶叶标准园农药残留监测行为，保证检测数据的客观和公正，特制定本规范。

一、抽样

抽样是例行监测中的重要步骤，是保证监测结果具有公正性和代表性的重要环节，抽样工作的质量，直接影响到监测结果的质量，因此要高度重视，并认真规范做好抽样工作。

1. 准备工作
1）抽样工作应严格按照《园艺作物标准园产品农药残留监测抽样技术规范》进行。

2）每次抽样前应组织抽样人员，根据本年度的监测方案，研究制定具体的抽样实施方案、学习抽样技术、明确抽样工作纪律。

3）每次抽样前应准备好抽样所需要的物品，包括抽样单和抽样工具等，并由专人负责检查抽样工具是否干净，避免造成污染。

4）应对受检标准园的生产情况进行相应的调研。抽样前应会同当地农业部门，根据监测方案要求，按照随机抽样的原则，确定本次监测具体的抽样地点，抽样地点及生产面积等应有充分的代表性。

5）制定抽样方案时发现问题或遇到特殊情况应及时与农业部农药检定所联系，沟通情况。

2. 抽样工作程序

1）原则上应由任务承担单位主管本项工作的领导带队完成全部抽样工作。各任务承担单位每次抽样不得少于 2 人，其中一人必须有一定抽样工作经验，负责对抽样工作程序的具体实施及相关情况的协调处理。

2）抽样人员应主动向受检单位出示有关监测工作的有效证件、抽样人员工作证件，提交样品抽样单。抽样人员应衣着整齐，态度端正，作风严谨，树立农药检定机构的良好形象。

3）抽样工作应由检测机构独立完成，不受其他因素干扰。抽样人员应亲自到现场抽样，不得由受检单位人员或其他人员取样后送予抽样人员。当地人员可陪同抽样，但不应干扰已定抽样方案的实施。对抽取的样品应据实付款。

4）抽样人员在现场应认真填写抽样单，填写的信息要齐全、准确，字迹要清晰、工整。经抽样人员和受检单位人员双方确认无误后，在抽样单上签字或盖受检单位公章。

5）如抽样过程不能顺利进行时，抽样人员应立即向本单位负责人汇报，在征得本单位负责人意见后，现场进行妥善处理。

6）在抽样过程中，抽样人员要对当地蔬菜生产情况、农药使用情况和当地在推动蔬菜质量安全管理方面等所采取的措施进行调查了解，并及时向本单位负责人汇报，以便向上级主管部门提供参考。

7）样品一经封样，在送达实验室检测之前，任何人不得擅自开封或更换，否则该样品作废，并追究相关人员责任。

8）样品到达检测单位后，接样人员应对样品进行认真检查，对封样情况，样品数量、状态、质量，样品编号及抽样单进行核对。检查合格后，方可入库。

二、检测工作

检测工作是保证检测结果的科学性、准确性和公正性的重要环节，直接关系到对抽查标准园蔬菜质量安全水平的总体评价。各承检机构要严肃对待，以科学、认真的态度做好检测工作。

1. 总体要求

（1）统一检测方法　蔬菜和水果检测按《蔬菜和水果中有机磷、有机氯、拟除虫菊酯和氨基甲酸酯类农药多残留的测定》（NY/T 761—2008）规定执行。茶叶检测按《植物性食品中有机氯和拟除虫菊酯类农药多种残留量的测定》（GB/T 5009.146—2008）规定执行。无相应国家标准和行业标准的，可参照国际通用标准或方法，如德国 S19 方法。检测前须作添加回收试验。

（2）标准样品　购买和使用有证书的标样或标准溶液。

（3）判定标准　检测结果按照统一规定的标准进行判定。

2. 质量控制

（1）准备工作

1）仪器设备的检查。每次检测工作开始前，应对检测仪器设备进行必要的检查和维护。调整仪器工作条件，使仪器处于最佳工作状态。用标准溶液检查仪器灵敏度，对达不到灵敏度要求的仪器应及时维修，没有达到要求前不能进行样品检测。

2）试剂和药品的检查。每进一批试剂和药品，按检测方法对试剂进行检验，对其进行杂质的检查，排除试剂对检测结果的干扰，如有必要应进行处理后再使用。检查标准物质和标准溶液是否在有效期内。

3）环境的检查。检测工作中，应对实验室、样品储藏室、前处理室和仪器室等环境进行控制，保证环境的温湿度符合检测的要求。样品前处理室要进行控温，防止试剂的过度挥发，影响结果的准确性。湿度较大的地区，仪器室要除湿。

4）检测用器皿的检查。农药残留检测所用器皿，使用前要进行清洗，防止造成交叉污染。

（2）检测过程

1）检测样品不用水洗，但要去除样品表面污物。所抽样品按样品处理要求全部处理，充分混合后用四分法取样进行粉碎。处理样品用的刀、板子、粉碎机等在处理一个样品后要进行清洗。样品粉碎后尽快称样，称样时要充分搅匀。剩余样品立即放入冷冻箱内低温保存。待监测结果上报后，由专家组确认没有问题时，再进行销毁处理。

2）样品提取过程中要保证提取条件的一致性，如提取时间、振摇幅度和频率等。

3）在样品净化过程中，要防止浓缩时蒸干；样品定容后应尽快测定，防止试剂的挥发和农药的降解，影响检测结果的准确性。

4）样品在测定时，要严格按照监测方案中的规定，每个样品做一平行。检测样品前，首先做试剂空白，每测定 10 个样品进一个标准溶液，每测定 30 个样品做一个添加回收率。如发现回收率不在 70% ~130% 的范围时，该次样品要重做。

5）对超标或接近限量值的样品，要进行确证（使用不同极性柱子、不同检测器或气质联用仪进行确认）。在用气质联用仪进行检测时，视农药残留量的高低，可对样品进行浓缩，并要进行相应净化处理，防止杂质干扰影响结果的判定。上报结果时要列表上报气相、双柱和气质（如果有的话）检测结果，说明用双柱或气质筛去的样品数，同时要上报相应的图谱。

6）数字修约方法：检测结果的有效数字与判定指标有效数字一致。

（3）检测过程出现问题的处理 检测过程中出现有可能影响检测结果的问题时，检测人员应根据相应工作程序，及时上报本单位技术负责人，出现下列情况之一，均应按有关规定进行复测：

1）在检测过程中如出现停水、停电、仪器出现故障时。

2）在检测结果离散度较大时。

3）各级审核人员对检测结果提出合理异议，主检人员解释不清时。

3. 检测工作质量保证措施

1）实验室内部考核。除按方案进行回收率检测外，各检测单位质量保证人在每次监测工作时，进行 1~2 次盲样考核。

2）各承担单位可根据本单位的质量体系要求，增加保证检测工作质量的措施。

三、检测原始记录的校核和审查

检测原始记录的校核和审查，是保证检测结果准确性的重要环节。

1）检测人员要认真填写原始记录，不得事后追记。字迹要工整、清晰，信息要全，应具有可追溯性和重现性。

2）校核人员要对空白试剂、标准溶液和样品的图谱进行审核，对检测结果重新进行计算确认，并检查结果的有效数位是否符合要求，检测项目是否有漏检。

3）审查人员对原始记录进行全面的审查，审查并校核内容。

四、检测结果的汇总

检测结果的汇总，是对每次监测工作质量的检查，应认真对待。

1）如实上报监测结果，保证监测结果的科学性、准确性和真实性，不得弄虚作假，不得随意更改。

2）按监测结果数据库的要求，认真填写各种信息，按规定时间将检测结果上报数据汇总单位。此项工作作为监测工作考核内容之一。

3）根据监测方案的要求，认真进行分析总结。在报告中重点写好存在的问题及原因分析和对策措施建议，特别是各地政府所采取的有效措施和取得的成效。同时要根据当次监测结果，指出问题，提出具体建议。

4）按监测方案的要求，在规定时间将监测结果及总结分析报告用纸质文件（附电子文档）将检测结果传送给数据汇总单位。

五、工作纪律与约束要求

1. 工作纪律

（1）抽样工作纪律

1）抽样人员应秉公守法，廉洁公正，严禁弄虚作假。抽样人员的差旅和食宿费用自理。

2）抽样应严格按预定方案进行，抽样人员不得擅自改变。抽样不受行政干扰。

3）如发现抽样人员有不良行为时，抽样单位应及时进行调查，视情况进行处理，并按有关程序予以纠正，及时挽回影响。

4）抽样工作一旦结束，未经农业部有关部门的批准，任何单位和个人无权要求进行补抽或重新抽样。

（2）检测工作纪律

1）检测人员应按任务通知单的要求，按时完成检测任务。

2）对检测数据不得随意编造、更改。

（3）保密纪律

1）任务承担单位参与监测工作的所有人员应对检测结果保密，不得向任何人和单位透露检测结果。

2）监测结果由农业部统一通报。

2. 约束要求

1）如有违反抽样工作纪律和检测工作纪律行为的，由任务承担单位作出相应的处理，并报上级主管部门备案。如任务承担单位明知有违纪行为而不作处理的，由上级主管部门责成其作出处理并给予通报批评。

2）如无正当理由未按时间要求上报数据结果的，由上级主管部门责成其改正。

3）如发现有违反对检测数据、汇总结果保密行为的，则由上级主管部门对任务承担单位的负责人进行通报批评。

4）如发现有对监测结果弄虚作假行为的，由上级主管部门对其通报批评。情节严重的，停止其承担任务。

附录 C　蔬菜标准园创建方案

按照农业部蔬菜标准园创建方案的要求，为规范创建工作，统一验收标准，特制定本规范。

一、园地要求

1）环境条件。标准园的土壤、空气、灌溉水质量符合相关蔬菜产地环境条件行业标准，废旧农膜须全部回收。

2）标准园规模。设施蔬菜标准园集中连片面积（设施内面积）200 亩以上，露地蔬菜标准园集中连片面积 1000 亩以上。

3）功能区布局。标准园具备农资存放、集约化育苗、标准化生产、产品检测、采后商品化处理等功能区，配备必要的设施设备，且统一规划、科学设计、合理布局。

4）菜田基础设施。园内水、电、路设施配套，确保涝能排、旱能灌、主干道硬化。

5）温室与大棚。日光温室按照合理采光时段和异质复合蓄热保温体结构原理设计建造，严冬季节室内外最低温度之差达到 25℃ 以上。塑料大棚按照合理轴线方程设计建造，坚固耐用、性能优良、经济实用。

二、栽培管理要求

1）耕作制度。合理安排茬口，科学轮作，有效防治连作障碍。适宜蔬菜全面推行垄或高畦覆盖地膜栽培。

2）品种选择。选用抗病、优质、高产、抗逆性强、商品性好、适合市场需求的品种，良种覆盖率达到 100%。

3）育苗要求。利用专门的育苗设施，采用穴盘或泥炭营养块等集约化育苗方式，集中培育、统一供应优质适龄壮苗，标准园内需要育苗的蔬菜 100% 采用集约化育苗。

4）设施覆盖材料。设施栽培全面应用防雾滴耐老化功能棚膜，通风口及门覆盖防虫网防虫，夏秋覆盖塑料薄膜避雨和遮阳网遮阴，冬春多层覆盖保温节能。

5）水肥管理。全面应用滴（喷）灌、测土配方施肥技术。基肥施用适量充分腐熟的优质有机肥，禁止使用城市垃圾、污泥、工业废渣和未经无害化处理的有机肥。

6）病虫防控。采用综合措施防控病虫害，露地蔬菜全面应用杀虫灯和性诱剂，设施蔬菜全面应用防虫网、粘虫色板及夏季高温闷棚消毒等生态栽培技术。科学安全用药，农药以高效低毒生物药剂为主，严格控制农药用量和采收安全间隔期，禁止使用高毒高残留及来源不明、成分含量标注不清的农药。实行病虫害专业化统防统治。

7）采收上市。按照兼顾产量、品质、效益和保鲜期的原则，适时采收；严格执行农药、氮肥施用后采收安全间隔期，不合格的产品不得采收上市。

8）田园清理。将残枝落叶等废弃物和杂草清理干净，集中进行无害化处理，保持田园清洁。

三、采后处理要求

1）设施设备。配置专门的整理、分级、包装等采后商品化处理场地及必要的设施，长途运输要有预冷处理设施。有条件的地区建立冷链系统，实行商品化处理、运输、销售全程冷藏保鲜。

2）净菜整理。叶菜、根菜的修整净菜过程与采收同时进行。叶菜只采收符合商品质量标准要求的部分，根菜要清除须根、外叶等。整理留下的废弃物要集中进行无害化处理。

3）分等分级。按照蔬菜等级标准，统一进行分等分级，确保同等级蔬菜的质量、规格一致。

4）包装与标志。产品须经统一包装、附加标志后方可销售。标志要按照规定标明产品的品名、产地、生产者、采收期、产品质量等级、产品执行标准编号等内容。包装材料不得对产品造成二次污染。

四、产品要求

1）安全质量。产品符合食品安全国家或行业标准。

2）产品认证。通过无公害食品蔬菜产地认定和产品认证，有条件的积极争取通过绿色食品、有机食品和 GAP 认证及地理标志登记。

3）产品品牌。产品须统一品牌，且有一定市场占有率和知名度。商标通过工商部门注册。

五、质量管理要求

1）农药管理制度。

2）档案记录制度。使用农业投入品的名称、来源、用法、用量和使用、停用的日期，记录保存两年以上。

3）产品检测与准出制度。

4）质量追溯制度。

六、其他要求

1）明确实施主体。标准园创建的主体是农民专业合作组织或龙头企业。农民专业合作组织要按照《中华人民共和国农民专业合作社法》的要求注册登记，并规范运行。标准园要确定技术员和指导专家，负责技术指导和菜农培训等相关工作。

2）树立创建标牌。按照农办农〔2009〕120号文要求的标牌大小、格式和内容，树立标牌，标明创建规模、目标、关键技术、技术负责人、工作责任人等。

3）普及技术规程。标准园生产的每种蔬菜都要制定先进、实用、操作性强的生产技术规程；生产技术规程要印发到每个农户，张挂到标准园醒目位置及每个温室、大棚；标准园要切实按照生产技术规程进行农事作业。

4）建立工作档案。创建方案、产品质量安全标准、技术规程、生产档案、产品安全质量检测报告、工作总结等文件资料要齐全、完整，并分类立卷归档。

参 考 文 献

[1] 张振贤. 蔬菜栽培学[M]. 北京：中国农业大学出版社，2003.

[2] 山东农业大学. 蔬菜栽培学总论[M]. 北京：中国农业出版社，2000.

[3] 浙江农业大学. 蔬菜栽培学各论 南方本[M]. 2版. 北京：中国农业出版社，2000.

[4] 山东农业大学. 蔬菜栽培学各论 北方本[M]. 3版. 北京：中国农业出版社，1999.

[5] 中国农科院蔬菜花卉研究所. 中国蔬菜栽培学[M]. 2版. 北京：中国农业出版社，2010.

[6] 陈贵林. 蔬菜栽培学概论[M]. 北京：中国农业科技出版社，1997.

[7] 河北农业大学. 蔬菜系实验蔬菜园艺学[M]. 保定：河北农业大学出版社，2003.

[8] 张福墁. 设施园艺学[M]. 北京：中国农业大学出版社，2001.

[9] 日本农山渔村文化协会. 蔬菜生物生理学基础[M]. 北京农业大学，译. 北京：中国农业出版社，1985.

[10] 陈贵林. 大棚日光温室稀特菜栽培技术[M]. 北京：金盾出版社，2008.

[11] 饶璐璐. 名特优新蔬菜129种[M]. 北京：中国农业出版社，2003.

[12] 中国农业科学院郑州果树研究所，中国园艺学会西甜瓜专业委员会，中国园艺学会西甜瓜协会. 中国西瓜甜瓜[M]. 北京：中国农业出版社，2001.

[13] 张彦萍. 设施园艺学[M]. 北京：中国农业出版社，2002.

[14] 吴国兴. 蔬菜周年生产技术[M]. 沈阳：辽宁科学技术出版社，1999.

[15] 李荣刚，李春宁，等. 河北设施农业典型1000例[M]. 石家庄：河北科学技术出版社，2004.

[16] 韩世栋. 蔬菜生产技术[M]. 北京：中国农业出版社，2002.

[17] 周克强. 蔬菜栽培[M]. 北京：中国农业出版社，2007.

[18] 郭世荣，王丽萍. 设施蔬菜生产技术[M]. 北京：化工出版社，2013.

[19] 高丽红. 蔬菜生产技术[M]. 北京：中国农业出版社，2008.

[20] 刘艳华. 蔬菜生产技术[M]. 北京：机械工业出版社，2013.

[21] 王秀峰. 蔬菜栽培学各论[M]. 北京：中国农业科技出版社，2011.